ミヤケン先生の
合格講義

土木施工管理技士

第一次・第二次検定

管理技士

2級

宮入賢一郎 著

Ohmsha

はじめに

　建設業法で定められている建設事業で必要とされる資格の2級土木施工管理技士を名乗り、活用するための試験が「2級土木施工管理技術検定」です。

　この試験は、第一次検定と第二次検定に分かれており、技士を名乗るにはそれぞれに合格しなければなりません。しかし、現行制度では、第一次検定に合格すれば「2級土木施工管理技士補」の称号が与えられることから、若手技術者にはチャンスだといえるでしょう。

　本書では、経験や知識が豊富な受検者だけでなく、現場経験の浅い若手の受検者を含め、すべての受検者が要領よく学習できるようにポイントを解説しました。また、効率よく学習するために最近の出題傾向を分析し、解答のとらえ方や攻略のポイントなどを解説しています。

　次のようなことに少しでも心当たりがあるなら、本書での学習が最適です。

> ・日頃の仕事が忙しくて勉強がなかなか進まない。
> ・学生でも合格できるか、不安である。
> ・初めての受検で、何をどう準備して学習すれば合格できるかわからない。
> ・出題範囲が広くて的が絞れず困っている。
> ・実際に経験している現場だけでは、カバーしきれないような気がする。
> ・マネジメント能力を高め、現場での施工管理実務に活かしたい。
> ・土木施工管理技士補から、ステップアップしたい！
> ・確実に土木施工管理技士になりたい

　試験の合格ラインは60％！本書1冊をしっかり理解していただくことにより、これを確実にクリアする実力が身につくはずです。あえて難問にトライしなくても合格できる資格ですから、気負わず着実に学習を進めましょう！

　読者のみなさんが、見事に合格されることを心より祈念しております。

2024年6月

宮入　賢一郎

目　次

第二次検定編

Web特典の ご案内

©MIYAKEN Research Laboratory

　読者の皆様に、Web特典をプレゼントします。

　種別「**土木**」の受検者には、最新出題範囲である土質工学や構造力学、水理学のテキストと演習の他、追加の文例と経験記述用の書き込み用のシートを。種別「**鋼構造物塗装**」「**薬液注入**」の受検者には、試験概要、演習問題と解説、経験記述の文例など、対策用のコンテンツを用意しました。

　みやけんホームページ2級土木施工管理技士サポートセンター（https://miken.org/support-2dob/）にアクセス後、ダウンロードセンターへ進んでください。希望の種別のファイルをクリックし、パスワードを入力すると特典PDFをダウンロードできます。パスワードの入手方法は種別ごとに異なりますので以下をご参照ください。

種別：　**土　木**

パスワード m\$2#51&K を入力してください。

種別：　**鋼構造物塗装**　**薬液注入**

ダウンロードセンター下部の「ダウンロード申請フォーム」から必要事項を連絡してください。数日後、サイト管理者から返信でパスワードを連絡します。

※返送に数日〜1週間を要する場合があります。試験直前は混みあいますので、余裕をもって申請してください。

みやけんホームページ　サポートセンター
https://miken.org/support-2dob/

試験概要と出題傾向

1. 試験概要

1 試験はどのように進められるか？

　2級土木施工管理技術検定は、第一次検定と第二次検定で構成されている。令和6年度からの新受検資格では、第一次検定合格後に所定の実務経験年数を経て第二次試験が受検できる。なお、令和6年度から令和10年度までは経過措置として令和5年度までの旧受検資格でも受検できる。この場合、同年度に第一次検定と第二次検定を同時受検することも可能であるし、それぞれを別の年度に受検することもできる。

　第一次検定に合格すると、**土木施工管理技士補**、さらに第二次検定に合格すると**土木施工管理技士**の称号が得られる。

●旧制度での受検者
第一次検定と同じ年度に第二次検定を受検することも可能。

※ 第一次検定の合格は1回でよい。次の年度以降では第一次検定が無期限で免除され、第二次検定から受検できる！

まずは第一次検定に合格してから、別の年度に第二次検定を受検することも可能。第一次検定に合格すれば、「2級土木施工管理技士補」になれる！

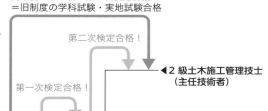

同年度：第一次＋第二次検定合格！
＝旧制度の学科試験・実地試験合格

第二次検定合格！

第一次検定合格！

◀**2級土木施工管理技士**
（主任技術者）

◀**2級土木施工管理技士補**

まずは受検申込書の提出から！

　申込みは3月中旬から下旬までのことが多い。忙しい年度末ではあるが、試験機関である一般財団法人全国建設研修センター（JCTC）の広報、ホームページ（https://www.jctc.jp/）を確認して準備しよう。早めに受検申込書や必要書類を入手し、記載事項をしっかりと確認。その上で、あまり間をおかずに申込みたいところだ。

例年のスケジュール（令和6年改正）

- 第一次検定（前期）　※種別は土木のみ
  申込受付：3月初旬〜3月下旬　試験日：6月初旬
- 第一次検定（後期）・第二次検定　※種別：土木、鋼構造物塗装、薬液注入
  申込受付：7月初旬〜7月中旬　　試験日：10月下旬
  ※具体的な日程は、必ず試験機関の広報で確認のこと
  ※受検資格など必要事項は、受検する年の「受検の手引」で確認のこと

受検資格の確認

受検資格は、学歴や資格によって異なるが、受検資格の見直しによる移行期間のこともあり、次表を参照して目安をつけ、「受検の手引」で詳しく確認しよう。

学歴	旧受検資格※1		新受検資格	
	第一次検定	第二次検定※3	第一次検定	第二次検定※2, ※3
大学（指定学科）	17歳以上（受検年度末時点）	卒業後、実務経験1年以上	17歳以上（受検年度末時点）	○2級第一次検定合格後、実務経験3年以上 ○1級第一次検定合格後、実務経験1年以上
短大・高専（指定学科）		卒業後、実務経験2年以上		
高校（指定学科）		卒業後、実務経験3年以上		
大学（指定学科以外）		卒業後、実務経験1.5年以上		
短大・高専（指定学科以外）		卒業後、実務経験3年以上		
高校（指定学科以外）		卒業後、実務経験4.5年以上		
上記以外		実務経験8年以上		

※1 旧受検資格は主な受検資格のみ記載。
※2 「第一次検定合格」については、令和3年度以降の第一次検定合格者が対象。
※3 関連資格による受検要件は、「受検の手引」を参照。

2 第一次検定

当日のスケジュール

第一次検定は、種別「土木」は前期と後期の2回に試験が実施され、他2種は後期のみ実施される。いずれも午前中に実施される。それぞれの出題は**四肢択一**のマークシート方式だ。

入室時間	10：15まで
受検に関する説明	10：15〜10：30
試験時間	**10：30〜12：40（2時間10分）**

※同年に第二次検定を受検する場合は、昼休み後に引き続きとなる。

出題数

第一次検定の出題数は種別ごとに異なる。次の表を参照のこと。

第一次検定（種別：土木）の出題　全61問題（40問題を解答）

問題1〜11	選択問題	11問題から9問題を解答
問題12〜31	選択問題	20問題のうち6問題を解答
問題32〜42	選択問題	11問題のうち6問題を解答
問題43〜53	必須問題	11問題をすべて解答
問題54〜61（施工管理法）	必須問題	8問題をすべて解答

◢◤ 第一次検定（種別：鋼構造物塗装）の出題　　全 47 問題（40 問題を解答）

問題 1〜18	選択問題	18 問題から 16 問題を解答
問題 19〜29	選択問題	11 問題のうち 6 問題を解答
問題 30〜47	必須問題	18 問題をすべて解答

◢◤ 第一次検定（種別：薬液注入）の出題　　全 47 問題（40 問題を解答）

問題 1〜18	選択問題	18 問題から 16 問題を解答
問題 19〜29	選択問題	11 問題のうち 6 問題を解答
問題 30〜47	必須問題	18 問題をすべて解答

　解答する問題数は、選択と必須を合わせて 40 問。試験時間は 2 時間 10 分なので、1 問には 3 〜 4 分程度しかかけられない。まずは、あせらずに問題文と選択肢をしっかりと読み、ひとつひとつを確実に解答することがポイントである。

　わからない問題は後にまわすという工夫も大事だ。ただし、マークシートの解答番号を間違えないように気をつけたい。時間の少なくなった終盤になって気づき、あわてて消して書き直した、という凡ミスも実際にあったケースなのだ。

■ 合格基準

　第一次検定の合格基準は次のとおりとなっているが、試験の実施状況などを踏まえ変更する可能性がある、とされている。

　第一次検定　全体で得点が 60％以上

3 　第二次検定

■ 当日のスケジュール

　第二次検定は、午後に実施される。出題はそれぞれ筆記式。

入室時間	13：45 まで
受検に関する説明	13：45〜14：00
試験時間	**14：00〜16：00（2 時間）**

　※同年に第一次検定を受検する場合は、午前中からの引き続きとなる。

■ 出題数

　第二次検定の出題数は、どの種別も同じである。次の表を参照のこと。

◢◤ 第二次検定（種別：土木他 2 種）の出題　　全 9 問題（7 問題を解答）

問題 1〜5	必須問題	5 問題をすべて解答
問題 6〜7	選択問題（1）	2 問題のうち 1 問題を解答
問題 8〜9	選択問題（2）	2 問題のうち 1 問題を解答

■ 合格基準

　第二次検定の合格基準は次のとおりとなっているが、試験の実施状況などを踏まえ変更する可能性がある、とされている。

　第二次検定　全体で得点が 60％以上

2. 出題傾向

1 第一次検定の出題範囲

第一次検定では、土木工学など、施工管理法、法規が検定科目となっており、それぞれの一般的な知識が問われている。

■ 第一次検定（種別：土木）の検定科目と検定基準

検定科目	検定基準
土木工学など	・土木一式工事の施工の管理を適確に行うために必要な土木工学、電気工学、電気通信工学、機械工学及び建築学に関する概略の知識を有すること。 ・土木一式工事の施工の管理を適確に行うために必要な設計図書を正確に読みとるための知識を有すること。
施工管理法	・土木一式工事の施工の管理を適確に行うために必要な施工計画の作成方法及び工程管理、品質管理、安全管理など工事の施工の管理方法に関する基礎的な知識を有すること。 ・土木一式工事の施工の管理を適確に行うために必要な基礎的な能力を有すること。
法　規	建設工事の施工の管理を適確に行うために必要な法令に関する概略の知識を有すること。

2 第一次検定（種別：土木）の出題傾向

第一次検定（種別：土木）の最近の出題傾向を次の表にまとめた。

■ 第一次検定（種別：土木）の出題傾向

問題 1〜11	土工、法面保護工、道路（土工）、軟弱地盤改良、コンクリート（材料、配合）、鉄筋、型枠、既製杭・場所打ち杭、土留め
問題 12〜31	鋼材（材料、溶接）、鋼道路橋の架設、コンクリートの劣化、河川（用語、堤防、護岸）、砂防えん堤、地すべり防止工、アスファルト舗装（施工、補修）、コンクリート舗装、ダム、トンネル（山岳工法）、海岸（堤防、ケーソン式混成堤、浚渫）、鉄道（用語）・営業線近接工事、シールド工法、上水道（管布設、継手）、下水道（継手、基礎）
問題 32〜42	労働基準法、労働安全衛生法（作業主任者）、建設業法（主任技術者、監理技術者）、道路（許可）・車両制限令、河川法（許可）、建築基準法、火薬類取締法、騒音規制法、振動規制法、港則法
問題 43〜53	閉合トラバース測量（方位角、閉合比）、公共工事標準請負契約約款、設計図書、図面、建設機械（名称、用途） 施工計画の作成、労働安全衛生法（危険防止）、労働安全衛生法（工作物の解体作業）、品質管理（PDCA、試験方法）、レディーミクストコンクリート（品質管理、受入れ検査）、騒音・振動対策、建設リサイクル法
問題 54〜61 （施工管理法）	建設機械（走行、作業性）、建設業法（施工体制台帳・施工体系図）、時間当たり作業量、工程管理（工程表）、ネットワーク式工程表（日数計算）、労働安全衛生法（足場の安全、車両系建設機械）、クレーン等安全規則、管理図、盛土の締固め（品質管理）

アドバイス

令和6年度からの新制度では、種別「土木」の出題範囲に、新たに土質工学、構造力学、水理学の分野が追加される予定です。
➡これらは Web のサポートセンターで学習を支援します。くわしくは目次の次ページをご覧ください。

3 第二次検定の出題範囲

　第二次検定では、種別ごとの施工管理法が検定科目となっており、それぞれの施工管理の知識と応用能力が問われている。

第二次検定（種別：土木）の検定科目と検定基準

検定科目	検定基準
施工管理法	・主任技術者として、土木一式工事の施工の管理を適確に行うために必要な知識を有すること。 ・主任技術者として、土質試験及び土木材料の強度などの試験を正確に行うことができ、かつ、その試験の結果に基づいて工事の目的物に所要の強度を得るなどのために必要は措置を行うことができる応用能力を有すること。 ・主任技術者として、設計図書に基づいて工事現場における施工計画を適切に作成すること、または施工計画を実施することができる応用能力を有すること。

■第一次検定のみを受検する方へ！

・第二次検定の基礎・応用記述問題は、第一次検定と同じ範囲、知識での問題となりますので、**第一次検定対策のレベルアップ**に役立ちます。一度、チャレンジしてみてください！

・経験問題は、実務に就いたときから第二次検定を意識して業務を整理しておくことで、受検できる経験年数に達したときに最短で合格できるはずです。ぜひ一読をお勧めします。

4 第二次検定の出題傾向

　第二次検定（種別：土木）の最近の出題傾向を次の表にまとめた。

第二次検定（種別：土木）の出題傾向

問題1【記述】	経験した土木工事の現場
問題2【穴埋め】	地山の明り掘削での安全管理、工程表
問題3【記述】	建設リサイクル法、施工計画の事前調査
問題4【穴埋め】	切土法面の施工、コンクリート養生
問題5【記述】	コンクリート用語の説明、盛土材料の条件
問題6〜7【穴埋め】	土の原位置試験、盛土の締固め管理方法、コンクリート構造物の鉄筋の組立と型枠、レディーミクストコンクリートの受入れ検査
問題8〜9【記述】	移動式クレーン・玉掛け作業、横線式工程表（バーチャート）の作成と日数計算、高所作業における墜落などの危険防止策、ブルドーザまたはバックホゥの騒音防止対策

 アドバイス

鋼構造物塗装、薬液注入の受検者の方へ

出題傾向と対策は、Web のサポートセンターで行っています。くわしくは目次の次ページをご覧ください。

攻略の秘訣！

// 合格のためには、検定科目、出題範囲に対応した準備が必要です。
本書では、新制度になってから出題された問題と、検定基準に該当する旧制度検定の過去問題を分析し、これに基づいて学習プログラムとなる科目構成を工夫しています。

// 第一次検定編では、効率的な学習効果が得られるように、1時限目～5時限目までの区分で、出題分野をカバーしました。各章ごとに出題分野に関する基礎的な知識を講義形式で解説し、「 演習問題 でレベルアップ 」で、過去に出題された問題を解きながら、合格レベルを目指してレベルアップします。

// 第二次検定編では、1時限目で経験記述の解答づくりをテンプレートや参考用の文例でサポート。2時限目では、知識を問われる記述問題を解説しています。

// ところどころに、「 アドバイス 」としてワンポイントのアドバイスを入れています。ここにも注目して学習を進めてください。当日の出題が類似していなくても、解答すべき内容の要点をおさえていれば、自信をもって解答に臨めるはずです！

第一次検定

第 **1** 時限目

土木一般

1章 土工

1-1 土質試験

1 原位置試験

　土の物理的・力学的性質を現地で直接調べる方法。現場で比較的簡易に土質を判定したい場合などに用いられる。

　なかでも、**サウンディング**は、ロッドの先端に取り付けた抵抗体を土中に挿入して、貫入や回転、引抜きなどの荷重をかけて、その際に得られる地盤抵抗から土の性状を調査する方法である。

● 主な原位置試験

試験の名称	試験結果から求められるもの	試験結果の利用
現場密度試験 （単位体積重量試験 ：砂置換法）	湿潤密度 ρ_t 乾燥密度 ρ_d	締固めの施工管理
平板載荷試験	地盤反力係数 K	締固めの施工管理
現場 CBR 試験	CBR 値（支持力値）	締固めの施工管理
現場透水試験	透水係数 k	地盤改良工法の設計 透水関係の設計計算
弾性波探査	地盤の弾性波速度 V	地層の種類、性質 成層状況の推定
電気探査	地盤の比抵抗値 R	地下水の状態

● 主なサウンディング調査

試験の名称	試験結果から求められるもの	試験結果の利用
標準貫入試験	N 値（打撃回数）	土の硬軟、締まり具合の判定
スウェーデン式サウンディング	W_{sw} 値（半回転数）	土の硬軟、締まり具合の判定
ポータブルコーン貫入試験	コーン指数 q_c	トラフィカビリティ*の判定
オランダ式二重管コーン貫入試験	コーン指数 q_c	土の硬軟、締まり具合の判定
ベーン試験	粘着力 c	細粒土の斜面の安定計算 基礎地盤の安定計算

＊　トラフィカビリティ：現場の地面における建設機械の走行性

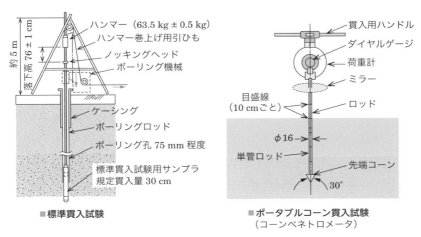

■標準貫入試験　■ポータブルコーン貫入試験
（コーンペネトロメータ）

● 代表的なサウンディングの測定器具

2 土質試験

　現地で採取した試料を持ち帰って、土を判別・分類するための物理的な性質や、力学的性質を調査する室内試験を行う方法。

● 土の判別分類のための主な試験

試験の名称	試験結果から求められるもの	試験結果の利用
含水比試験	含水比 w	土の分類、基本的性質 土の締固め管理
土粒子の密度試験	土粒子の密度 ρ_s 飽和度 S_r 空気間隙率 v_a	土の基本的な分類 粒度、間隙比などの計算 高含水比粘性土の締固め管理
コンシステンシー試験	液性限界 w_L 塑性限界 w_P 塑性指数 I_P	盛土材料の選定 安定処理工法の検討 締固め管理
粒度試験	粒径加積曲線 有効径 D_{10}　　均等係数 U	粗粒度（特に砂質土）の判定 液状化、透水性の判定

《《問題1》》 土質試験における「試験名」とその「試験結果の利用」に関する次の組合せのうち、**適当でないもの**はどれか。

　　　　　　　　　[試験名]　　　　　　　　　　　[試験結果の利用]
(1) 砂置換法による土の密度試験…………地盤改良工法の設計
(2) ポータブルコーン貫入試験……………建設機械の走行性の判定
(3) 土の一軸圧縮試験………………………原地盤の支持力の推定
(4) コンシステンシー試験…………………盛土材料の適否の判断

解説▶ (1) 砂置換法では、現場における土の密度を測定し、試験結果は土の締まり具合の判定（締固め度）に利用される。

(3) 土の一軸圧縮試験は、地盤から採取した乱さない試料により、自立する供試体を拘束圧が作用しない状態で圧縮し、圧縮応力の最大値である一軸圧縮強さを求めるもの。

【解答（1）】

《《問題2》》 土質試験における「試験名」とその「試験結果の利用」に関する次の組合せのうち、**適当でないもの**はどれか。

　　　　　　　　　[試験名]　　　　　　　　　　　[試験結果の利用]
(1) 標準貫入試験……………………………地盤の透水性の判定
(2) 砂置換法による土の密度試験…………土の締固め管理
(3) ポータブルコーン貫入試験……………建設機械の走行性の判定
(4) ボーリング孔を利用した透水試験………地盤改良工法の設計

解説▶ (1) 標準貫入試験は、土の硬軟や締まり具合の判定、土層構成を把握するために用いられる。地盤の透水性の判定には用いない。　　　　　　　　　【解答（1）】

《《問題3》》 土質調査に関する次の試験方法のうち、**室内試験**はどれか。
(1) 土の液性限界・塑性限界試験
(2) ポータブルコーン貫入試験
(3) 平板載荷試験
(4) 標準貫入試験

解説▶ (2) ～ (4) の選択肢は、現場での試験。　　　　　　　　　【解答（1）】

1-2 建設機械

1 建設機械の選定

　道路土工など、建設工事の主要部分は建設機械を用いて施工されている。このため、作業の種類、地盤条件、運搬距離・勾配、作業場の面積、工事規模や工期といった条件に加え、建設機械の普及度や施工方法などを考慮して、適切な建設機械を選定する必要がある。

　土工作業には、伐開除根、掘削、積込み、運搬、敷均し、締固め、整地、溝掘りなど、さまざまな作業があるので、こうした作業でよく使用される建設機械を分類する。

▶ 作業の種類に応じた建設機械の選定

作業の種類	使用する建設機械
伐開除根	ブルドーザ、レーキドーザ、バックホゥ
掘削	ショベル系掘削機（ショベル、バックホゥ、ドラグライン、クラムシェル）、ローダ、ブルドーザ、リッパ、ブレーカ
積込み	ショベル系掘削機（ショベル、バックホゥ、ドラグライン、クラムシェル）、ローダ
掘削、積込み	ショベル系掘削機（ショベル、バックホゥ、ドラグライン、クラムシェル）、ローダ
掘削、運搬	ブルドーザ、スクレーパ、スクレープドーザ
運搬	ブルドーザ、ダンプトラック、不整地運搬車、ベルトコンベア
敷均し、整地	ブルドーザ、モータグレーダ
含水量調節	モータグレーダ、散水車
締固め	タイヤローラ、振動ローラ、ロードローラ、タンピングローラ、振動コンパクタ、ランマ、ブルドーザ
砂利道補修	モータグレーダ
溝掘り	トレンチャ、バックホゥ
法面仕上げ	バックホゥ、モータグレーダ
削岩	レッグドリル、ドリフタ、ブレーカ、クローラドリル

2 ショベル系掘削機

　一般に、自走用の下部走行体と、各種の作業装置を持った上部旋回体で構成されており、掘削や積込みなどの荷役作業を主目的とする。

　主な機械として、パワーショベル、バックホゥがある。また、ロープ（ワイヤー）でバケットを保持したりつり下げたりするタイプの掘削機としてクラムシェル、ドラグラインがある。

・バケットが手前（オペレータ側）を向く
・自分側に引き寄せるように掘削するので、
　低い位置の掘削に向く
　　■ バックホゥ

3 ブルドーザ

建設工事に広く使用されているトラクタに、作業用付属装置（アタッチメント）として、排土板（ブレード・土工板）をつけた機械を**ブルドーザ**と呼び、掘削・押土、運土、盛土や敷均し、締固め作業を行う。

さらに、**スクレーパ**や**タンピングローラ**などのけん引作業や、リッパーを装着してのリッピング作業、開墾や抜根、除雪など、広い範囲で使用される建設機械である。

■ ブルドーザ

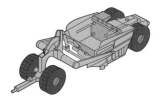

■ スクレーパ（被けん引式）

4 締固め機械

締固めに用いられる建設機械は、静的圧力によるものや、遠心力によるもの、衝撃力によるものなどに大別される。

鋳鉄や鋼板製の転圧輪を持った**タンデムローラ**、**マカダムローラ**は、砕石、砂質土、礫混じり砂質土などを平滑に仕上げる特徴があり、路床や路盤の仕上げ作業に適している。

アスファルト舗装でロードローラと併用される**タイヤローラ**は、ゴムタイヤを転圧輪にしている。このため、含水比の高い土や砕石以外の材料の締固めに使用されている。

起振装置を用いた機械には、**振動ローラ**、**振動コンパクタ**がある。鋼製ドラムの外周に多数の突起を取り付けたけん引式の**タンピングローラ**は、突起頭部の接地圧で局所的な強い締固めを行う機械である。

大型機械での締固めができない場所や小規模の締固めでは、**ランマ**、**タンパ**が用いられる。これらは、上部に搭載したエンジンの回転力をクランク機構によって上下運動に変換して、機械下部の打撃板に伝達する構造である。**ハンドガイド式の小型振動ローラや振動コンパクタ**も小規模の締固めに適する。

◎ タイヤローラ

◎ ハンドガイド式の小型振動ローラ

■ 振動ローラ

■ タンピングローラ

■ タイヤローラ

■ 振動コンパクタ
（プレート）

■ ランマ／タンパ

マカダムローラ

5 運　搬

　掘削・積込み作業と、運搬作業は関連する作業である。ブルドーザのように掘削と運搬を同時に行う機械を用いる場合や、ショベル系掘削機械のような掘削積込み機械とダンプトラックのような運搬機械を組み合わせて行う場合がある。これらの選定は、次表のように土の運搬距離による標準的な目安がある。

◎ 運搬機械と土の運搬距離

運搬機械の種類	適応する運搬距離
ブルドーザ	60 m 以下
スクレープドーザ	40 〜 250 m
被けん引式スクレーパ	60 〜 400 m
モータスクレーパ	200 〜 1 200 m
ショベル系掘削機 トラクタショベル ＋ダンプトラック	100 m 以上

■ スクレープドーザ

■ スクレーパ（自走式）

演習問題で レベルアップ

《《問題１》》「土工作業の種類」と「使用機械」に関する次の組合せのうち、**適当でないもの**はどれか。

　　　　　［土工作業の種類］　　　　　　　　　　　［使用機械］
(1) 掘削・積込み………………………………… クラムシェル
(2) さく岩…………………………………………… モータグレーダ
(3) 法面仕上げ…………………………………… バックホゥ
(4) 締固め………………………………………… タイヤローラ

解説▶ (2) さく岩には、ブレーカなどが用いられる。モータグレーダは、路面や地表の切削、材料の敷均し、成形・整正などに用いられる。　　　　　　　　　　　　　　　【解答（2)】

■ ブレーカ

■ モータグレーダ

《《問題２》》土工の作業に使用する建設機械に関する次の記述のうち、**適当なもの**はどれか。

(1) ブルドーザは、掘削・押土及び短距離の運搬作業に用いられる。
(2) バックホゥは、主に機械位置より高い場所の掘削に用いられる。
(3) トラクターショベルは、主に機械位置より高い場所の掘削に用いられる。
(4) スクレーパは、掘削・押土及び短距離の運搬作業に用いられる。

解説▶ (2) バックホゥは、機械位置より低い場所の掘削に用いられる。(3) トラクターショベルは、機械位置より低い場所ですくい上げた土砂の運搬に用いられる。(4) スクレーパは、掘削しながら比較的長い距離の運搬ができる。　　　　　　　　　　　　　　　【解答（1)】

《《問題3》》 土の締固めに使用する機械に関する次の記述のうち、**適当でないもの**はどれか。
(1) タイヤローラは、細粒分を適度に含んだ山砂利の締固めに適している。
(2) 振動ローラは、路床の締固めに適している。
(3) タンピングローラは、低含水比の関東ロームの締固めに適している。
(4) ランマやタンパは、大規模な締固めに適している。

解説▶ (4) ランマやタンパは、小規模な締固めに適している。 【解答 (4)】

1-3 盛土の施工

1 盛土材料の選定

盛土材料の選定

　盛土材料は、工事を経済的に進める観点からも現場内、もしくはできるだけ現場の近くにある土砂が使用される。最近では、近いところから適当な材料を調達することが難しくなり、遠方から運搬せざるを得ないことも増えている。

　使用する材料の良否が、そのまま施工の難易や、完成後の安定性に影響することから、総合的な判断が求められる。そのため、ベントナイト、蛇紋岩風化土、温泉余土、酸性白土、凍土、腐植土などは盛土材料として使用できない。

盛土材料に要求される一般的性質

・施工機械の**トラフィカビリティ**が確保できること。
・所定の締固めが行いやすいこと。
・締固め後にせん断強さが大きく、**圧縮性（沈下量）**が小さいこと。
・透水性が小さいこと（ただし、裏込め材、埋戻し材は、透水性が良く、雨水の浸透に対して強度低下しないこと）。
・有機物（草木など）を含まないこと。
・吸水による膨潤性が低いこと。

2 盛土の施工

　盛土の安定性を高めるためには、締固めを十分に行い、均一な品質の盛土を作る必要がある。そのためには、高まきを避け、水平の層に薄く敷き均し、均等に締め固める必要がある。

　敷均し厚さは、盛土材料、施工法及び要求される締固め度などの条件に左右されるが、道路盛土、河川堤防での標準的な敷均し厚さと締固め後の仕上がり厚さは、次表のとおりとなっている。

敷均し厚さと締固め後の仕上がり厚さ

工　法		敷均し厚さ〔cm〕	締固め後の仕上がり厚さ〔cm〕
道路盛土	路体	35～45 以下	30 以下
	路床	25～30 以下	20 以下
河川堤防		35～45 以下	30 以下

演習問題でレベルアップ

《《問題1》》道路土工の盛土材料として望ましい条件に関する次の記述のうち、**適当でないもの**はどれか。

(1) 建設機械のトラフィカビリティが確保しやすいこと。
(2) 締固め後の圧縮性が大きく、盛土の安定性が保てること。
(3) 敷均しが容易で締固め後のせん断強度が高いこと。
(4) 雨水などの浸食に強く、吸水による膨潤性が低いこと。

解説▶ (2) 締固め後の圧縮性が小さいことが必要である。 【解答 (2)】

《《問題2》》道路における盛土の施工に関する次の記述のうち、**適当でないもの**はどれか。

(1) 盛土の締固め目的は、完成後に求められる強度、変形抵抗及び圧縮抵抗を確保することである。
(2) 盛土の締固めは、盛土全体が均等になるようにしなければならない。
(3) 盛土の敷均し厚さは、材料の粒度、土質、施工法及び要求される締固め度などの条件に左右される。
(4) 盛土における構造物縁部の締固めは、大型の機械で行わなければならない。

解説▶ (4) 構造物縁部や小規模の締固めでは小型の機械が用いられる。 【解答 (4)】

《《問題3》》盛土工に関する次の記述のうち、**適当でないもの**はどれか。

(1) 盛土の締固めの目的は、土の空気間隙を少なくすることにより、土を安定した状態にすることである。
(2) 盛土材料の敷均し厚さは、盛土材料の粒度、土質、要求される締固め度などの条件に左右される。
(3) 盛土材料の含水比が施工含水比の範囲内にないときには、空気量の調節が必要となる。
(4) 盛土の締固めの効果や特性は、土の種類、含水状態及び施工方法によって大きく変化する。

解説▶ (3) 盛土材料の含水比が施工含水比の範囲内にないときには、含水量の調節が必要となる。敷均しの際などに、ばっ気や散水により含水量を調節する。 【解答 (3)】

1-4 法面保護工

1 植生工

植生工は、法面に植物を繁茂させることによって、法面の表層部を根でしっかりしばり、安定させるものである。景観や環境保全の効果も期待できる。

植生工の代表例とその目的

主な工種	目　的
種子散布工 植生基材吹付工 植生マット工 張芝工	浸食防止 凍上崩落防止 全面植生（全面緑化）
植生筋工 筋芝工	盛土法面の浸食防止 部分植生
植生盤工 植生袋工 植生穴工	不良土、硬質土法面の浸食防止

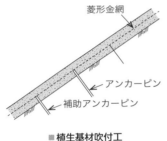

■植生基材吹付工　　■植生マット工

植生工の例

2 構造物による法面保護工

植物が生育困難で、植生工の適用できない法面や、植生のみでは不安定となる法面、崩壊、はく落、落石などのおそれがある法面などは、人工的な構造物で保護する。

構造物による法面保護工の代表例とその目的

主な工種	目　的
モルタル吹付工 コンクリート吹付工 石張工 ブロック張工 コンクリートブロック枠工 （中詰めが練詰め、ブロック張り）	■雨水の浸透を許さない ・風化防止 ・浸食防止
コンクリートブロック枠工 （中詰めが土砂や栗石の空詰め） 編柵工 法面蛇かご工	■雨水の浸透を許す ・法表層部の浸食や湧水による流失の抑制
コンクリート張工 現場打ちコンクリート枠工 法面アンカー工	■ある程度の土圧に対抗できる ・法表層部の崩壊防止 ・多少の土圧に対する土留め ・岩盤はく落防止

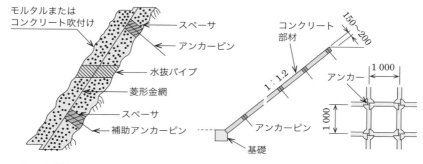

モルタルまたは
コンクリート吹付け ── スペーサ
── アンカーピン
── 水抜パイプ
── 菱形金網
── スペーサ
── 補助アンカーピン

コンクリート部材
150〜200
1:1.2
アンカー
1 000
1 000
アンカーピン
基礎

■モルタル吹付工、コンクリート吹付工　　■プレキャスト法枠（コンクリートブロック枠工）

🔶 構造物による法面保護工の例

《《問題１》》 法面保護工の「工種」とその「目的」の組合せとして、次のうち**適当でないもの**はどれか。

　　　　[工種]　　　　　　　　　　　　[目的]
(1) 種子吹付け工……………………… 凍上崩落の抑制
(2) ブロック積擁壁工………………… 土圧に対抗して崩壊防止
(3) モルタル吹付け工………………… 表流水の浸透防止
(4) 筋芝工……………………………… 切土面の浸食防止

解説▶ (4) 筋芝工は、主に盛土法面の浸食防止を目的としている。　　　【解答 (4)】

《《問題２》》 法面保護工の「工種」とその「目的」の組合せとして、次のうち**適当でないもの**はどれか。

　　　　[工種]　　　　　　　　　　　　[目的]
(1) 種子吹付け工……………………… 土圧に対抗して崩壊防止
(2) 張芝工……………………………… 切土面の浸食防止
(3) モルタル吹付け工………………… 表流水の浸透防止
(4) コンクリート張工………………… 岩盤のはく落防止

解説▶ (1) 種子吹付け工（種子散布工）は、浸食防止、凍上崩壊防止などを目的としており、土圧に対抗して崩壊防止する機能はない。ある程度の土圧に対抗して崩壊防止するためには、石積、ブロック積擁壁工、かご工、井桁組擁壁工、コンクリート擁壁工、連続繊維補強土工が用いられる。　　　【解答 (1)】

1-5 軟弱地盤の対策

軟弱地盤を処理するためには、対策工の目的や効果に応じた適切な工法を採用する必要がある。

軟弱地盤対策工の種類

原理	代表的な対策工法	
圧密・排水	表層排水工法	
	サンドマット工法	
	緩速載荷工法	
	盛土載荷重工法	
	バーチカルドレーン工法	サンドドレーン工法
		プレファブリケイティッドバーチカルドレーン工法
	真空圧密工法	
	地下水位低下工法	
締固め	振動締固め工法	サンドコンパクションパイル工法
		振動棒工法
		バイブロフローテーション工法
		バイブロタンパー工法
		重錘落下締固め工法
	静的締固め工法	静的締固め砂杭工法
		静的圧入締固め工法
固結	表層混合処理工法	
	深層混合処理工法	深層混合処理工法（機械攪拌工法）
		高圧噴射攪拌工法
	石灰パイル工法	
	薬液注入工法	
	凍結工法	
掘削置換	掘削置換工法	
間隙水圧消散	間隙水圧消散工法	
荷重軽減	軽量盛土工法	発砲スチロールブロック工法
		気泡混合軽量土工法
		発砲ビーズ混合軽量土工法
	カルバート工法	
盛土の補強	盛土補強工法	
構造物による対策	押え盛土工法	
	地中連続壁工法	
	矢板工法	
	杭工法	
補強材の敷設	補強材の敷設工法	

⬢ 主な軟弱地盤対策工と特徴

軟弱地盤対策工法	特　徴
緩速載荷工法	できるだけ軟弱地盤の処理を行わない代わりに、圧密の進行に合わせ時間をかけてゆっくり盛土することで、地盤の強度増加を進行させて安定を図る工法。
荷重軽減工法	軽量な材料による荷重軽減や地盤の挙動に対応し得る構造体をつくることにより、全沈下量の低減、安定性確保などを目的とする工法。カルバート工法などがある。
表層混合処理工法 （添加材工法）	表層部分の軟弱なシルト・粘土とセメントや石灰などとを撹拌混合して改良することで、地盤の安定やトラフィカビリティの改善などを図る工法。
サンドマット工法 （敷砂工法）	軟弱地盤上に透水性の高い砂、または砂礫を薄層に敷設することで、軟弱層の圧密のための上部排水の促進と、施工機械のトラフィカビリティの確保を図る工法。
圧密・排水工法	地盤の排水や圧密促進によって地盤の強度を増加させることにより、道路供用後の残留沈下量の低減などを目的とする工法。盛土載荷重工法などがある。
サンドドレーン工法	透水性の高い砂を用いた砂柱を地盤中に鉛直に造成し、水平方向の排水距離を短くして圧密を促進することで、地盤の強度増加を図る工法。
締固め工法	地盤に砂などを圧入または動的な荷重を与え地盤を締め固めることにより、液状化の防止や支持力増加などを目的とする工法。振動棒工法などがある。
サンドコンパクションパイル工法	地盤内に鋼管を貫入して管内に砂などを投入し、振動により締め固めた砂杭を地中に造成することにより、支持力の増加などを図る工法。
固結工法	セメントなどの固化材を土と撹拌混合し地盤を固結させることにより、安定を増すと同時に沈下を減少させる工法。
深層混合処理工法	原位置の軟弱土と固化材を撹拌混合することにより、地中に強固な柱体状などの安定処理土を形成し、すべり抵抗の増加や沈下の低減を図る工法。
ディープウェル工法 （深井戸排水工法）	地盤中の地下水位を低下させることにより、それまで受けていた浮力に相当する荷重を下層の軟弱層に載荷して、地盤の強度増加などを図る工法。

➡ 固結工法・深層混合処理工法による軟弱地盤改良の例

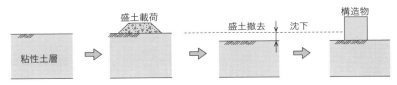

■盛土載荷重工法

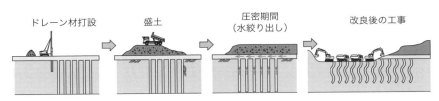

■サンドドレーン工法

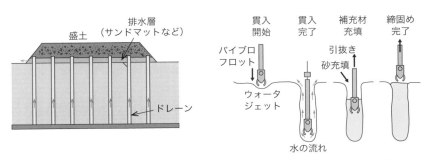

■バーチカルドレーン工法　　■バイブロフローテーション工法

➡ 軟弱地盤対策工の例

《《問題1》》 軟弱地盤における改良工法に関する次の記述のうち、**適当でないもの**はどれか。
(1) サンドマット工法は、表層処理工法の1つである。
(2) バイブロフローテーション工法は、緩い砂質地盤の改良に適している。
(3) 深層混合処理工法は、締固め工法の1つである。
(4) ディープウェル工法は、透水性の高い地盤の改良に適している。

解説▶ (3) 深層混合処理工法は、セメント系などの固化材を地中に流し込んで、撹拌翼によって軟弱土と混合させて柱体状、またはブロック状の安定処理土を形成する固結工法である。

　(4) ディープウェル工法は、掘削する箇所の内側や周辺に深井戸（ディープウェル）を設け、その内部に流入してきた地下水を水中ポンプで吸い上げ、排水するもので、地下水位低下工法である。このため、透水性のよい地盤では有効な工法といえる。　　　　　【解答 (3)】

《《問題2》》 軟弱地盤における次の改良工法のうち、締固め工法に**該当するもの**はどれか。
(1) ウェルポイント工法
(2) 石灰パイル工法
(3) バイブロフローテーション工法
(4) プレローディング工法

解説▶ (3) バイブロフローテーション工法は、ジェット付き振動体（バイブロフロット）を挿入し、振動体を振動させ、砂を補給しながら徐々に引き上げることによって周囲の砂地盤を締め固める工法。締固め工法に該当する。

　(1) ウェルポイント工法は、真空ポンプにより地下水を揚水する工法で地下水位低下工法。

　(2) 石灰パイル工法は、生石灰で地盤中に柱をつくり、その吸収による脱水や化学的結合によって地盤を固結させ、地盤の強度を上げることによって安定を増し、沈下を減少させる固結工法。

　(4) プレローディング工法は、計画されている構造物と同程度の荷重を載せて圧密沈下させ、所定の量まで沈下した後に荷重を取り除き、構造物を建設する工法。　　【解答 (3)】

《《問題3》》 軟弱地盤における次の改良工法のうち、載荷工法に**該当するもの**はどれか。
(1) プレローディング工法
(2) ディープウェル工法
(3) サンドコンパクションパイル工法
(4) 深層混合処理工法

解説▶ （1）プレローディング工法は、計画されている構造物と同程度の荷重を載せて圧密沈下させ、所定の量まで沈下した後に荷重を取り除き、構造物を建設する工法。載荷工法に該当する。

（3）サンドコンパクションパイル工法は、軟弱地盤中に振動、または衝撃により砂を打ち込み、締め固めた砂杭を造成し、軟弱層を締め固める締固め工法である。　　【解答（1）】

〈〈問題4〉〉地盤改良に用いられる固結工法に関する次の記述のうち、**適当でない**
ものはどれか。
(1) 深層混合処理工法は、大きな強度が短期間で得られ沈下防止に効果が大きい工法である。
(2) 薬液注入工法は、薬液の注入により地盤の透水性を高め、排水を促す工法である。
(3) 深層混合処理工法には、安定材と軟弱土を混合する機械攪拌方式がある。
(4) 薬液注入工法では、周辺地盤などの沈下や隆起の監視が必要である。

解説▶ （2）薬液注入工法は、水ガラスやセメントミルクなどの薬液を注入、浸透、固化させて、地盤の透水性を減少させ、強度増加を図る固結工法である。この記述が適当でない。
　　　　　　　　　　　　　　　　　　　　　　　　　　　　　　　　　　　　　　　【解答（2）】

2章 コンクリート工

2-1 コンクリートの材料

コンクリートは、セメント、水、骨材（砂、砂利、砕石など）、混和材料などによってできるものであり、セメントと水を練り混ぜることによって生じる化学反応（水和）によって硬化させている。

1 セメントと水

■ セメント

セメントは、ポルトランドセメントと混合セメントに大きく区分される。

・ポルトランドセメントには、普通、早強、超早強、中庸熱、耐硫酸塩の6種類がある。なかでも、養生期間5日の普通ポルトランドセメントが最も広く用いられている。工期を短縮する場合は、養生期間3日の早強ポルトランドセメントが用いられる。

▶ セメントの種類と特徴

種別		特性・用途
ポルトランドセメント	普通	最も一般的なセメントで広く利用。
	早強	短期材齢での強度が発現するように調整されたもの。工事を急ぐ場合や、大きな水和熱を必要とする寒中などに使用。
	超早強	早強ポルトランドセメントの特性をさらに高めたもの。急速施工用のコンクリートに使用。発熱速度や発熱量が大きいので温度ひび割れ防止の注意が必要。
	中庸熱	水和熱（発熱）量が小さくなるように調整されており、体積の大きなダム工事などで使用。普通セメントよりも短期強度はやや低いが、長期材齢にわたり強化増進が大きい。
	耐硫酸塩	硫酸塩を含む土や水への抵抗性が高く、硫酸塩の存在する海水中や温泉地などの現場で使用。
	白色	性質は普通ポルトランドセメントと同様で構造用としても用いられるが、強度はやや低く水に弱い弱点がある。主要な用途は着色用で、顔料を混ぜカラーモルタルをつくる。
混合セメント	高炉セメント	早期の強度はやや弱いものの、長期材齢での強度は普通ポルトランドセメントと同等かそれ以上。セメント硬化体の組織が緻密になるため水密性、耐熱性、化学抵抗性、耐食性が大きく、海水・下水での工事に使用。
	シリカセメント	早期の強度はやや弱いものの、長期強度は普通ポルトランドセメントと同等。セメント硬化体の組織が緻密であり、化学的抵抗性、水密性に優れる。透水率や透気率が非常に小さいので、海水工事や鉱山の排水工事などで使用。乾燥収縮が大きい。
	フライアッシュセメント	早期の強度は低いが、長期強度は高く、流動性、水密性が良く、水和熱も低いことから水理構造物などで使用。

・混合セメントには、高炉セメント、シリカセメント、フライアッシュセメントの3種類がある。このうち、高炉セメントは海岸や港湾構造物、地下構造物に用いられる。

🟦 **コンクリートに使用する水**

・コンクリートを練るための水（練混ぜ水）は主に上水道水を使用する。鋼材を腐食させるような有害物質を含まない河川水、湖沼水、地下水、工業用水を用いることもある。

・一般に、海水を使用してはならない。

2 骨材

骨材は、セメントと水に練り混ぜる、砂、砂利、砕石、砕砂などの材料のことである。

■ 細骨材：10 mm 網ふるいをすべて通過し、5 mm 網ふるいを重量で 85％以上通過するもの。

■ 粗骨材：5 mm 網ふるいに重量で 85％以上留まるもの。

コンクリート用に用いる骨材は、配合設計で表面乾燥飽水状態（表乾状態）とする。

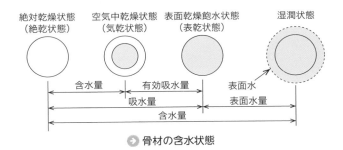

🔵 **骨材の含水状態**

■ 粗粒率（F.M.）：80、40、20、10、5、2.5、1.2、0.6、0.3、0.15 mm の網ふるいの 1 組を用いて、ふるい分けを行った場合、各ふるいにとどまる（通らない）質量分率（％）の和を 100 で除した値。
粗粒率が大きいほど粒度は粗い。

3 混和材料

■ 混和剤：使用量が少なく、それ自体の容積がコンクリートの練上げ容積に算入されないもの。

■ 混和材：使用量が比較的多く、それ自体の容積がコンクリートの練上げ容積に算入されるもの。

🔴 代表的な混和材の用途

混和材	用途・期待される効果
フライアッシュ	・ワーカビリティーの改善。 ・単位水量の低減。 ・水和熱による温度上昇の抑制。 ・長期材齢における強度の増進。 ・乾燥収縮の減少。 ・水密性の向上。 ・化学的浸食に対する抵抗性の改善。 ・アルカリ骨材反応の抑制。
シリカフューム	・材料分離を生じにくくする。 ・ブリーディングの減少。 ・高強度化。 ・アルカリ骨材反応の抑制。
膨張材	・ひび割れの発生を低減。 ・ひび割れ耐力の向上。
高炉スラグ微粉末	・水密性の向上。 ・化学的抵抗性の改善。 ・水和熱の発生速度を遅くさせる。 ・長期材齢における強度の増進。 ・ワーカビリティーの改善。 ・アルカリ骨材反応の抑制。
急結材	・早期強度の増進。
石灰石微粉末	・材料分離の低減。 ・ブリーディングの減少。

🔴 代表的な混和剤の用途

混和剤	用途・期待される効果
AE剤	・耐凍害性の向上。 ・ワーカビリティーの改善。 ・単位水量の低減。 ・ブリーディング、レイタンスの減少。 ・水密性の向上。
減水剤	・単位水量、単位セメント量を減らす。 ・流動性の向上。 ・鉄筋への付着を向上。
AE減水剤	（AE剤と減水剤の両方の効果がある） ・耐凍害性の向上。 ・単位水量の低減。　　など
高性能減水剤	・大きな減水効果があり、強度を高める。
高性能AE減水剤	・単位水量を大きく減らし、スランプ保持性を良好にする。
流動化剤	・流動性を増大させる。 ・高強度コンクリート、流動化コンクリートに使用。 ・流動性の向上による施工性の改善。
防錆剤	・鉄筋の腐食防止。
防水剤	・吸水性や透水性を減らし、防水・防湿に効果。 ・耐久性の向上。

4 コンクリートの種類

コンクリートには、用途や材料、施工条件などにより、さまざまに分類されている。主な分類は次のとおり。

● 使用材料による分類

コンクリート	セメント、水、細骨材（砂など）、粗骨材（砂利など）、必要に応じて混和材料を練り混ぜて、一体化した材料。
モルタル	セメント、水、細骨材（砂など）を練り混ぜて、一体化した材料。
セメントペースト	セメント、水を練り混ぜて、一体化した材料。

● 練り混ぜ、打込み、形状による分類

フレッシュコンクリート	まだ固まっていないコンクリート。
レディーミクストコンクリート	整備されたコンクリート製造設備を有する工場から購入することのできるフレッシュコンクリート。
プレキャストコンクリート	工場や現場の製作設備によって、あらかじめ製造されたコンクリート製品や部材。
マスコンクリート	構造物や部材の寸法が大きく、水和熱による温度上昇によるひび割れを生じさせないように注意すべきコンクリート。

演習問題でレベルアップ

《《問題1》》コンクリートで使用される骨材の性質に関する次の記述のうち、**適当でないもの**はどれか。
(1) すりへり減量が大きい骨材を用いると、コンクリートのすりへり抵抗性が低下する。
(2) 骨材の粗粒率が大きいほど、粒度が細かい。
(3) 骨材の粒形は、扁平や細長よりも球形がよい。
(4) 骨材に有機不純物が多く混入していると、コンクリートの凝結や強度などに悪影響を及ぼす。

解説▶ (2) 骨材の粗粒率が大きいほど、粒度が粗い。　　　　　　　　【解答（2）】

《《問題2》》コンクリートに使用するセメントに関する次の記述のうち、**適当でないもの**はどれか。
(1) セメントは、高い酸性を持っている。
(2) セメントは、風化すると密度が小さくなる。
(3) 早強ポルトランドセメントは、プレストレストコンクリート工事に適している。
(4) 中庸熱ポルトランドセメントは、ダム工事などのマスコンクリートに適している。

解説▶ (1) セメントは高いアルカリ性を持っている。　　　　　　　　【解答（1）】

〈〈問題3〉〉 コンクリート用セメントに関する次の記述のうち、**適当でないもの**はどれか。

(1) セメントは、風化すると密度が大きくなる。

(2) 粉末度は、セメント粒子の細かさをいう。

(3) 中庸熱ポルトランドセメントは、ダムなどのマスコンクリートに適している。

(4) セメントは、水と接すると水和熱を発しながら徐々に硬化していく。

解説▶ (1) セメントは、風化すると密度は小さくなる。セメントの風化は、空気中の水分や二酸化炭素（CO_2）によるもので、凝固の異常や強度低下をもたらす。　　【解答（1）】

アドバイス
演習問題を解きながら、各種の混和材料の特徴を覚えておこう。

〈〈問題4〉〉 コンクリートに用いられる次の混和材料のうち、水和熱による温度上昇の低減を図ることを目的として使用されるものとして、**適当なもの**はどれか。

(1) フライアッシュ

(2) シリカフューム

(3) AE 減水剤

(4) 流動化剤

解説▶ (2) シリカフュームを使用すると、材料分離が生じにくくなり、ブリーディングが小さくなるとともに、強度増加、水密性や化学抵抗性が向上する。

(3) AE 減水剤は、ワーカビリティーや耐凍害性の改善などに効果が期待できる。

(4) 流動化剤は、あらかじめ練り混ぜたコンクリートに添加し、撹拌することで流動性を増大させる。

(1) フライアッシュの使用により、ワーカビリティーを改善し、単位水量を減らすことができるので、水和熱による温度上昇の低減、乾燥収縮の減少、長期材齢における強度の増進、水密性や化学抵抗性の向上などの効果が期待できる。　　【解答（1）】

〈〈問題5〉〉 コンクリートの耐凍害性の向上を図る混和剤として**適当なもの**は、次のうちどれか。

(1) 流動化剤

(2) 収縮低減剤

(3) AE 剤

(4) 鉄筋コンクリート用防錆剤

解説▶ (2) 収縮低減剤をコンクリートに添加することで、乾燥ひずみを低減させることができる。凝固遅延、強度低下、凍結融解抵抗性の低下などを引き起こす場合がある。

(4) 鉄筋コンクリート防錆剤は、海砂などによる塩分が原因となる鉄筋の腐食を抑制する目的で使用される。

(3) AE 剤は、コンクリート中に多くの独立した微細な空気泡（エントレインドエア）を

均等に連行し、ワーカビリティーの改善、耐凍害性の向上、ブリーディングやレイタンスの減少が期待できる。【解答（3）】

《《 問題 6 》》 コンクリートに用いられる次の混和材料のうち、収縮にともなうひび割れの発生を抑制する目的で使用する混和材料に**該当するもの**はどれか。
(1) 膨張材
(2) AE 剤
(3) 高炉スラグ微粉末
(4) 流動化剤

解説▶ （2）の AE 剤については問題 5、（4）の流動化剤については問題 4 の解説を参照のこと。

（3）高炉スラグ微粉末は、製鉄所の高炉より副生された高炉水砕スラグを微粉砕して製造される水硬性の混和材料である。この使用によって、コンクリートは密実な硬化体となり、長期強度の増進、水密性や化学抵抗性の向上、アルカリシリカ反応の抑制などが期待できる。

（1）膨張材を使用することで、水和生成物によってコンクリートを膨張させる作用があり、乾燥収縮や硬化収縮などによって発生するひび割れの発生を抑制できる。　　【解答（1）】

2-2 コンクリートの配合

1 フレッシュコンクリート

　練り混ぜられてから、まだ固まらないコンクリートをフレッシュコンクリートという。フレッシュコンクリートの性質上、施工の各段階（運搬・打込み・締固め・表面仕上げ）での作業を容易に行えることが重要であり、その際に材料分離を生じたり、品質が変化したりすることのないことも重要である。

　コンクリートの作業性はワーカビリティーと呼ばれ、コンシステンシー、プラスチシティー、フィニッシャビリティーの 3 要素で表現される。

コンシステンシー

・変形や流動に対する抵抗性のこと。
・スランプ試験により求めたスランプ値で定量的に表している。スランプ値が大きいほどコンクリートは軟らかく、コンシステンシーは小さい。

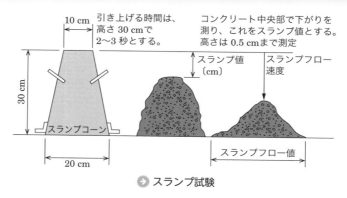

→ スランプ試験

プラスチシティー

- 容易に型に詰めることができ、型を取り去るとゆっくりと形を変えるが、崩れたり、材料が分離したりしないようなフレッシュコンクリートの性質。
- コンクリートの粗骨材とモルタルの材料分離の抵抗性を示す概念となる用語である。

フィニッシャビリティー

- 仕上げのしやすさの程度を示すフレッシュコンクリートの性質。
- コンクリートの型枠への詰めやすさ、表面の仕上げやすさなどの概念となる用語である。

2 配合設計

コンクリートに求められる品質は、硬化後の強度、耐久性、水密性のことである。この所要の品質を得るために、配合設計により使用する材料の使用割合を決める必要がある。

単位セメント量、単位水量

- 配合は、コンクリートの練上り 1 m³ の材料使用量で表す。その際に必要となる水の質量を単位水量、セメントの量を単位セメント量という。
- 単位水量の多いコンクリートは流動性が高いが、コンシステンシーは小さく、ワーカビリティーは良くなるが、強度は小さくなる。

水セメント比

- 水セメント比（W/C）＝単位水量 W〔kg〕÷ 単位セメント量 C〔kg〕
- 水セメント比が小さいほど、強度、耐久性、水密性が向上する。
- 水セメント比が大きいほど、硬化後の組織が粗になり、耐久性に劣る。
- 水セメント比は、原則として 65％以下とする。

アドバイス

水セメント比が小さいほど…
　・強度は大きくなるが…
　・コンクリートの流動性は小さくなってしまうため作業は困難

配合強度

・コンクリートの配合強度は、設計基準強度および現場におけるコンクリートの品質のばらつきを考慮する。

その他の条件

・粗骨材の最大寸法の選定
・スランプ、空気量の選定
・細・粗骨材量の算定
・混和材料の使用量の算定

 アドバイス

用語をマスターしよう

・ブリーディング
コンクリートを打設している間、または打設完了後に、セメントや骨材が沈降し、水やセメント・砂に含まれる細粒分が浮かび上がってくる。このとき表面に浮かび上がってきた水をブリーディングという。コンクリートの硬化に不必要なものであり、取り除く。
・レイタンス
ブリーディングに伴って表面に浮かび上がってきた微細な物質をレイタンスという。これもコンクリートの硬化に不必要なものであり、除去する。
・コールドジョイント
打足しにおける完全に一体化していない継目をコールドジョイントという。

演習問題でレベルアップ

〈〈問題1〉〉 フレッシュコンクリートに関する次の記述のうち、**適当でないもの**はどれか。
(1) コンシステンシーとは、変形または流動に対する抵抗性である。
(2) レイタンスとは、コンクリート表面に水とともに浮かび上がって沈殿する物質である。
(3) 材料分離抵抗性とは、コンクリート中の材料が分離することに対する抵抗性である。
(4) ブリーディングとは、運搬から仕上げまでの一連の作業のしやすさである。

解説▶ (4) ブリーディングとは、練混ぜ水の一部が遊離してコンクリート表面に上昇する現象。運搬から仕上げまでの一連の作業のしやすさは、ワーカビリティーという。

【解答 (4)】

《《問題 2 》》 フレッシュコンクリートに関する次の記述のうち、**適当でないもの**はどれか。

(1) コンシステンシーとは、練混ぜ水の一部が遊離してコンクリート表面に上昇する現象である。

(2) 材料分離抵抗性とは、コンクリート中の材料が分離することに対する抵抗性である。

(3) ワーカビリティーとは、運搬から仕上げまでの一連の作業のしやすさである。

(4) レイタンスとは、コンクリート表面に水とともに浮かび上がって沈殿する物質である。

解説▶ (1) コンシステンシーとは、変形または流動性に対する抵抗性であり、主に水量によって変化する。　　　　　　　　　　　　　　　　　　　　　　【解答 (1)】

《《問題 3 》》 コンクリートのスランプ試験に関する次の記述のうち、**適当でないもの**はどれか。

(1) スランプ試験は、高さ 30 cm のスランプコーンを使用する。

(2) スランプ試験は、コンクリートをほぼ等しい量の 2 層に分けてスランプコーンに詰める。

(3) スランプ試験は、各層を突き棒で 25 回ずつ一様に突く。

(4) スランプ試験は、0.5 cm 単位で測定する。

解説▶ (2) スランプ試験では、試料はほぼ等しい量の 3 層に分けて詰めるとされている。　　　　　　　　　　　　　　　　　　　　　　　　　　　【解答 (2)】

《《問題 4 》》 コンクリートのスランプ試験に関する次の記述のうち、**適当でないもの**はどれか。

(1) スランプ試験は、コンクリートのコンシステンシーを測定する試験方法である。

(2) スランプ試験は、高さ 30 cm のスランプコーンを使用する。

(3) スランプは、1 cm 単位で測定する。

(4) スランプは、コンクリートの中央部で下がりを測定する。

解説▶ (3) スランプ試験では、コンクリートの中央部において下がりを 0.5 cm 単位で測定するとされている。　　　　　　　　　　　　　　　　　　　　　　【解答 (3)】

《《問題 5 》》 コンクリートの配合設計に関する次の記述のうち、**適当でないもの**はどれか。

(1) 打込みの最小スランプの目安は、鋼材の最小あきが小さいほど、大きくなるように定める。

(2) 打込みの最小スランプの目安は、締固め作業高さが大きいほど、小さくなるように定める。

(3) 単位水量は、施工が可能な範囲内で、できるだけ少なくなるように定める。

(4) 細骨材率は、施工が可能な範囲内で、単位水量ができるだけ少なくなるように定める。

解説▶ (2) 打込みの最小スランプの目安は、締固め作業高さが大きいほど、大きくなるようにする。　【解答 (2)】

《《問題6》》コンクリートの配合設計に関する次の記述のうち、**適当でないもの**はどれか。
(1) 所要の強度や耐久性を持つ範囲で、単位水量をできるだけ大きく設定する。
(2) 細骨材率は、施工が可能な範囲内で、単位水量ができるだけ小さくなるように設定する。
(3) 締固め作業高さが高い場合は、最小スランプの目安を大きくする。
(4) 一般に鉄筋量が少ない場合は、最小スランプの目安を小さくする。

解説▶ (1) 所要の強度や耐久性を持つ範囲で、単位水量をできるだけ小さく設定する。　【解答 (1)】

《《問題7》》レディーミクストコンクリートの配合に関する次の記述のうち、**適当でないもの**はどれか。
(1) 単位水量は、所要のワーカビリティーが得られる範囲内で、できるだけ少なくする。
(2) 水セメント比は、強度や耐久性などを満足する値の中から最も小さい値を選定する。
(3) スランプは、施工ができる範囲内で、できるだけ小さくなるようにする。
(4) 空気量は、凍結融解作用を受けるような場合には、できるだけ少なくするのがよい。

解説▶ (4) 空気量は、凍結融解作用を受けるような場合には、所要の強度を満足することを確認したうえで、できるだけ大きくするのがよい。　【解答 (4)】

2-3 コンクリートの施工

1 運搬

コンクリートのコンシステンシー、ワーカビリティーといった性状の変化が少なく、経済的に行うために、コンクリートの運搬時間は短いほうがよい。

■ 練り混ぜてから打ち終わるまでの時間 ※標準示方書の規定。

> ・外気温が 25℃を超えるとき　1.5 時間以内
> ・外気温が 25℃以下のとき　　2.0 時間以内

JIS では練混ぜ開始から荷卸し地点到着までを 1.5 時間としている。

- ・運搬中に著しい材料分離が見られた場合は、十分に練り直して均等質にしてから用いる。ただし、固まり始めたコンクリートは練り直して用いない。
- ・打込みまでの時間が長くなる場合は、前もって遅延剤や流動化剤の使用を検討する。

■ 現場までの運搬

- ・一般には、**トラックアジテータ**や**トラックミキサ**が用いられる。
- ・トラックアジテータは、ドラム内に撹拌羽根構造があって、運搬中にゆっくりとドラムを回転させることで材料分離を防ぐ仕組みになっているので、長距離運搬に適している。
- ・荷卸しする直前に、アジテータまたはミキサを高速で回転させると、材料分離を防止するうえで有効。
- ・舗装コンクリートや RCD コンクリートのような硬練りのコンクリートを運搬する場合はダンプトラックを使用できる。この場合、練混ぜを開始してから 1 時間以内とし、比較的短距離区間の運搬とする。

→ トラックアジテータ

■ 現場内での運搬

■ コンクリートポンプ

- ・輸送管の径や配管経路は、コンクリートの種類や品質、粗骨材の最大寸法、その他圧送作業の条件などを考慮して決める。
- ・輸送管の径が大きいほど圧送負荷は小さくなるので、管径の大きい輸送管の使用が望ましい。

→ コンクリートポンプ車

ただし、**配管先端の作業性が低下するので注意を要する。**
- 配管の距離はできるだけ短く、曲がりの数を少なくする。
- コンクリートの圧送に先立ち、**先送りモルタルを圧送し、**コンクリートポンプや輸送管内の潤滑性を確保する。
- **先送りモルタルは、使用するコンクリートの水セメント比以下とする。**
- ポンプ圧送は連続的に行い、できるだけ中断しない。
  やむを得ず長時間中断する場合は、**インタバル運転により閉塞を防止する。**

シュート
- シュートを用いてコンクリートを卸す場合は、**縦シュートを用いる。**
  縦シュート下端とコンクリート打込み面の距離は 1.5 m 以下とする。
- やむを得ず**斜めシュートを用いる場合は、水平 2 に対して鉛直 1 程度とし、**材料分離が起きないようにするため、吐出し口には漏斗管やバッフルプレートを取り付ける。
- シュート使用の前後には水で洗う。
- シュート使用に先立ち、モルタルを流下させるとよい。

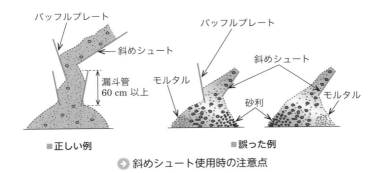

バッフルプレート
斜めシュート
漏斗管
60 cm 以上
■正しい例

バッフルプレート
斜めシュート
モルタル
砂利
モルタル
■誤った例

> 斜めシュート使用時の注意点

2 打込み

打込み準備
- 鉄筋、型枠などの配置が施工計画どおりかを確認する。
- 型枠内部の**点検清掃**を行う。
- 旧コンクリート、せき板面などの吸水するおそれがあるところに散水し、**湿潤状態を保つ。**
- 型枠内の水は、打込み前に取り除く。
- 降雨や強風についての情報を収集して、必要な対策を準備しておく。

打込みにあたっての注意点
- 練り始めてから打ち終わるまでの時間→前ページを参照
- 打込み作業中は、鉄筋や型枠が所定の位置から動かないように注意する。

- ・打ち込んだコンクリートは、型枠内で横移動させてはならない。
- ・打込み中に著しい材料分離が認められた場合には、中断して原因を調べ、材料分離を抑制する対策を講じる。
- ・計画した打継目以外は、連続して打込みをする。
- ・打上がり面がほぼ水平になるように打ち込む。

打込み作業

- ・コンクリート打込みの1層の高さは、使用する内部振動機の性能などを考慮して40〜50 cm以下が原則。
- ・コンクリートを2層以上に分けて打ち込む場合、上層と下層が一体となるように施工する。
- ・コールドジョイントが発生しないよう許容打重ね時間間隔などを設定する。

◉ 打重ね時間の限度

外気温	許容打重ね時間間隔
25℃を超える	2.0 時間
25℃以下	2.5 時間

- ・縦シュートあるいはポンプ配管の吐出口と打込み面までの高さは1.5 m以下を標準とする。
- ・表面に集まったブリーディング水は、スポンジ、ひしゃく、小型水中ポンプなどの適当な方法で取り除いてからコンクリートを打ち込まなければならない。
- ・打上がり速度は、一般に30分当たり1.0〜1.5 m程度が標準。
- ・コンクリートを直接地面に打ち込む場合には、あらかじめ均しコンクリートを敷いておく。

3 締固め

コンクリートの締固め作業

- ・コンクリート打込み後、速やかに十分に締め固め、コンクリートが鉄筋の周囲や型枠の隅々に行きわたるようにする。
- ・コンクリートの締固めには、内部振動機（棒状バイブレータ）の使用が原則。
- ・薄い壁など、内部振動機の使用が困難な場合には型枠振動機を使用してもよい。
- ・型枠の外側を木槌などで軽打することも有効。
- ・コンクリートをいったん締め固めた後、適切な時期に再び振動を加えることにより、コンクリート中にできた空隙や余剰水が少なくなる。これにより、コンクリート強度や鉄筋との付着強度が増加し、沈下ひび割れの防止に効果がある。

▊ 棒状バイブレータ使用の注意点

- 棒状バイブレータは、なるべく鉛直に挿入、挿入間隔は一般に 50 cm 以下に挿し込んで締め固める。
- コンクリートを打ち重ねる場合、棒状バイブレータは下層のコンクリート中に 10 cm 程度挿入する。
- 1 か所当たりの振動時間は 5 ～ 15 秒。
- 引抜きは徐々に行い、あとに穴が残らないようにする。
- 棒状バイブレータは、コンクリートを横移動させる目的に使用しない。

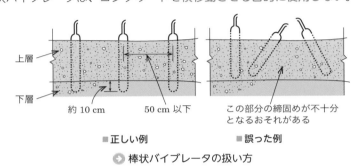

■ 正しい例　　　　　■ 誤った例

上層
下層
約 10 cm　　50 cm 以下　　この部分の締固めが不十分となるおそれがある

▶ 棒状バイブレータの扱い方

▊ コンクリートの仕上げ作業

- コンクリートの仕上がり面は、木ごてなどを用いてほぼ所定の高さ、形に均した後、必要に応じて金ごてを用いて平滑に仕上げるのが一般的。
- 表面仕上げは、コンクリート上面にしみ出た水がなくなるか、または上面の水を取り除いてから行う。
- 仕上げ作業後、コンクリートが固まり始めるまでの間にひび割れが発生した場合は、タンピングまたは再仕上げによって修復する。
- 滑らかで密実な表面に仕上げる場合は、できるだけ遅い時期に金ごてで強い力を加えてコンクリート上面を仕上げるとよい。

4 打継目

- コンクリートを 2 層以上に分けて打ち込む場合、上層のコンクリートの打込みは、下層のコンクリートが固まり始める前に行い、上層と下層が一体となるように施工するのを原則とする。
- 大きな構造物などでは、適切な区画で分けて打設する場合がある。この際、すでに打ち込んだコンクリートと、新しいコンクリートの境目で打継目ができる。
- 打継目には、水平打継目と鉛直打継目がある。

水平打継目	・コンクリートを打ち継ぐ場合には旧コンクリートの表面のレイタンス、品質の悪いコンクリート、ゆるんだ骨材粒などを完全に取り除き、十分に吸水させなければならない。 ・新コンクリートとの付着を良くするために、打設面にはセメントペーストを塗るかモルタルを敷く。その後、直ちにコンクリートを打設し、旧コンクリートと密着するよう締め固める。
鉛直打継目	・旧コンクリートの打継面は、ワイヤブラシで表面を削るか、チッピングなどによりこれを粗にして十分吸水させ、セメントペースト、モルタルあるいは湿潤用エポキシ樹脂などを塗った後、新コンクリートを打ち継がなければならない。 ・新コンクリートの打込みにあたっては、新旧コンクリートが十分に密着するように締め固めなければならない。また、新コンクリート打込み後、適切な時期に再振動締固めを行うのがよい。 ・水密を要するコンクリートの鉛直打継目では、止水板を用いるのを原則とする。

5 養　生

　コンクリートを所定の品質（強度、水密性、耐久性）に仕上げるためには、硬化時に十分な湿度と適当な温度環境が必要で、外的な衝撃、有害な応力を与えないように配慮しなければならない。これを養生という。

　養生の方法には、湿潤養生、散水養生、水中養生、膜養生、温水養生、蒸気養生、気乾養生、パイプクーリング養生などがある。

　一般的には、コンクリートの表面は、布や砂などで覆い、散水する。少なくとも、普通ポルトランドセメントの場合は打設後 5 日間、早強ポルトランドセメントの場合は打設後 3 日間、湿潤状態に保つ必要がある。

> ### 養生のポイント
> ・作業中の雨など、気象の変化からコンクリート面を保護する。
> ・コンクリートが十分に硬化するまで、衝撃や荷重を加えないように保護する。
> ・コンクリートの硬化中、所定の温度に保つ。
> ・硬化中は、十分に湿潤な状態に保つ。

《《問題1》》コンクリートの施工に関する次の記述のうち、**適当でないもの**はどれか。

(1) コンクリートを練り混ぜてから打ち終わるまでの時間は、外気温が 25℃ を超えるときは 2 時間以内を標準とする。

(2) 現場内でコンクリートを運搬する場合、バケットをクレーンで運搬する方法は、コンクリートの材料分離を少なくできる方法である。

(3) コンクリートを打ち重ねる場合は、棒状バイブレータ（内部振動機）を下層コンクリート中に 10 cm 程度挿入する。

(4) 養生では、散水、湛水、湿布で覆うなどして、コンクリートを一定期間湿潤状態に保つことが重要である。

解説▶ (1) コンクリートを練り混ぜてから打ち終わるまでの時間は、外気温が 25℃ を超えるときは 1.5 時間以内を標準とする。　　　　　　　　　　　　　【解答（1）】

《《問題2》》コンクリートの施工に関する次の記述のうち、**適当でないもの**はどれか。

(1) コンクリートを打ち重ねる場合には、上層と下層が一体となるように、棒状バイブレータ（内部振動機）を下層のコンクリートの中に 10 cm 程度挿入する。

(2) コンクリートを打ち込む際は、打上がり面が水平になるように打ち込み、1 層当たりの打込み高さを 40 〜 50 cm 以下とする。

(3) コンクリートの練混ぜから打ち終わるまでの時間は、外気温が 25℃ を超えるときは 1.5 時間以内とする。

(4) コンクリートを 2 層以上に分けて打ち込む場合は、外気温が 25℃ を超えるときの許容打重ね時間間隔は 3 時間以内とする。

解説▶ (4) コンクリートを 2 層以上に分けて打ち込む場合は、外気温が 25℃ を超えるときの許容打重ね時間間隔は 2 時間以内、25℃以下の場合は 2.5 時間以内とする。【解答（4）】

《《問題3》》コンクリートの現場内での運搬と打込みに関する次の記述のうち、**適当でないもの**はどれか。

(1) コンクリートの現場内での運搬に使用するバケットは、材料分離を起こしにくい。

(2) コンクリートポンプで圧送する前に送る先送りモルタルの水セメント比は、使用するコンクリートの水セメント比よりも大きくする。

(3) 型枠内にたまった水は、コンクリートを打ち込む前に取り除く。

(4) 2 層以上に分けて打ち込む場合は、上層と下層が一体となるように下層コンクリート中にも棒状バイブレータを挿入する。

解説▶ (2) 先送りモルタルの水セメント比は、使用するコンクリートの水セメント比以下を原則とする。　　　　　　　　　　　　　　　　　　　　　　　　【解答（2）】

《《問題4》》 コンクリートを棒状バイブレータで締め固める場合の留意点に関する次の記述のうち、**適当でないもの**はどれか。
(1) 棒状バイブレータの挿入時間の目安は、一般には 5 〜 15 秒程度である。
(2) 棒状バイブレータの挿入間隔は、一般に 50 cm 以下にする。
(3) 棒状バイブレータは、コンクリートに穴が残らないようにすばやく引き抜く。
(4) 棒状バイブレータは、コンクリートを横移動させる目的では用いない。

解説▶ (3) 棒状バイブレータは、コンクリートに穴が残らないようにゆっくり引き抜く。

【解答 (3)】

《《問題5》》 コンクリートの仕上げと養生に関する次の記述のうち、**適当でないもの**はどれか。
(1) 密実な表面を必要とする場合は、作業が可能な範囲でできるだけ遅い時期に金ごてで仕上げる。
(2) 仕上げ後、コンクリートが固まり始める前に発生したひび割れは、タンピングなどで修復する。
(3) 養生では、コンクリートを湿潤状態に保つことが重要である。
(4) 混合セメントの湿潤養生期間は、早強ポルトランドセメントよりも短くする。

解説▶ (4) 混合セメントの湿潤養生期間は、早強ポルトランドセメントよりも長くする。

【解答 (4)】

2-4 暑中コンクリート・寒中コンクリート

　日平均気温が 25℃ を超えると想定される場合は、暑中コンクリートとしての措置をとらなければならない。また、日平均気温が 4℃ 以下になると想定される場合は、寒中コンクリートとしての措置をとらなければならない。

暑中コンクリートと寒中コンクリート

	暑中コンクリート	寒中コンクリート
適用条件	日平均気温 25℃を超える気象条件	日平均気温 4℃以下となる気象条件
コンクリート打設時	35℃以下 ※できるだけ低温のコンクリートを打設する	5 〜 20℃が原則

暑中コンクリートの留意点
・コンクリート打設時の温度は 35℃ 以下。
・できるだけ低温のコンクリートを打設する。

- 長時間炎熱にさらされたセメントや骨材は用いない。
- 練混ぜ水は低温のものを使用する。
- 打込みはできるだけ早く行い、**練り混ぜてから打ち終わるまでの時間は、1.5 時間以内を原則とする。**
- 養生は直射日光と風を防ぐ。

　暑中に打ち込まれたコンクリートの表面は、直射日光や風にさらされると急激に乾燥してひび割れを生じやすい。このため、打込み終了後は、露出面が乾燥しないようにすみやかに養生することが大切である。特に、打込み後少なくとも 24 時間は、露出面を乾燥させることがないように湿潤状態に保つか、または養生を少なくとも 5 日間以上行うのが望ましい。

寒中コンクリートの留意点

- 凍結したり氷雪が混入している骨材はそのまま使用せず、適度に加熱してから用いる。加熱は均等に行い、過度に乾燥させないこと。
- 材料の加熱は、水または骨材のみとし、セメントはどんな場合でも加熱してはならない。
- コンクリートの打設温度は 5 〜 20℃ を原則とする。
- 凍害を避けるために、単位水量をできるだけ減らし、AE コンクリートを用いる。AE 剤の効果は、単位水量を減らすことと、コンクリートの凍結融解の耐候性を高めることである。
- 養生温度は所定の圧縮強度が得られるまではコンクリート温度を 5℃ 以上に保ち、さらに 2 日間は 0℃ 以上に保つ。

演習問題でレベルアップ

《《問題 1》》　各種コンクリートに関する次の記述のうち、**適当でないもの**はどれか。
(1) 日平均気温が 4℃ 以下となると想定されるときは、寒中コンクリートとして施工する。
(2) 寒中コンクリートで保温養生を終了する場合は、コンクリート温度を急速に低下させる。
(3) 日平均気温が 25℃ を超えると想定される場合は、暑中コンクリートとして施工する。
(4) 暑中コンクリートの打込みを終了したときは、速やかに養生を開始する。

解説▶　(2) コンクリートの保温養生の直後に温度を急速に低下させるとコンクリートの表面にひび割れが生じるおそれがあるので、急速な温度低下を防止しなければならない。

【解答（2）】

2-5　鉄　筋

1　鉄筋の加工

・鉄筋は常温で加工する。

・材質を害するおそれがあるため、曲げ加工した鉄筋を曲げ戻さない。

　施工継目の部分などでやむを得ず一時的に曲げておき、後で所定の位置に曲げ戻す場合、曲げ戻しをできるだけ大きな半径で行うか、加熱温度 900 〜 1 000℃程度で加熱加工する。

・鉄筋は原則として溶接してはならない。

　やむを得ず溶接した場合は、溶接部分を避け、鉄筋直径の 10 倍以上離れたところで曲げ加工する。

2　鉄筋の組立て

・鉄筋を組み立てる前に清掃し、浮きさび、泥、油など、鉄筋とコンクリートの付着を害するおそれのあるものは除去する。

・正しい位置に配置し、コンクリートの打込み時に動かないように十分堅固に組み立てる。

・鉄筋の交差を直径 0.8 mm 以上の焼なまし鉄線、種々のクリップで緊結する。

　鉄筋の固定に使用した焼なまし鉄線やクリップは、かぶり内に残さない。

・鉄筋とせき板との間隔はスペーサを用いて正しく保ち、かぶりを確保する。

・スペーサは適切な間隔で配置する。

　　　はり、床版など：1 m² 当たり 4 個程度

　　　壁、柱　　　　　：1 m² 当たり 2 〜 4 個程度

3　鉄筋の継手

・鉄筋の継手位置は、できるだけ応力の大きい断面を避ける。

・同一断面に継手を集めないように、継手の長さに鉄筋直径の 25 倍を加えた長さ以上にずらす。

・継手部と隣接する鉄筋や継手とのあきは、粗骨材の最大寸法以上とする。

・重ね継手は、鉄筋直径の 20 倍以上を重ねて、0.8 mm 焼きなまし鉄線で数か所を緊結し、巻付け長さをできるだけ短くする。

・継手には重ね継手の他、ガス圧接継手、機械式継手、溶接継手などがある。

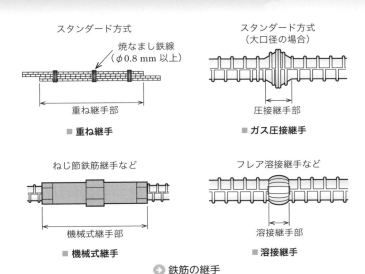

■ 重ね継手 （スタンダード方式／焼なまし鉄線 φ0.8 mm 以上／重ね継手部）

■ ガス圧接継手 （スタンダード方式（大口径の場合）／圧接継手部）

■ 機械式継手 （ねじ節鉄筋継手など／機械式継手部）

■ 溶接継手 （フレア溶接継手など／溶接継手部）

❯ 鉄筋の継手

演習問題でレベルアップ

《《問題1》》 鉄筋の加工及び組立に関する次の記述のうち、**適当でないもの**はどれか。
(1) 鉄筋は、常温で加工することを原則とする。
(2) 曲げ加工した鉄筋の曲げ戻しは行わないことを原則とする。
(3) 鉄筋どうしの交点の要所は、スペーサで緊結する。
(4) 組立後に鉄筋を長期間大気にさらす場合は、鉄筋表面に防錆処理を施す。

解説▶ (3) 鉄筋どうしの交点の要所は、直径 0.8mm 以上の焼きなまし鉄線で結束するのが一般的。 【解答 (3)】

《《問題2》》 鉄筋の加工及び組立に関する次の記述のうち、**適当なもの**はどれか。
(1) 型枠に接するスペーサは、原則としてモルタル製あるいはコンクリート製を使用する。
(2) 鉄筋の継手箇所は、施工しやすいように同一の断面に集中させる。
(3) 鉄筋表面の浮きさびは、付着性向上のため、除去しない。
(4) 鉄筋は、曲げやすいように、原則として加熱して加工する。

解説▶ (2) 同一の断面に継手を集中させると弱点となり、コンクリートが行き渡りにくくなるので、継手は相互にずらして設けることが原則である。
(3) 汚れや浮きさびが認められるときは、鉄筋を清掃し、付着物を除去しなければならない。
(4) 鉄筋の加工は原則として常温とする。加熱して加工する場合は、あらかじめ材質を害さないことを確認された方法で適切に管理しながら行う。 【解答 (1)】

2-6

型　枠

1 型枠の施工

- せき板内面には、**剥離剤を塗布**し、コンクリートが型枠に付着するのを防ぎ、型枠の取外しを容易にする。
- コンクリートの打込み前、打込み中に、型枠の寸法やはらみなどの不具合を確認し、管理する。
- 締付け金具のプラスチックコーン（Pコン）を除去した後の穴は、高品質のモルタルなどで埋めておく。

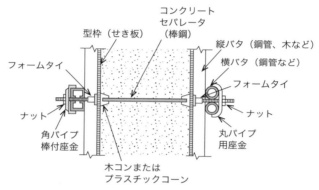

➤ 鉄筋の継手

2 支保工の施工

- 支保工の組立てに先立って、**基礎地盤を整地**し、所要の支持力が得られるように、また不等沈下などが生じないように適切に補強する。
- 支保工は、十分な強度と安定性を持つように施工する。
- コンクリートの打込み前、打込み中に、支保工の寸法、移動、傾き、沈下などの不具合を確認し、管理する。

《《問題1》》 型枠に関する次の記述のうち、**適当でないもの**はどれか。

(1) 型枠内面には、剥離剤を塗布することを原則とする。

(2) コンクリートの側圧は、コンクリート条件や施工条件により変化する。

(3) 型枠は、取り外しやすい場所から外していくことを原則とする。

(4) コンクリートのかどには、特に指定がなくても面取りができる構造とする。

解説▶ (3) 型枠の取り外しは、比較的荷重を受けない部分から外した後に残りの部分を取り外していくのが一般的な順序である。　　　　　　　　　　　　　　　　　**【解答 (3)】**

《《問題2》》 型枠の施工に関する次の記述のうち、**適当なもの**はどれか。

(1) 型枠内面には、セパレータを塗布しておく。

(2) コンクリートの側圧は、コンクリート条件、施工条件によらず一定である。

(3) 型枠の締付け金物は、型枠を取り外した後、コンクリート表面に残してはならない。

(4) 型枠は、取り外しやすい場所から外していくのがよい。

解説▶ (1) 型枠内面に塗布するのは剥離剤である。セパレータはせき板を所定の間隔に固定するための型枠の締付け金物。

　(2) コンクリートの側圧は、コンクリート条件、施工条件、構造物の条件によって変化する。　　　　　　　　　　　　　　　　　　　　　　　　　　　　**【解答 (3)】**

《《問題3》》 下図は木製型枠の固定器具であるが、次の (イ) ～ (ニ) に示す名称として**適当でないもの**はどれか。

(1) (イ)

(2) (ロ)

(3) (ハ)

(4) (ニ)

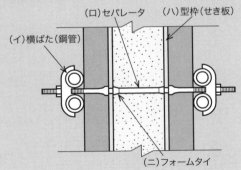

(ロ)セパレータ　(ハ)型枠(せき板)

(イ)横ばた(鋼管)

(ニ)フォームタイ

解説▶ (イ) 縦ばたを押さえる横ばた (鋼管)、(ロ) 型枠の幅を固定するセパレータ、(ハ) コンクリートを押さえる型枠 (せき板)、(ニ) セパレータとフォームタイをつなぐプラスチックコーン (P コン)。フォームタイは、横ばたを押さえる金具である (46 ページの図を参照)。　　　　　　　　　　　　　　　　　　　　　　　　　　　　　　**【解答 (4)】**

3章 基礎工

3-1 基礎工の種類

　基礎は、構造物の荷重を地盤に伝える構造物下部にあたる部分であり、地盤の状況や対応する構造物の種類などによって、さまざまな工法がある。

　基礎工は、浅い基礎と深い基礎に大別され、それぞれの代表的な工法を次図にまとめる。

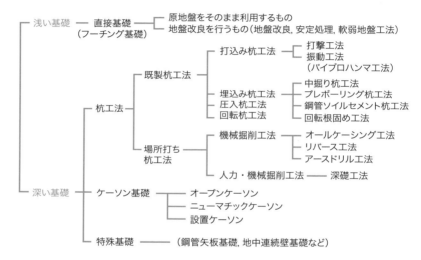

⟳ 基礎工の種類と代表的な工法

⟳ 杭基礎の種類と特徴（長所）

	打込み杭工法	場所打ち杭工法
長　所	・工場製作の杭のため杭の品質がよい。 ・施工速度が速く、施工管理が比較的容易。 ・小規模工事でも既製杭を使用するため割高にならない。 ・水位に左右されず施工が可能（船打ちも可能）。 ・杭打ち公式により打止め管理が可能。	・振動、騒音が小さい。 ・大径長尺の杭が施工可能。 ・継手がなく長尺の杭が1本のものとして完成する。 ・長さの調節が比較的容易。 ・掘削土砂により中間層や支持層の土質を確認できる。 ・打込み杭工法と比べて近接構造物に対する影響が小さい。

○ 杭基礎の種類と特徴（短所）

	打込み杭工法	場所打ち杭工法
短所	・騒音、振動を伴うため建設公害の問題が生じることがある。 ・長尺杭の場合、継手が必要。 ・コンクリート杭の場合、径が大きくなると重量が大きくなり、運搬、取扱いが困難。そのため、大径杭には不向き。 ・所定の長さで打止めにならない場合は、長さの調整が必要。 ・工場から現場まで運搬する必要があり、運搬途中で杭体を傷めることがある。	・施工管理が打込み杭工法と比較して難しい。 ・泥水処理、排水処理が必要。 ・小径の杭の施工が可能。 ・地盤を乱すため先端支持力が小さい。 ・杭本体の信頼性は既製杭に比べて小さい。

 アドバイス

場所打ち杭工法の利点

・低騒音、低振動の工法
・杭径の大きな杭、長尺の杭の施工が可能
・深礎工法では、支持地盤が直接確認できる
・限られた作業空間の中での施工が可能

3-2 既 製 杭

既製杭工法は、打込み杭工法と埋込み杭工法が主に用いられている。

1 打込み杭工法

・油圧ハンマ、ドロップハンマなどにより、既製杭の杭頭部分を打撃し、所定の深さまで杭を打ち込む工法。バイブロハンマ工法は振動工法である。

施工方法

・杭は、所定の位置に設置し、杭の軸方向か鉛直、または設計された斜角に建て込む。
・杭打ちやぐらを据え付け、試し打ち（試験杭施工）をしてから本打ちを作業する。
・建込み後の杭の鉛直性は、異なる二方向から検測する。
・群杭の場合、一方の端から他方の端へ、もしくは群杭の中央から周辺部に向かって打ち進む。
・杭打ちを中断すると、時間経過とともに周辺摩擦力が増大してしまい、以後の打込みが困難になるので、連続して打ち込む。

■ 主な長所

- 工場製造の既製杭であることから**杭体の品質**はよい。
- 残土がほとんど発生しない。締固め効果も期待できる。
- 小規模な工事では割高になりにくい。
- 打止め管理などによって、支持力の確認が簡易にできる。
- 施工速度が速い。施工管理は比較的容易。

■ 主な短所

- 他の工法と比較して、**騒音、振動が大きい**。
  そのため市街地での施工が困難になってきている。
- 所定の長さで打止りにならなければ、長さの調整が必要。
- 杭径が大きくなるほど重量も大きくなり、運搬などの取扱いに注意が必要。

2 中掘り杭工法

- 先端開放の既製杭の**内部にスパイラルオーガ**などを通し、これによって地盤を掘削しながら杭を沈設し、所定の支持力が得られるように**先端処理**して仕上げる工法。

■ 施工方法

- 杭周辺の地盤を乱さないようにする。
  所定の角度を保ちながら所定の深さまで沈設する。
- 掘削中は過大な**先掘り**、杭径程度以上の**拡大掘り**を行わない。
- 杭の沈設後は、ボイリングを発生させないように、スパイラルオーガは徐々に引き上げる。必要に応じ、杭中空部の水位を地下水位よりも高くなるよう注水しながら引き上げる。

■ 先端処理の方法

■ 最終打撃方式

定められた深度に達した杭を打撃により貫入させる方法。

■ セメントミルク噴射撹拌方式

セメントミルクを所定の圧力で噴射しながら、杭先端部周辺の地盤と撹拌して根固めとする方法。

■ コンクリート打設方式

土質に応じた方法でスライム処理を行い、トレミー管でコンクリートを打設する方法。

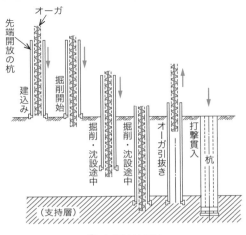

● 中掘り杭工法

主な長所

- 騒音、振動は小さい。
- 既製杭のため杭体の品質はよい。
- 打込み工法に比べ、近接構造物への影響が小さい。

主な短所

- 泥水処理、排土処理が必要。
- 打込み工法に比べて、施工管理が難しい。
- 杭径が大きくなるほど重量も大きくなり、施工機械などの選定に注意。

3 プレボーリング杭工法

- 掘削ビット、ロッドを用いて掘削し、泥土化した掘削孔内の地盤にセメントミルクを注入し、撹拌混合してソイルセメント状にした後に既製杭を沈設する工法。

施工方法

- 杭心に掘削ビットの中心をセットし、オーガビットの先端から掘削液を吐き出しながら掘削する。

  これにより、掘削抵抗を減少させながら、孔内を泥土化し、孔壁崩壊を防止する。
- オーガの先端が所定の深さに達したら、過度の掘削や長時間の撹拌を行わない。
- 杭を沈設するときは、孔壁を削ったり杭体を損傷したりしないように注意し、ソイルセメントが杭頭部からあふれ出ることを確認する。

主な長所

- 騒音、振動は小さい（中掘り工法よりは不利）。
- 既製杭のため杭体の品質がよい。
- 打込み工法に比べ、近接構造物への影響が小さい（中掘り工法よりは不利）。

■ 主な短所

・泥水処理、排土処理が必要（中掘り工法よりは有利）。

・打込み工法に比べて、施工管理が難しい（中掘り工法よりは有利）。

・杭径が大きくなるほど重量も大きくなり、施工機械などの選定に注意が必要。

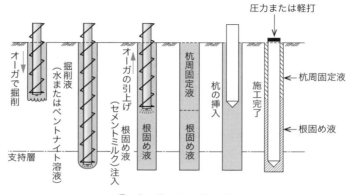

→ プレボーリング杭工法

　問題を解きながら、各種の既製杭の特徴を覚えよう。

《《問題1》》 既製杭の施工に関する次の記述のうち、**適当なもの**はどれか。

（1）打撃による方法は、杭打ちハンマとしてバイブロハンマが用いられている。

（2）中掘り杭工法は、あらかじめ地盤に穴をあけておき既製杭を挿入する。

（3）プレボーリング工法は、既製杭の中をアースオーガで掘削しながら杭を貫入する。

（4）圧入による方法は、オイルジャッキなどを使用して杭を地中に圧入する。

解説▶　（1）バイブロハンマは、振動と振動機・杭の重量によって杭を地盤に貫入するための機械であり、打撃ではない。

　（2）中掘り杭工法は、既製杭の中空部をアースオーガで掘削しながら貫入する方法で、あらかじめ穴をあけていない。問題文は、プレボーリング工法の解説。

　（3）プレボーリング工法では、あらかじめ杭径より大きめの穴をあけておき既製杭を挿入する。　　　　　　　　　　　　　　　　　　　　　　　　　　　　　【解答（4）】

《《問題2》》 既製杭の施工に関する次の記述のうち、**適当でないもの**はどれか。

(1) プレボーリング杭工法は、孔内の泥土化を防止し孔壁の崩壊を防ぎながら掘削する。

(2) 中掘り杭工法は、ハンマで打ち込む最終打撃方式により先端処理を行うことがある。

(3) 中掘り杭工法は、一般に先端開放の既製杭の内部にスパイラルオーガなどを通して掘削する。

(4) プレボーリング杭工法は、ソイルセメント状の掘削孔を築造して杭を沈設する。

解説▶ (1) プレボーリング工法では、水または掘削液を注入しながら、掘削ビットとロッドにより地盤を掘削しながら攪拌混合し、孔内を泥土化し、孔壁の崩壊を防ぎながら掘削する。 【解答 (1)】

《《問題3》》 既製杭工法の杭打ち機の特徴に関する次の記述のうち、**適当でないもの**はどれか。

(1) ドロップハンマは、杭の重量以下のハンマを落下させて打ち込む。

(2) ディーゼルハンマは、打撃力が大きく、騒音・振動と油の飛散をともなう。

(3) バイブロハンマは、振動と振動機・杭の重量によって、杭を地盤に押し込む。

(4) 油圧ハンマは、ラムの落下高さを任意に調整でき、杭打ち時の騒音を小さくできる。

解説▶ (1) ドロップハンマは、杭の重量以上（あるいは杭1m当たりの重量の10倍以上）のハンマを落下（2m以下の短いストローク）させて打ち込む。 【解答 (1)】

《《問題4》》 打撃工法による既製杭の施工に関する次の記述のうち、**適当でないもの**はどれか。

(1) 群杭の場合、杭群の周辺から中央部へと打ち進むのがよい。

(2) 中掘り杭工法に比べて、施工などの騒音や振動が大きい。

(3) ドロップハンマや油圧ハンマなどを用いて地盤に貫入させる。

(4) 打込みに際しては、試し打ちを行い、杭心位置や角度を確認した後に本打ちに移るのがよい。

解説▶ (1) 群杭の場合、杭群の中央部から周辺に向かって打ち進むのがよい。【解答 (1)】

《《問題5》》 既製杭の打撃工法に用いる杭打ち機に関する次の記述のうち、**適当でないもの**はどれか。

(1) ドロップハンマは、ハンマの重心が低く、杭軸と直角にあたるものでなければならない。

(2) ドロップハンマは、ハンマの重量が異なっても落下高さを変えることで、同じ打撃力を得ることができる。

(3) 油圧ハンマは、ラムの落下高を任意に調整できることから、杭打ち時の騒音を低くすることができる。

(4) 油圧ハンマは、構造自体の特徴から油煙の飛散が非常に多い。

解説▶ (4) 油圧ハンマは、油煙の飛散がない低公害型ハンマとして使用される。

【解答 (4)】

《問題6》 既製杭の打込み杭工法に関する次の記述のうち、**適当でないもの**はどれか。

(1) 杭は打込み途中で一時休止すると、時間の経過とともに地盤が緩み、打込みが容易になる。

(2) 一群の杭を打つときは、中心部の杭から周辺部の杭へと順に打ち込む。

(3) 打込み杭工法は、中掘り杭工法に比べて一般に施工時の騒音・振動が大きい。

(4) 打込み杭工法は、プレボーリング杭工法に比べて杭の支持力が大きい。

解説▶ (1) 杭は、打込み途中で一時休止すると、時間の経過ととも杭周辺の摩擦が増加し、打込みが困難になる。このため、連続して打ち込むのがよい。

【解答 (1)】

《問題7》 既製杭の中掘り杭工法に関する次の記述のうち、**適当でないもの**はどれか。

(1) 地盤の掘削は、一般に既製杭の内部をアースオーガで掘削する。

(2) 先端処理方法は、セメントミルク噴出攪拌方式とハンマで打ち込む最終打撃方式などがある。

(3) 杭の支持力は、一般に打込み工法に比べて、大きな支持力が得られる。

(4) 掘削中は、先端地盤の緩みを最小限に抑えるため、過大な先掘りを行わない。

解説▶ (3) 中掘り杭工法での杭の支持力は、一般に打込み工法に比べて支持力は小さい。

【解答 (3)】

《問題8》 既製杭の施工に関する次の記述のうち、**適当なもの**はどれか。

(1) 打撃工法による群杭の打込みでは、杭群の周辺から中央部に向かって打ち進むのがよい。

(2) 中掘り杭工法では、地盤の緩みを最小限に抑えるために過大な先掘りを行ってはならない。

(3) 中掘り杭工法は、あらかじめ杭径より大きな孔を掘削しておき、杭を沈設する。

(4) 打撃工法では、施工時に動的支持力が確認できない。

解説▶ (1) 群杭の打込みでは、杭群の中央部から周辺に向かって打ち進むのがよい。

(3) 記述はプレボーリング工法のことである。

(4) 打撃工法では、油圧ハンマやドロップハンマなどで、既製杭の杭頭部を打撃して打込むことから、施工時に動的支持力が確認できる。

【解答 (2)】

3-3 場所打ち杭

場所打ち杭は、現場の地盤に孔をあけて、中にコンクリートを打ち込んで杭にする工法で、騒音や振動が少ないことから市街地で最も多く用いられている。

1 オールケーシング工法

チュービング装置によるケーシングチューブを揺動圧入または回転圧入し、ハンマグラブなどによりチューブ内の土砂を掘削、排土する。掘削完了後に鉄筋かごを建て込み、コンクリートの打込みに伴いケーシングチューブを引き抜く。

施工方法

・孔壁は、掘削孔全長にわたるケーシングチューブと孔内水で保護する。
・掘削は、ケーシングチューブ内の土砂をハンマグラブで掘削、排土する。

主な長所

・孔壁崩壊の心配がほとんどない。
・岩盤の掘削、埋設物の除去が容易。

主な短所

・ボイリング、ヒービング、鉄筋の共上がりを起こしやすい。

オールケーシング工法の事例

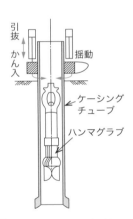

オールケーシング工法

2 リバースサーキュレーション工法（リバース工法）

- 地表部に**スタンドパイプ**を建て込み、孔内水位を地下水位よりも **2 m 以上**高く保持して孔壁にかけた水圧で崩壊を防ぎ、回転ビットで掘削した土砂をドリルパイプを介して**泥水**とともに吸い上げ排出する。地上のプラントで水と土砂を分離した後、**孔内に循環**させる。

施工方法

- 孔壁は、地下水位 + 2 m の孔内水位を保つことで保護する。
- 掘削は**回転ビット**により行う。その後、排土する。

主な長所

- 狭い場所や水上などでも施工できる。
- **自然水を用いての孔壁保護ができる。**

主な短所

- 泥水管理に注意する。**泥廃水の処理が必要。**
- ドリルパイプ内を通過しないような**大きな礫や玉石などの掘削は困難。**

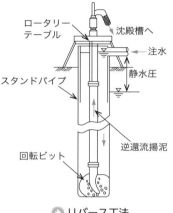

🔵 リバース工法

3 アースドリル工法

- 比較的崩壊しやすい地表部に**表層ケーシング**を建て込み、孔内に安定液を注入して水圧により崩壊を防ぎ、**ドリリングバケット**により掘削・排土する。

施工方法

- 孔壁は、孔内に**安定液を注入**し、地下水位以上を保つことで保護する。
- 掘削は、**ドリリングバケット**（回転バケット）により掘削、排土する。

主な長所

- 機械設備が小さくて済むので、**工事費が安く、施工速度が速い。**
- 周辺環境への影響が比較的少ない。

主な短所

- 廃泥土や廃泥水の処理が必要。

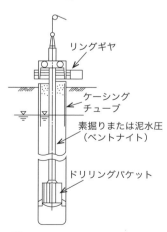

🔵 アースドリル工法

4 深礎工法

・ライナープレートなどによって孔壁の土留めを行いながら、内部の土砂を掘削し、排土して掘り下げていく工法。掘削終了後に、鉄筋かごを建て込み、コンクリートを打ち込む。

施工方法

・孔壁は、ライナープレートや波型鉄板などの山留め材によって保護する。

・掘削は、主として人力により掘削、排土する。

主な長所

・大口径、大深度の施工が可能。

主な短所

・地盤が崩れやすい場所や、湧水の多い場所には適さない。

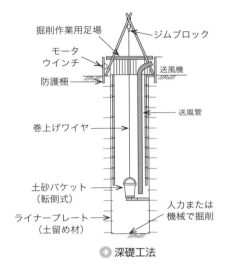

掘削作業用足場　　ジムブロック
モータ
ウインチ
送風機
防護柵
送風管
巻上げワイヤ
土砂バケット
（転倒式）
人力または
機械で掘削
ライナープレート
（土留め材）

➡ 深礎工法

■ テレスコピック式クラムシェルで排土

■ 小型バックホゥでの底面掘削

➡ 深礎工法の事例

アドバイス
問題を解きながら、各種の場所打ち杭の特徴を覚えよう。

〈〈問題1〉〉 場所打ち杭の「工法名」と「主な資機材」に関する次の組合せのうち、**適当でないもの**はどれか。

　　　　　　　　　　［工法名］　　　　　　　　　　　　　　　［主な資機材］
(1) リバースサーキュレーション工法………ベントナイト水、ケーシング
(2) アースドリル工法………………………ケーシング、ドリリングバケット
(3) 深礎工法…………………………………削岩機、土留材
(4) オールケーシング工法…………………ケーシングチューブ、ハンマーグラブ

解説▶ (1) リバースサーキュレーション工法では、杭心にスタンドパイプを建込み、孔内水位を地下水位よりも 2m 以上高く保持して孔壁を保護しながら、ビットを回転させて地盤を切削し、孔内水とともに土砂をサクションポンプまたはエアリフト方式で地上に吸上げ、排出する。　　　　　　　　　　　　　　　　　　　　　　　　　　　　　　【解答（1）】

〈〈問題2〉〉 場所打ち杭の施工に関する次の記述のうち、**適当なもの**はどれか。
(1) オールケーシング工法は、ケーシングチューブを土中に挿入して、ケーシングチューブ内の土を掘削する。
(2) アースドリル工法は、掘削孔に水を満たし、掘削土とともに地上に吸い上げる。
(3) リバースサーキュレーション工法は、支持地盤を直接確認でき、孔底の障害物の除去が容易である。
(4) 深礎工法は、ケーシング下部の孔壁の崩壊防止のため、ベントナイト水を注入する。

解説▶ (2) アースドリル工法は、表層ケーシングチューブを用いて孔壁を保護し、ケーシング下部はベントナイトを主体とした安定液を注入して保護し、ドリリングバケットで削孔し土砂を排出する。

(3) リバースサーキュレーション工法は、掘削孔に水を満たし、掘削土とともに地上に吸い上げるものである。

(4) 深礎工法は、ライナープレートを用いて孔壁の崩壊を防止しながら、人力または機械で掘削することから、支持地盤を直接確認でき、孔底の障害物の除去が容易である。

　　　　　　　　　　　　　　　　　　　　　　　　　　　　　　　　【解答（1）】

《〈問題3〉》 場所打ち杭工に関する次の記述のうち、**適当でないもの**はどれか。
(1) オールケーシング工法では、ハンマグラブで掘削・排土する。
(2) オールケーシング工法の孔壁保護は、一般にケーシングチューブと孔内水により行う。
(3) リバースサーキュレーション工法の孔壁保護は、孔内水位を地下水位より低く保持して行う。
(4) リバースサーキュレーション工法は、ビットで掘削した土砂を泥水とともに吸上げ排土する。

解説▶ (3) リバースサーキュレーション工法の孔壁保護は、孔内水位を地下水位よりも2m以上高く保持しながら、ビットを回転させて地盤を切削する。切削した土砂は孔内水とともに逆循環方式で地上に吸上げ、排出する。 【解答 (3)】

《〈問題4〉》 場所打ち杭をオールケーシング工法で施工する場合、**使用しない機材**は次のうちどれか。
(1) トレミー管
(2) ハンマグラブ
(3) ケーシングチューブ
(4) サクションホース

解説▶ オールケーシング工法では、掘削機により (3) ケーシングチューブを回転・揺動で圧入し、孔壁を保護しながら (2) ハンマグラブで掘削・排土して所定の深さまで到達させる。掘削が完了してから、鉄筋かごを建て込み、(1) トレミー管を用いてコンクリートを打設しながらケーシングチューブを引き抜き、杭を構築する。

(4) サクションホースは、リバースサーキュレーション工法で、掘削した土砂を孔内水とともに (泥水化させて) 吸引、排出する際に用いるホースである。 【解答 (4)】

《〈問題5〉》 場所打ち杭の特徴に関する次の記述のうち、**適当なもの**はどれか。
(1) 施工時の騒音・振動が打込み杭に比べて大きい。
(2) 掘削土による中間層や支持層の確認が困難である。
(3) 杭材料の運搬などの取扱いや長さの調節が難しい。
(4) 大口径の杭を施工することにより大きな支持力が得られる。

解説▶ (1) 施工時の騒音・振動は、ドロップハンマやバイブロハンマを使用する打込み杭に比べて小さい。

(2) 場所打ち杭の場合は、掘削時に中間層や支持層の土質を目視で確認できる。

(3) 場所打ちでの杭施工であるため、杭材料の運搬などの取扱いや長さの調整は容易である。 【解答 (4)】

3-4 土留め工

1 土留め

・開削工法により掘削を行う場合に、周辺にある土砂の崩壊防止と止水のために、土留めが設けられる。土留めは仮設構造物で、土留め壁と支保工で構成される。

❷ 土留め壁の種類と特徴

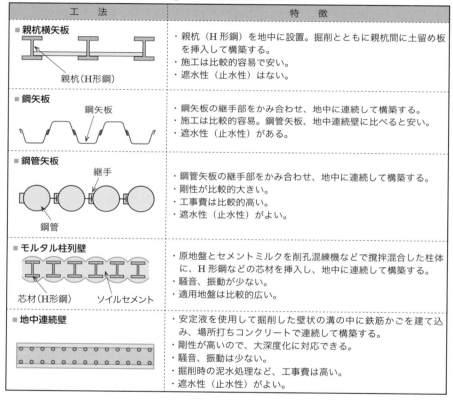

工　法	特　徴
■ 親杭横矢板 親杭(H形鋼)	・親杭(H形鋼)を地中に設置。掘削とともに親杭間に土留め板を挿入して構築する。 ・施工は比較的容易で安い。 ・遮水性(止水性)はない。
■ 鋼矢板 鋼矢板	・鋼矢板の継手部をかみ合わせ、地中に連続して構築する。 ・施工は比較的容易。鋼管矢板、地中連続壁に比べると安い。 ・遮水性(止水性)がある。
■ 鋼管矢板 継手 鋼管	・鋼管矢板の継手部をかみ合わせ、地中に連続して構築する。 ・剛性が比較的大きい。 ・工事費は比較的高い。 ・遮水性(止水性)がよい。
■ モルタル柱列壁 芯材(H形鋼)　ソイルセメント	・原地盤とセメントミルクを削孔混練機などで撹拌混合した柱体に、H形鋼などの芯材を挿入し、地中に連続して構築する。 ・騒音、振動が少ない。 ・適用地盤は比較的広い。
■ 地中連続壁	・安定液を使用して掘削した壁状の溝の中に鉄筋かごを建て込み、場所打ちコンクリートで連続して構築する。 ・剛性が高いので、大深度化に対応できる。 ・騒音、振動は少ない。 ・掘削時の泥水処理など、工事費は高い。 ・遮水性(止水性)がよい。

2 土留め支保工

　土留め支保工は、鋼矢板が土留め壁となり、腹起し、切ばり、火打ちばり、中間杭(切ばり支持杭)が支保工となる構造である。このような構造は、切ばり式土留めと呼ばれる。

これ以外に、地山内に引張材となるアンカーを用いる**アンカー式土留め**などがある。

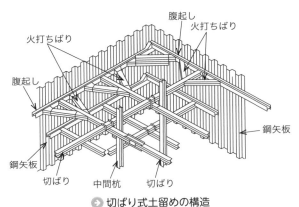

> ● 切ばり式土留めの構造

> ● 支保工の種類と特徴

種類	自立式土留め	切ばり式土留め	アンカー式土留め	控え杭タイロッド式土留め
概念図	土留め壁	腹起し 土留め壁 切ばり	腹起し 土留めアンカー 定着体 土留め壁	タイロッド 腹起し 控え杭 土留め壁
概要	切ばり、腹起しなどの支保工を用いず、主として掘削側の地盤の抵抗によって、土留め壁を支持する工法である。	切ばり、腹起しなどの支保工と掘削側の地盤の抵抗によって、土留め壁を支持する工法である。	掘削周辺地盤中に定着させた土留めアンカーと掘削側の地盤の抵抗によって、土留め壁を支持する工法である。	土留め壁の背面地盤中にH型鋼、鋼矢板などの控え杭を設置し、土留めとタイロッドでつなげ、これと地盤の抵抗により土留め壁を支持する工法である。

■ 土留め工施工時に発生しやすい現象

■ ヒービング【粘性土地盤で】

掘削底面が軟らかい粘性土などの場合、土留め背面の土や地表の載荷重などによって、掘削底面が隆起や土留め壁がはらみ、周辺地盤の沈下が発生し、土留め壁が崩壊するおそれがある。

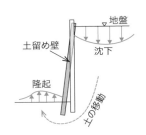

■ボイリング【砂質土地盤で】

　地下水位の高い砂質土の地盤を掘削するような場合、掘削面と背面側の水位差によって、掘削面側の砂が湧き立つような現象により、土留め壁が崩壊するおそれがある。

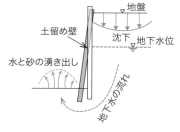

■パイピング

　地盤の弱い箇所の細かな土粒子が、地下水の水みちに沿って流れ出し、水と砂が噴出し、土留め壁が崩壊するおそれがある。

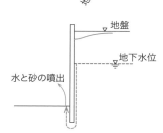

演習問題でレベルアップ

《《問題１》》　土留め壁の「種類」と「特徴」に関する次の組合せのうち、**適当なものはどれか。**

　　　　　[種類]　　　　　　　　　　　　　　　　[特徴]
(1) 連続地中壁 …………… あらゆる地盤に適用でき、他に比べ経済的である。
(2) 鋼矢板 ………………… 止水性が高く、施工は比較的容易である。
(3) 柱列杭 ………………… 剛性が小さいため、浅い掘削に適する。
(4) 親杭・横矢板 ………… 地下水のある地盤に適しているが、施工は比較的難しい。

解説▶　(1) 連続地中壁は、連続性が保たれることで止水性や剛性に優れており、適用地盤の範囲も広いが、作業に時間がかかることや、支障物の移設が必要なことなどから、他に比べて経済的とはいえない。

　(3) 柱列杭は、地中に連続したモルタル柱などを構築するため、剛性が大きいため深い掘削に適するが、経済的には不利である。

　(4) 良質地盤で標準的に用いられる親杭・横矢板は、施工が比較的容易であるが、止水性がない。　　　　　　　　　　　　　　　　　　　　　　　　　　　　　【解答（2）】

《《問題２》》　土留めの施工に関する次の記述のうち、**適当でないもの**はどれか。
(1) 自立式土留め工法は、支保工を必要としない工法である。
(2) アンカー式土留め工法は、引張材を用いる工法である。
(3) ボイリングとは、軟弱な粘土質地盤を掘削した時に、掘削底面が盛り上がる現象である。
(4) パイピングとは、砂質土の弱いところを通ってボイリングがパイプ状に生じる現象である。

解説▶ (3) ボイリングは、砂質地盤で地下水位以下を掘削した時に、砂が吹き上がる現象のこと。この選択肢の記述はヒービング現象である。 【解答（3）】

《《問題3》》土留めの施工に関する次の記述のうち、**適当でないもの**はどれか。
(1) 自立式土留め工法は、支保工を必要としない工法である。
(2) 切ばり式土留め工法には、中間杭や火打ちばりを用いるものがある。
(3) ヒービングとは、砂質地盤で地下水位以下を掘削した時に、砂が吹き上がる現象である。
(4) パイピングとは、砂質土の弱いところを通ってボイリングがパイプ状に生じる現象である。

解説▶ (3) ヒービングは、軟弱な粘土質地盤を掘削した時に、掘削底面が盛り上がる現象である。この選択肢の記述は、ボイリング現象である。 【解答（3）】

《《問題4》》下図に示す土留め工の（イ）、（ロ）の部材名称に関する次の組合せのうち、**適当なもの**はどれか。

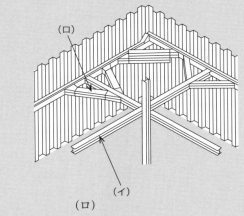

(ロ)

(イ)

	（イ）	（ロ）
(1)	火打ちばり	腹起し
(2)	切ばり	腹起し
(3)	切ばり	火打ちばり
(4)	腹起し	切ばり

解説▶ (3) （イ）切ばり　（ロ）火打ちばり 【解答（3）】

アドバイス
　土留め工の部材名称は、パターンを変えてよく出題されるので、どの部材名が出題されてもよいように覚えておこう。

第2時限目

時限目

専門土木

1章 構造物

1-1 鋼材の特徴

1 鋼材の種類と用途

　鋼材とは、広く工業用材料として使用される鉄鋼のことで、炭素鋼と合金鋼に分類されている。炭素鋼は鉄と炭素の合金。合金鋼は、マンガン、ニッケル、クロムなど炭素以外の合金元素を加えた特殊鋼。鋼材は、強さ、伸びにも優れており、加工性もよいことから、土木構造物にも多く用いられている。

● 鋼材の種類と製品（規格）

鋼材の種類	製品（規格）
構造用鋼材	・一般構造用圧延鋼材 ・溶接構造用圧延鋼材 ・溶接構造用耐候性熱間圧延鋼材
鋼管	・一般構造用炭素鋼管 ・鋼管矢板 ・鋼管ぐい
接合用鋼材	・摩擦接合用高力六角ボルト、六角ナット、平座金のセット
棒鋼	・鉄筋コンクリート用棒鋼

● 代表的な鋼材と用途

鋼材の種類	特徴と用途
低炭素鋼	溶接や加工が容易であるため、橋梁など、幅広い用途に用いられている。
高炭素鋼	炭素量の増加によって加工は難しくなるが、引張強さや硬度が上昇するので、キー、ピン、工具などに用いられる。
耐候性鋼	銅、クロム、ニッケルなどを添加した炭素鋼で、大気中での耐食性が高められている。無塗装橋梁などで用いられる。
ステンレス鋼	耐食性が問題となるような用途で用いられる。
鋳鋼品	鋳型に流し込んで、目的とする形にした鋼材。橋梁の伸縮継手のように形状が複雑な製品の用途が多い。
硬鋼線材など	ピアノ線など、炭素量の多い硬鋼線材は、つり橋や斜張橋などに用いられる。

2 鋼材の性質

　鋼材の引張試験を行うと、**応力 - ひずみ曲線**と呼ばれる結果となる（次図参照）。
　荷重が、応力 A に達すると鋼材は降伏し、塑性変形が始まる。降伏点に達すると荷重は一度下がってから、ほとんど一定となり、その後断面がくびれながら応力は上昇し、最大荷重に達した後も伸び続け、最後に D 点で破断する。

A点：上降伏点　B点：下降伏点　C点：最大応力点（＝引張強さ）

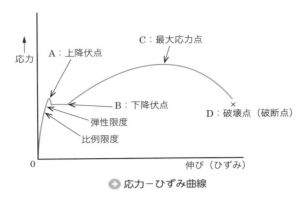

➡ 応力－ひずみ曲線

《《 演習問題 で レベルアップ 》》

《《 問題1 》》 鋼材に関する次の記述のうち、**適当でないもの**はどれか。
(1) 鋼材は、応力度が弾性限界に達するまでは弾性を示すが、それを超えると塑性を示す。
(2) PC鋼棒は、鉄筋コンクリート用棒鋼に比べて高い強さをもっているが、伸びは小さい。
(3) 炭素鋼は、炭素含有量が少ないほど延性や展性は低下するが、硬さや強さは向上する。
(4) 継ぎ目なし鋼管は、小・中径のものが多く、高温高圧用配管などに用いられている。

解説 ▶ (3) 炭素鋼は、炭素含有量が多くなるほど、硬さや引張強さは増大するが、同時にもろい性質になるため延性や展性、被研削性が低下する。　　　【解答（3）】

《《 問題2 》》 鋼材の特性、用途に関する次の記述のうち、**適当でないもの**はどれか。
(1) 低炭素鋼は、延性、展性に富み、橋梁などに広く用いられている。
(2) 鋼材の疲労が心配される場合には、耐候性鋼材などの防食性の高い鋼材を用いる。
(3) 鋼材は、応力度が弾性限度に達するまでは弾性を示すが、それを超えると塑性を示す。
(4) 継続的な荷重の作用による摩耗は、鋼材の耐久性を劣化させる原因になる。

解説 ▶ (2) 耐候性鋼材などの防食性の高い鋼材は、気象や化学的な作用による腐食が予想される場合に用いられる。鋼材の疲労には鋼材の種別はあまり関係せず、継手の形状、寸法や応力集中の程度が大きく関係するといわれる。　　　【解答（2）】

《〈問題 3 〉》下図は、一般的な鋼材の応力度とひずみの関係を示したものであるが、次の記述のうち**適当でないもの**はどれか。

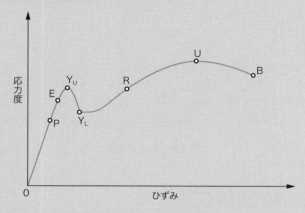

(1) 点 P は、応力度とひずみが比例する最大限度である。
(2) 点 Y_U は、弾性変形をする最大限度である。
(3) 点 U は、最大応力度の点である。
(4) 点 B は、破壊点である。

解説▶ (1) 点 P は、応力度とひずみが比例する最大限度である**比例限界**。

(2) 点 Y_U は、応力度が増えないのにひずみが急増しはじめる**上降伏点**。なお、弾性変形をする最大限度は、点 E の弾性限界である。よってこれが適当ではない。

(4) 点 B の破壊点（破断点）とは、鋼材が破断する点。　　　　　　　　【解答（2）】

アドバイス

応力 - ひずみ曲線を使った出題はよく見られる。各点の名称をしっかり覚えよう。

《〈問題 4 〉》鋼材に関する次の記述のうち、**適当でないもの**はどれか。
(1) 硬鋼線材を束ねたワイヤーケーブルは、つり橋や斜張橋などのケーブルとして用いられる。
(2) 低炭素鋼は、表面硬さが必要なキー、ピン、工具などに用いられる。
(3) 棒鋼は、主に鉄筋コンクリート中の鉄筋として用いられる。
(4) 鋳鋼や鍛鋼は、橋梁の支承や伸縮継手などに用いられる。

解説▶ (2) 炭素含有量が 0.25％以下の低炭素鋼は、針金、くぎ、リベット、ボルト、ナット、橋梁の鋼板などに用いられる。炭素含有量が 0.6％以上の高炭素鋼は、表面硬さが必要なキー、ピン、工具などに用いられる。なお、低炭素鋼と高炭素鋼の中間の炭素含有率のものは、中炭素鋼という。　　　　　　　　【解答（2）】

1-2　鋼材の接合

1　ボルト接合

　鋼構造物の現場継手接合では、高力ボルトを用いることが多い。必要となる軸力を得るために、ナットを回転させる。

接合方法

■ 摩擦接合

ボルトを締め付けて、継手材間を摩擦力で接合する。

■ 支圧接合

ボルト軸が部材穴に引っかかり、支圧力で接合する。

■ 引張接合

ボルトに対して平行な応力を伝達して接合する。

ボルトの締付け

・連結板の中央から外側に向かって行い、2度締めを行うことが原則。

・溶接と高力ボルトの摩擦接合を併用する場合は、溶接後にボルトを締め付けるのが原則。

● ボルトの締付け方法

締付け方法	手　順
ナット回転法 （回転法）	・ボルトの軸力は伸びによって管理、伸びはナットの回転角で表す。 ・降伏点を超えるまで軸力を与えるのが一般的。 ・締付け検査は、全本数についてマーキングで外観検査。
トルクレンチ法 （トルク法）	・レンチは、事前に導入軸力と締付けトルクの関係を調べるキャリブレーションを行う。 ・60％導入の予備締め、110％導入の本締めを行う。 ・締付け検査は、ボルト群の10％について行う。 ・キャリブレーション時の設定トルク値の±10％範囲内で合格。
耐力点法	・導入軸力とナット回転量の関係が耐力点付近では非線形となる性質により、一定の軸力を導入する締付け方法。 ・締付け検査は、全数マーキングおよびボルト5組についての軸力平均が所定の範囲にあるかどうかを検査する。
トルシア型高力ボルト	・破断溝がトルク反力で切断できる機構を持つ。 ・専用の締付け機を用いる。 ・締付け検査は、全数について、ピンテールの破断とマーキングの確認による。

2　溶接接合

　溶接には、重ね継手やT継手のように、ほぼ直交する2面を接合するすみ肉溶接と、接合面に適当な溝を加工して溶着金属を盛るグルーブ（開先）溶接に大別される。溶接を行う部分は、溶接に有害となる黒皮、さび、塗料、油などを除去し、溶接線付近は十分に乾燥させる。

溶接の種類	手　順
開先（グルーブ）溶接	・接合する部材間に、グルーブ（開先）と呼ばれる間隙をつくり、その部分に溶着金属を盛って溶接接合する ・突合せ継手、T継手、角継手などに用いられる
すみ肉溶接	・ぼほ直交する二つの部材の接合面に溶着金属を盛って溶接接合する ・T継手、重ね継手、角継手などに用いられる

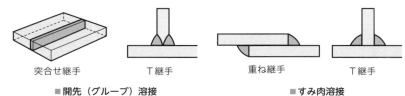

突合せ継手　　　　T継手　　　　　　重ね継手　　　　　T継手

■開先（グルーブ）溶接　　　　　　　■すみ肉溶接

▶ 主な溶接の種類

ビード

アーク溶接では溶接棒を溶かすことで溶接をしているため、母材と溶接材が溶けてできた、波状に盛り上がった部分のこと。

エンドタブ

板溶接では、始端と終端では、ビードがそろわずに欠陥となりやすい。

そのため、エンドタブという仮部材を設けて処理し、溶接後にエンドタブを除去する対応を行う。

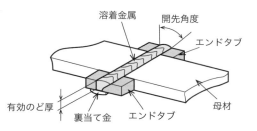

スカラップ

溶接交差部分での応力の集中を避けるため、スカラップとよばれる扇形の切欠きを片方の部材に取り付ける。

アーク溶接

橋梁などの鋼構造物では、アーク溶接が多く用いられる。アーク溶接法とは、電力によって溶接物と電極間にアークを発生させ、そのアーク熱（約6 000℃）を利用して金属を接合する方法である。

アーク溶接の種類

手溶接（被覆アーク溶接）

被覆材を塗布した溶接棒を電極として母材との間にアークを発生し、そのアーク熱を利用して溶接する。

半自動溶接（ガスシールドアーク溶接）

溶接部にシールドガスを噴射させ、電極棒と母材の間に発生したアークを大気から遮断し、その中でアーク熱による加熱融合する。溶接材料（溶接棒）が自動供給される。

全自動溶接（サブマージアーク溶接）

工場溶接に用いられている。溶接材料（溶接棒）の送りと移動が連動して自動化された機械溶接である。

演習問題で レベルアップ

《《問題1》》 鋼道路橋における高力ボルトの締付けに関する次の記述のうち、**適当でないもの**はどれか。
(1) ボルト軸力の導入は、ナットを回して行うのを原則とする。
(2) ボルトの締付けは、各材片間の密着を確保し、応力が十分に伝達されるようにする。
(3) トルシア形高力ボルトの締付けは、本締めにインパクトレンチを使用する。
(4) ボルトの締付けは、設計ボルト軸力が得られるように締め付ける

解説▶ (3) トルシア形高力ボルトの締付けは、本締めに専用締付け機（シャーレンチ）を使用する。 【解答（3）】

《《問題2》》 鋼道路橋に用いる高力ボルトに関する次の記述のうち、**適当でないもの**はどれか。
(1) 高力ボルトの軸力の導入は、ナットを回して行うことを原則とする。
(2) 高力ボルトの締付けは、連結板の端部のボルトから順次中央のボルトに向かって行う。
(3) 高力ボルトの長さは、部材を十分に締め付けられるものとしなければならない。
(4) 高力ボルトの摩擦接合は、ボルトの締付けで生じる部材相互の摩擦力で応力を伝達する。

解説▶ (2) 高力ボルトの締付けは、連結板の中央のボルトから順次端部のボルトに向かって行い、2度締める。端部から締め付けると、連結板が浮き上がりやすく、密着性が悪くなるおそれがある。 【解答（2）】

《〈問題3〉》鋼道路橋に用いる高力ボルトに関する次の記述のうち、**適当でないもの**はどれか。
(1) トルク法による高力ボルトの締付け検査は、トルク係数値が安定する数日後に行う。
(2) トルシア形高力ボルトの本締めには、専用の締付け機を使用する。
(3) 高力ボルトの締付けは、原則としてナットを回して行う。
(4) 耐候性鋼材を使用した橋梁には、耐候性高力ボルトが用いられている。

解説▶ (1) トルク係数値は、締付け後に時間が経過すると変化するので、締付け検査は締付け後に速やかに行う。　　　　　　　　　　　　　　　　　　　　　　　　【解答 (1)】

《〈問題4〉》鋼材の溶接継手に関する次の記述のうち、**適当でないもの**はどれか。
(1) 溶接を行う部分は、溶接に有害な黒皮、さび、塗料、油などがあってはならない。
(2) 溶接を行う場合には、溶接線近傍を十分に乾燥させる。
(3) 応力を伝える溶接継手には、完全溶込み開先溶接を用いてはならない。
(4) 開先溶接では、溶接欠陥が生じやすいのでエンドタブを取り付けて溶接する。

解説▶ (3) 応力を伝える溶接継手には、完全溶込み開先溶接、部分溶込み開先溶接、連続すみ肉溶接を用いなければならない。　　　　　　　　　　　　　　　　　　【解答 (3)】

《〈問題5〉》鋼材の溶接接合に関する次の記述のうち、**適当なもの**はどれか。
(1) 開先溶接の始端と終端は、溶接欠陥が生じやすいので、スカラップという部材を設ける。
(2) 溶接の施工にあたっては、溶接線近傍を湿潤状態にする。
(3) すみ肉溶接においては、原則として裏はつりを行う。
(4) エンドタブは、溶接終了後、ガス切断法により除去してその跡をグラインダ仕上げする。

解説▶ (1) 開先溶接の始端と終端は、溶接欠陥が生じやすいので、エンドタブを取り付ける。
　(2) 溶接の施工にあたっては、溶接線近傍を十分に乾燥させる。水分があると溶接に悪影響を与える。
　(3) 裏はつりは、完全溶込み溶接において、先行した溶接部の開先底部の不良部などを裏面からアーク熱で溶かして圧縮空気で吹き飛ばし、はつり取る作業。　　　【解答 (4)】

〈〈 問題6 〉〉 鋼橋の溶接継手に関する次の記述のうち、**適当でないもの**はどれか。

(1) 溶接を行う部分には、溶接に有害な黒皮、さび、塗料、油などがあってはならない。

(2) 応力を伝える溶接継手には、開先溶接または連続すみ肉溶接を用いなければならない。

(3) 溶接継手の形式には、突合せ継手、十字継手などがある。

(4) 溶接を行う場合には、溶接線近傍を十分に湿らせてから行う。

解説▶ (4) 溶接の施工にあたっては、溶接線近傍を十分に乾燥させる。　　【解答（4）】

1-3　鋼　橋

　鋼橋架設工法は、架橋する場所の条件や橋梁の種類などによって、工法が選定される。

🔵 鋼橋の架橋方法

架橋方法	手　順
(I) 桁を所定の位置で組み立てる工法	
ベント工法	・クレーンで桁部材をつり、桁下に設置した支持台（ベント、ステージング）で支持させている間に接合する。 ・キャンバー（反り）の調整が容易。 ・一般的な工法だが、桁下が高い場所や、支持力の不足するような地盤では向かない。
片持式工法	・架設された桁の上にレールを設け、仮設用のトラベラクレーンを使って部材を運搬して、組み立てる。 ・河川上や山間部など桁下が高く、ベントが組めない場所で使う。
ケーブルエレクション工法	・ケーブルを張り、主索、つり索、ケーブルクレーンを用いて架設する。 ・ケーブルの伸びによる変形など、キャンバーの調整が困難。 ・深い谷や河川などで用いられる。
(II) 別の場所で組み立てた桁を所定の位置に移動する工法	
送出し工法	・手延機などによって、隣接する場所で組み立てた橋桁を送り出して架橋する。 ・水上や軌道上など、ベントが設置できない場所に使う。
横取り工法	・あらかじめ架設位置の横に橋桁を組み立て、その架設した橋桁を新橋位置に横移動させて据え付ける工法。 ・橋桁が移動を始めてから短時間で据付けができることから、迂回が困難で時間制限のある鉄道橋などで用いられる。
架設桁工法	・あらかじめ仮設桁を設置しておき、橋桁をつり込み、引き出しながら架設する。 ・深い谷部や軌道上など、ベントが設置できない場所、曲線橋などで用いられる。
フローティングクレーン工法 （一括架橋工法）	・台船などによって、組立済みの橋体を大ブロックで移動して組み立てる。 ・海上や河川などで使われるが、水深が必要。流れが弱い場所で用いられる。

■ 桁を所定の位置で組み立てる工法

■ ベント工法

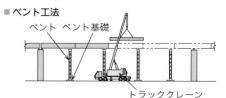

ベント　ベント基礎

トラッククレーン

■ 片持式工法

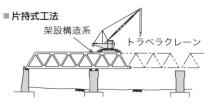

架設構造系

トラベラクレーン

■ ケーブルエレクション工法

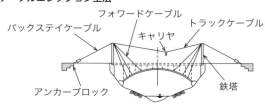

フォワードケーブル

バックステイケーブル　　キャリヤ　　トラックケーブル

アンカーブロック　　　　　　　　　　鉄塔

⊙ クレーンを使ったベント工法の事例

⊙ ケーブルエレクション工法の事例

■ 別の場所で組み立てた桁を所定の位置に移動する工法

■ 送出し工法

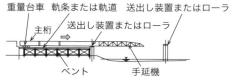

重量台車　軌条または軌道　送出し装置またはローラ

主桁　　　　送出し装置またはローラ

ベント　　　　手延機

■ 仮設桁工法

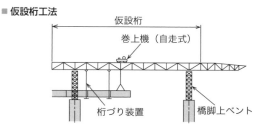

仮設桁

巻上機（自走式）

桁づり装置　　　　　橋脚上ベント

《〈問題1〉》 橋梁の「架設工法」と「工法の概要」に関する次の組合せのうち、**適当でないもの**はどれか。

　　　　　　　　[架設工法]　　　　　　　　　　　[工法の概要]
(1) ベント式架設工法‥‥‥‥‥‥‥‥ 橋桁を自走クレーンでつり上げ、ベントで仮受けしながら組み立てて架設する。
(2) 一括架設工法‥‥‥‥‥‥‥‥‥‥ 組み立てられた部材を台船で現場までえい航し、フローティングクレーンでつり込み一括して架設する。
(3) ケーブルクレーン架設工法‥‥‥‥ 橋脚や架設した桁を利用したケーブルクレーンで、部材をつりながら組み立てて架設する。
(4) 送出し式架設工法‥‥‥‥‥‥‥‥ 架設地点に隣接する場所であらかじめ橋桁の組み立てを行って、順次送り出して架設する。

解説▶ (3) ケーブルクレーン架設工法は、建設場所の両岸に仮設のケーブル鉄塔を建設し、ケーブルクレーンによって所定の位置に部材をつりながら組み立てて架設する工法。橋脚や架設した桁を利用するものではない。　　　　　　　　　　　　　　　　　　　　　　　【解答 (3)】

《〈問題2〉》 鋼道路橋における次の架設工法のうち、クレーンを組み込んだ起重機船を架設地点まで進入させ、橋梁を所定の位置につり上げて架設する工法として、**適当なもの**はどれか。
(1) フローティングクレーンによる一括架設工法
(2) クレーン車によるベント式架設工法
(3) ケーブルクレーンによる直づり工法
(4) トラベラークレーンによる片持ち式架設工法

解説▶ (2) は、クレーンによって橋桁をつり上げて所定の位置におろし、下から組み上げたベント (仮受け構台) で仮受け、組み立てる工法。橋桁下空間が利用できる現場で用いられる。
　(3) 問題1の解説を参照。
　(4) は、すでに架設した桁上に架設用クレーンを設置し部材をつる工法。山間地の深い谷や、桁下の空間が使用できない場所に使われる。
　(1) 問題文の記述は、フローティングクレーンによる一括架設工法。水深があり、流れの弱い場所で用いられる。　　　　　　　　　　　　　　　　　　　　　　　　　　【解答 (1)】

《《問題3》》鋼道路橋の架設工法に関する次の記述のうち、市街地や平坦地で桁下空間が使用できる現場において一般に用いられる工法として**適当なもの**はどれか。
(1) ケーブルクレーンによる直づり工法
(2) 全面支柱式支保工架設工法
(3) 手延べ桁による押出し工法
(4) クレーン車によるベント式架設工法

解説▶ (1) は、桁下空間が利用できない山間部などの現場で用いられ、市街地では適さない。

(2) は、橋梁下を河川や道路が横断しているような架橋地点の桁下空間全部を確保する必要がある場合（＝工事では使えない）や、支保工高が高い場合や、地盤が軟弱で集中的な基礎を設けた方が有利な場合に採用される支保工。PC橋の施工に用いられる。

(3) は、河川、道路、鉄道などがあることで桁下空間が使用できず、架設現場に隣接して主桁と手延機を組み立てる場所が確保できる場合に使用する工法。　　　　　【解答（4）】

《《問題4》》鋼道路橋の架設工法に関する次の記述のうち、主に深い谷など、桁下の空間が使用できない現場において、トラス橋などの架設によく用いられる工法として**適当なもの**はどれか。
(1) トラベラークレーンによる片持式工法
(2) フォルバウワーゲンによる張出し架設工法
(3) フローティングクレーンによる一括架設工法
(4) 自走クレーン車による押出し工法

解説▶ (2) は、フォルバウワーゲンと呼ばれる移動作業車を用いて、ヤジロベエのように左右バランスを取りながら、1ブロックずつ構築していくPC橋の架設工法。

(3) は、トラス橋などの架設に用いられる工法であるが、組み立てられた部材を台船で曳航し、フローティングクレーンでつりながら一括して架橋することから、流れの弱い海岸部や大きな河川で用いられる。

(4) 押出し工法は手延べ桁を用いる工法であり、自走クレーンは用いない。【解答（1）】

アドバイス
支柱式支保工架設工法やフォルバウワーゲンによる張出し架設工法など、耳慣れない工法が選択肢にあっても、基礎的な知識があれば解答を導けるぞ！

1-4 コンクリート構造物

1 劣化

　コンクリートの劣化は、中性化、塩害、凍害、化学的侵食、アルカリシリカ反応などの現象がある。

劣化機構と劣化現象

| 中性化 | アルカリ性が低下して中性に近づく現象で、空気中の二酸化炭素とセメント水和物の炭酸化反応。 |

内部鉄筋が腐食してさびが生じる。さびによって体積が膨張し、ひび割れを生じさせる。鉄筋に沿ったひび割れ、表面の剥離、剥落、鋼材の断面減少などが起こる。

| 塩害 | 塩化物イオンによって生じる現象。コンクリート製造時の混入、または硬化後の表面に付着した塩分が浸透する。 |

塩分が塩化物イオンとして浸透し、鉄筋位置まで到達すると、鉄筋が腐食してさびが生じる。さびによる影響は中性化と同じ。

| 凍害 | 寒冷地などで、コンクリート内の水分が、凍結により膨張し、凍結・融解が繰り返されることで進行する現象。 |

コンクリート自体が膨張して表面を弾き飛ばすポップアウト、微細なひび割れ、コンクリート表面のセメントペーストが剥離するスケーリングなどが起こる。

| 化学的侵食 | 硫酸イオンや酸性物質といった化学物質との接触で生じる化学反応。 |

コンクリートの多孔化や分解、または化合物生成時の膨張などでひび割れが起こる。

| アルカリシリカ反応 | 反応性骨材（シリカ鉱物）を有していると、コンクリート中のアルカリ水溶液によって、骨材が異常膨張する現象。 |

コンクリート構造や状態によって、さまざまなひび割れが生じる。

➡ 劣化防止対策

劣化機構	防止策
中性化	・鉄筋のかぶりを大きくする。 ・水セメント比を小さくする。
塩害	・鉄筋の防せい処置（さび止め）。 ・鉄筋のかぶりを大きくする。 ・水セメント比を小さくする。 ・高炉セメントを用いる。 ・練混ぜ時の塩化物イオンを総量規制する。
凍害	・AE コンクリートを用いる。 ・水セメント比を小さくする。
化学的侵食	・コンクリート表面被覆などで抑制する。 ・鉄筋のかぶりを化学的侵食深さより大きくする。
アルカリシリカ反応 （ASR）	・アルカリシリカ反応が無害の骨材を使用する。 ・抑制効果のある混合セメントを使用する。

2 補 修

コンクリート構造物の劣化に対する対策としては、点検強化、補修・補強、供用制限、場合によっては解体・撤去といった適切な手段を講じる必要がある。

➡ 劣化要因に基づく補修工法

劣化機構	対策の考え方	補修工法
中性化	・中性化したコンクリート除去。 ・補修後の再アルカリ化防止。	・断面補修 ・表面保護など
塩害	・浸入した塩化物イオンの除去。 ・補修後の塩化イオン、水分、酸素の浸入抑制。	・脱塩 ・断面補修 ・表面保護など
凍害	・劣化したコンクリート除去。 ・凍結、融解抵抗性の向上。 ・補修後の水分の浸入抑制	・断面補修 ・ひび割れ注入工 ・表面保護など
化学的侵食	・劣化したコンクリート除去。 ・有害化学物質の侵入抑制。	・断面補修 ・表面保護など
アルカリシリカ反応 （ASR）	・水分やアルカリの供給抑制。 ・内部水分の散逸促進。 ・膨張抑制。	・ひび割れ注入工 ・表面保護 ・巻立て工など
疲労	・ひび割れ発展の抑制。 ・部材剛性の回復。	・床版防水工 ・パネル接着など
すり減り	・摩耗、減少した断面の回復。 ・粗度係数の回復、改善。	・断面修復 ・表面保護など

《《問題１》》コンクリートに関する次の用語のうち、劣化機構に**該当しないもの**は
どれか。
(1) 塩害
(2) ブリーディング
(3) アルカリシリカ反応
(4) 凍害

解説▶ (2) は、コンクリートの打込み後に、骨材などの沈降などによって、練混ぜ水の一
部が遊離してコンクリート表面に上昇する現象である。劣化機構には該当しない。

【解答 (2)】

《《問題２》》コンクリート構造物に関する次の用語のうち、劣化機構に**該当しない**
ものはどれか。
(1) 中性化
(2) 疲労
(3) 豆板
(4) 凍害

解説▶ (3) は、コンクリートの打込み時の材料分離や締固め不足や、型枠からのセメント
ペーストの漏れ出しなどが原因で、硬化後のコンクリートの一部に粗骨材が多く集まって空
隙が多くなった不良部分のこと。 ジャンカともいわれる。劣化機構には該当しない。

【解答 (3)】

《《問題３》》コンクリートの「劣化機構」と「劣化要因」に関する次の組合せのうち、
適当でないものはどれか。
　　　　　[劣化機構]　　　　　　　　[劣化要因]
(1) アルカリシリカ反応…………反応性骨材
(2) 疲労…………………………繰返し荷重
(3) 塩害…………………………凍結融解作用
(4) 化学的侵食…………………硫酸

解説▶ (3) 凍結融解作用は、凍害によるものである。塩害は、コンクリート中に浸入した
塩化物イオンによって鋼材が腐食、膨張させられ、コンクリートにひび割れや剥離などの損
傷を与える現象。

【解答 (3)】

《《 問題４ 》》コンクリートの「劣化機構」と「劣化要因」に関する次の組合せのうち、**適当でないもの**はどれか。

[劣化機構]	[劣化要因]
(1) 中性化 ………………………	二酸化炭素
(2) 塩害 ………………………	塩化物イオン
(3) アルカリシリカ反応 ………	反応性骨材
(4) 凍害 ………………………	繰返し荷重

解説▶ (4) 凍害は、凍結融解作用が要因となる。繰り返し荷重によってもコンクリートに微細なひびが発生し、これが大きな損傷につながることもある。　　　　　　【解答（4）】

《《 問題５ 》》コンクリートの劣化機構について説明した次の記述のうち、**適当でないもの**はどれか。
(1) 中性化は、コンクリートのアルカリ性が空気中の炭酸ガスの浸入などで失われていく現象である。
(2) 塩害は、硫酸や硫酸塩などの接触により、コンクリート硬化体が分解したり溶解する現象である。
(3) 疲労は、荷重が繰り返し作用することでコンクリート中にひび割れが発生し、やがて大きな損傷となる現象である。
(4) 凍害は、コンクリート中に含まれる水分が凍結し、氷の生成による膨張圧でコンクリートが破壊される現象である。

解説▶ (2) 塩害は、コンクリート中に浸入した塩化物イオンによって鋼材が腐食、膨張させられ、コンクリートにひび割れや剥離などの損傷を与える現象。(2) の記述は、化学的侵食のことである。　　　　　　　　　　　　　　　　　　　　　　　　　　　　【解答（2）】

《《 問題６ 》》コンクリート構造物の耐久性を向上させる対策に関する次の記述のうち、**適当でないもの**はどれか。
(1) 塩害対策として、速硬エコセメントを使用する。
(2) 塩害対策として、水セメント比をできるだけ小さくする。
(3) 凍害対策として、吸水率の小さい骨材を使用する。
(4) 凍害対策として、AE剤を使用する。

解説▶ (1) 塩害対策としては、フライアッシュセメントや高炉セメントなどの混合セメントを使用する。速硬エコセメントは、都市ごみ焼却灰から持ち込まれる塩化物イオンを積極的に利用したもので、凝結時間が短く、初期強度が高いという特徴を持つ。速硬エコセメントは、塩化物イオン量がセメント質量の 0.5 ～ 1.5％であるため、無筋コンクリート分野への使用に限定される。　　　　　　　　　　　　　　　　　　　　　　　　【解答（1）】

2章 河川

2-1 河川堤防

1 河川の構造

河川では、洪水による氾濫を防止するために、河川堤防や護岸、水制、床固めなどを設けている。

堤防を中心として見た場合、水の流れる側を堤外地、反対側を堤内地（堤防で守られる側）と呼んでいる。

堤外地は、平常時に河川の水の流れている低水路、洪水などで水位が上がったときに水が流れる高水敷に分けられる。

河川堤防は、水の流れる下流に向いて、右手となる側を右岸（右岸堤）、左手となる側を左岸（左岸堤）という。

河川堤防では、勾配を 1：2（2 割）よりも緩くするのが原則となっている。

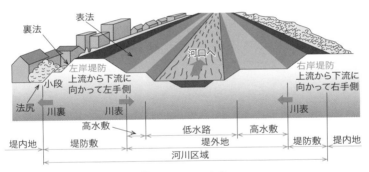

河川各部の名称

2 堤防の施工

堤体の材料は、施工性や完成後に影響が大きいことから、できるだけ良質な土砂を使って入念に盛土、締固めを行う。

堤体の盛土（築堤）では、空隙などのない均質性を重視した施工により、支持力といった耐荷性よりも耐水性を高める施工が求められる。

堤体材料の要件

・吸水しても膨潤性が低く、法面にすべりが起きにくい。

・施工性が良く、締固めが容易である。

・木の根や草などの有機物がなく、水に溶解する成分がない。

・圧縮変形や膨張性がない。

・高い密度が得られる粒度分布で、締固め後の透水係数が小さく、せん断強度が大きい。

築堤工

仮設

・堤防工事期間中の出水を考慮し、工事用道路や排水処理施設、重機退避場所などを検討する。

基礎地盤処理

・基礎地盤面から 1 m 以内に存在する切株、竹根、その他の障害物などを入念に除去する。

・極端な凹凸はできるだけ平坦にする。

・地盤の安定を図り支持力を増加させる。

築堤工

・1 層の敷均し厚さは 35 〜 45 cm で、仕上がり厚さは 30 cm 以下。

・堤体の法面に平行に締め固める。

・締固めは、ブルドーザ、タイヤローラ、振動ローラなどが用いられる。

法面

・法面の締固めには小型の振動機械も使われる。

・締固めを十分に行い、法面崩壊を防ぐ。

・法崩れや洗掘に対して安全になるように、芝などで法覆工(のりおおいこう)する。

拡築

・法面の拡築である腹付けを施工してから、堤頂部のかさ上げを行う。

・旧堤防法面に段切りを行い、接合を高める。

・段切りは、最小幅 1.0 m 程度、高さ 50 cm 以内の階段状。水平部は 2 〜 5％で外向きの勾配。

演習問題でレベルアップ

《〈問題 1〉》河川に関する次の記述のうち、**適当でないもの**はどれか。
(1) 河川の流水がある側を堤内地、堤防で守られている側を堤外地という。
(2) 河川堤防断面で一番高い平らな部分を天端(てんば)という。
(3) 河川において、上流から下流を見て右側を右岸、左側を左岸という。
(4) 堤防の法面は、河川の流水がある側を表法面、その反対側を裏法面という。

解説▶ (1) 河川の流水がある側を堤外地、堤防で守られている側を堤内地という。

【解答 (1)】

《〈問題2〉》河川に関する次の記述のうち、**適当なもの**はどれか。
(1) 河川において、下流から上流を見て右側を右岸、左側を左岸という。
(2) 河川には、浅くて流れの速い淵と、深くて流れの緩やかな瀬と呼ばれる部分がある。
(3) 河川の流水がある側を堤外地、堤防で守られている側を堤内地という。
(4) 河川堤防の天端の高さは、計画高水位（H.W.L.）と同じ高さにすることを基本とする。

解説▶ (1) 河川において、上流から下流を見て右側を右岸、左側を左岸という。
(2) 河川には、浅くて流れの速い瀬と、深くて流れの緩やかな淵と呼ばれる部分がある。
(4) 河川堤防の天端の高さは、計画高水位（H.W.L.）より余裕高を加えて高くすることを基本とする。 【解答（3）】

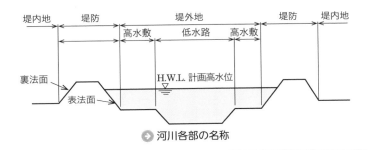

◉ 河川各部の名称

《〈問題3〉》河川に関する次の記述のうち、**適当でないもの**はどれか。
(1) 霞堤は、上流側と下流側を不連続にした堤防で、洪水時には流水が開口部から逆流して堤内地に湛水し、洪水後には開口部から排水される。
(2) 河川堤防における天端は、堤防法面の安定性を保つために法面の途中に設ける平らな部分をいう。
(3) 段切りは、堤防法面に新たに腹付盛土する場合は、法面に水平面切土を行い、盛土と地山とのなじみをよくするために施工する。
(4) 堤防工事には、新しく堤防を構築する工事、既設の堤防を高くするかさ上げや断面積を増やすために腹付けする拡築の工事などがある。

解説▶ (2) 河川堤防における天端は、河川堤防断面の中で最も高い場所（頂部）にある平坦な場所である。堤防法面の安定性を保つために法面の途中に設ける平らな部分は小段という。 【解答（2）】

《〈問題4〉》河川堤防に用いる土質材料に関する次の記述のうち、**適当でないもの**はどれか。
(1) 堤体の安定に支障を及ぼすような圧縮変形や膨張性がない材料がよい。
(2) 浸水、乾燥などの環境変化に対して、法すべりやクラックなどが生じにくい材料がよい。
(3) 締固めが十分行われるために単一な粒径の材料がよい。
(4) 河川水の浸透に対して、できるだけ不透水性の材料がよい。

解説▶ (3) 単一な粒径の材料を用いると十分な締固めができない。高い密度が得られる最適な粒度分布の材料が適する。その他の選択肢は正しいので覚えておこう。　【解答 (3)】

《〈問題5〉》河川堤防の施工に関する次の記述のうち、**適当でないもの**はどれか。
(1) 堤防の腹付け工事では、旧堤防との接合を高めるため階段状に段切りを行う。
(2) 引堤工事を行った場合の旧堤防は、新堤防の完成後、ただちに撤去する。
(3) 堤防の腹付け工事では、旧堤防の裏法面に腹付けを行うのが一般的である。
(4) 盛土の施工中は、堤体への雨水の滞水や浸透が生じないよう堤体横断方向に勾配を設ける。

解説▶ (2) 引堤工事は、堤防を堤内地側に築堤し、移動させることで川幅を拡大する工事で、新しい堤防が完成してから、原則として3年間は旧堤防の除去ができない。堤防法面の植生の生育状況、堤防本体の締固めの状況（自然転圧）を考慮する必要がある。【解答 (2)】

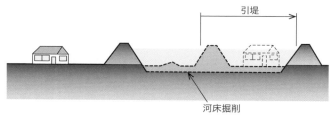

● 引堤工事のイメージ

《〈問題6〉》河川堤防の施工に関する次の記述のうち、**適当でないもの**はどれか。
(1) 堤防の腹付け工事では、旧堤防との接合を高めるため階段状に段切りを行う。
(2) 堤防の腹付け工事では、旧堤防の表法面に腹付けを行うのが一般的である。
(3) 河川堤防を施工した際の法面は、一般に総芝や筋芝などの芝付けを行って保護する。
(4) 旧堤防を撤去する際は、新堤防の地盤が十分安定した後に実施する。

解説▶ (2) 堤防の腹付け工事では、旧堤防の裏法面に腹付けを行うのが一般的である。表法面は河川側となるため、河積の減少などの問題があるため、河幅に余裕がある場合などを除き、裏法面に腹付けを行うのが原則である。　　　　　　　　　　　　　【解答 (2)】

2-2 河川護岸

1 堤防の機能

護岸には、高水敷の洗掘防止と低水路の保護のための**低水護岸**、堤防法面を保護する高水護岸、およびそれらが一体となった**堤防護岸**がある。

護岸は、堤防が流水で洗掘されるのを防止する**法覆工**、基礎工、法覆工や基礎工を洗掘から保護する**根固め工**によって構成されている他、天端工、天端保護工、すり付け工なども組み合わせる。

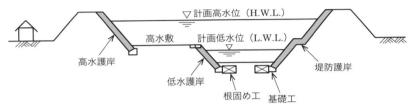

▷ 河川断面と護岸

護岸の種類

- コンクリートブロック張工

  法面勾配の緩い場所、流速の小さな場所で使用する。
- 間知ブロック積工

  法面勾配が急な場所、流速の大きい場所で使用する。
- コンクリート法枠工

  コンクリート格子枠を作り、粗度を増す。2割以上の緩勾配の場所で使用する。
- 連結ブロック張工

  工場製作のブロックを鉄筋で連結（連節）する。緩勾配の場所で使用する。
- 鉄線蛇かご工

  鉄線を編んだ蛇かごの中に、現場で玉石を詰める。屈とう性、空隙があり、生物への配慮ができる。

2 護岸の施工

法覆工

基礎工の天端高

洪水時の洗掘でも基礎が浮き上がらない最深河床高を評価して設定する。

・最深河床高の評価高よりも高くする場合

　基礎工前面に根固め工、基礎工に洗掘対策の矢板を根入れすることで、計画河床または現況河床のいずれか低い河床面から 0.5 〜 1.0 m 程度の深さに設定できる。

■ 根固め工

・根固め工と基礎工は絶縁し、絶縁部は間詰めを行う。

・根固め工の破壊が、基礎工の破壊を引き起こさないようにする。

⚑ 根固め工の敷設天端高

　護岸基礎工の天端高と同じことが基本である。

⚑ 屈とう性のある構造

　根固めブロック、沈床、捨石などにより、河床の洗掘や変化に追従できる屈とう性を持たせる。

■ 天端工・天端保護工

・天端工や天端保護工は、低水護岸が流水で裏側から浸食されないよう保護する。

・天端工は、低水護岸の天端部分を保護するため、法肩部分に 1 〜 2 m 程度の幅で設置する。法覆工と同じ構造が望ましい。

・天端保護工は、天端工と背後地の間からの浸食から保護するためのもので、屈とう性のある構造にする。

■ すり付け工

・護岸の上下流端部に設けるもので、隣接する河岸とのなじみを良くし、上下流からの浸食による破壊を防ぐために設ける。

・屈とう性があり、大きい粗度の構造とする。

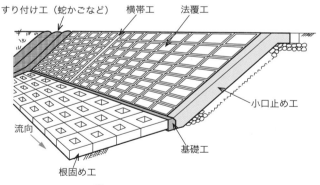

すり付け工（蛇かごなど）　横帯工　法覆工　小口止め工　流向　基礎工　根固め工

◉ 小口止め工とすり付け工

《《問題1》》 河川護岸に関する次の記述のうち、**適当でないもの**はどれか。
(1) 低水護岸は、低水路を維持し、高水敷の洗掘などを防止するものである。
(2) 法覆工は、堤防及び河岸の法面を被覆して保護するものである。
(3) 低水護岸の天端保護工は、流水によって護岸の表側から破壊しないように保護するものである。
(4) 横帯工は、流水方向の一定区間毎に設け、護岸の破壊が他に波及しないようにするものである。

解説▶ (3) 低水護岸の天端保護工は、流水によって護岸の裏側から破壊しないように保護するもの。 【解答 (3)】

《《問題2》》 河川護岸に関する次の記述のうち、**適当なもの**はどれか。
(1) コンクリート法枠工は、一般的に法勾配が緩い場所で用いられる。
(2) 間知ブロック積工は、一般的に法勾配が緩い場所で用いられる。
(3) 石張工は、一般的に法勾配が急な場所で用いられる。
(4) 連結（連節）ブロック張工は、一般的に法勾配が急な場所で用いられる。

解説▶ (2) 間知ブロック積工は、一般的に法勾配が急な場所で用いられる。
 (3) 石張工は、一般的に法勾配が緩い場所で用いられる。
 (4) 連結（連節）ブロック張工は、一般的に法勾配が緩い場所で用いられる。【解答 (1)】

アドバイス
「積」は急勾配、「張」は緩い勾配、と覚えておこう。

《《問題3》》 河川護岸に関する次の記述のうち、**適当でないもの**はどれか。
(1) 基礎工は、洗掘に対する保護や裏込め土砂の流出を防ぐために施工する。
(2) 法覆工は、堤防の法勾配が緩く流速が小さな場所では、間知ブロックで施工する。
(3) 根固工は、河床の洗掘を防ぎ、基礎工・法覆工を保護するものである。
(4) 低水護岸の天端保護工は、流水によって護岸の裏側から破壊しないように保護するものである。

解説▶ (2) 法覆工は、堤防の法勾配が緩く流速が小さな場所では、平板ブロック張工などが用いられる。間知ブロックで施工するのは、法勾配が急で流速の大きな場所である。 【解答 (2)】

〈〈問題4〉〉 河川護岸に関する次の記述のうち、**適当なもの**はどれか。
(1) 高水護岸は、高水時に表法面、天端、裏法面の堤防全体を保護するものである。
(2) 法覆工は、堤防の法面をコンクリートブロックなどで被覆し保護するものである。
(3) 基礎工は、根固工を支える基礎であり、洗掘に対して保護するものである。
(4) 小口止工は、河川の流水方向の一定区間ごとに設けられ、護岸を保護するものである。

解説▶ (1) 高水護岸は、洪水時に表法面を保護するものである。堤防全体の保護ではない。
(3) 基礎工は、法覆工の法尻部に設け、法覆工を支える基礎である。
(4) 小口止工は、法覆工の上端部、下端部に施工して、護岸を保護するものである。問題文は横帯工のことである。　　　　　　　　　　　　　　　　　　　　　【解答 (2)】

〈〈問題5〉〉 河川護岸に関する次の記述のうち、**適当でないもの**はどれか。
(1) 横帯工は、法覆工の延長方向の一定区間ごとに設け、護岸の変位や破損が他に波及しないように絶縁するものである。
(2) 縦帯工は、護岸の法肩部に設けられるもので、法肩の施工を容易にするとともに、護岸の法肩部の破損を防ぐものである。
(3) 小口止工は、法覆工の上下流端に施工して護岸を保護するものである。
(4) 護岸基礎工は、河床を直接覆うことで急激な洗掘を防ぐものである。

解説▶ (4) 護岸基礎工は、法覆工の法尻部に設け、法覆工を支える構造物である。問題文の説明文は根固工のことである。　　　　　　　　　　　　　　　　　　【解答 (4)】

〈〈問題6〉〉 河川護岸の法覆工に関する次の記述のうち、**適当でないもの**はどれか。
(1) コンクリートブロック張工は、工場製品のコンクリートブロックを法面に敷設する工法である。
(2) コンクリート法枠工は、法勾配の急な場所では施工が難しい工法である。
(3) コンクリートブロック張工は、一般に法勾配が急で流速の大きい場所では平板ブロックを用いる工法である。
(4) コンクリート法枠工は、法面のコンクリート格子枠の中にコンクリートを打設する工法である。

解説▶ (3) 一般的にコンクリートブロック張工は、法勾配が緩く流速の小さい場所で、平板ブロックを用いる工法である。　　　　　　　　　　　　　　　　　【解答 (3)】

3章 砂防・地すべり防止工

3-1 砂防えん堤

1 砂防えん堤の機能

砂防えん堤には、土砂生産抑制と土砂流送制御の二つの目的がある。

砂防えん堤は、透過型と不透過型に大きく分けられる。透過型では、格子構造によって大粒径の石を固定して土砂の流出を調整し、透過部を土石流で閉塞させて捕捉する機能がある。

■ 土砂生産抑制

・渓床の縦侵食の防止、軽減
・山脚固定による山腹崩壊などの発生、拡大の防止、軽減
・渓床に堆積した不安定土砂の流出防止、軽減

■ 土砂流送制御

・土砂の流出抑制、調節
・土石流の捕捉、減勢

2 砂防えん堤の構造

砂防えん堤の構造には重力式とアーチ式などがあるが、重力式が一般的で多く設置されている。材料は、コンクリートや鋼材、ソイルセメントなどである。

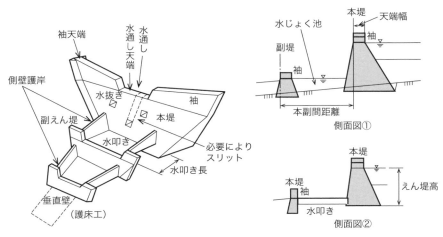

● 砂防えん堤（重力式コンクリートえん堤）の各部名称

砂防えん堤各部の構造

部　分	計画・施工での留意点
水通し	・上流部からの水や土砂を安全に越流させる機能。 ・現河床の中央、堤体の中央部に設けるのが原則。 ・水通し断面は、（逆）台形。
堤体	・堤体下流は、鉛直が望ましいが1：0.2が一般的。 ・堤体の天端幅は、 　砂混じり砂利～玉石混じり砂利で1.5～2.5m、玉石～転石で3.0～4.0m。 ・堤体の根入れ基礎は、地盤が岩盤の場合で1m以上。 　　　　　　　　　　　　砂礫の場合で2m以上。
袖	・袖は、洪水を越流させないのが原則。 ・万が一の越流の際も、両側を保護するため、両岸に向かって上り勾配にする。
前庭保護工	・えん堤を越流した水や砂礫が、基礎地盤やえん堤下流部を洗掘、破壊しないように水叩き工、または水じょく池（ウォータクッション）を設ける。
副えん堤	・本えん堤下流部の洗掘防止の機能。 ・副えん堤を設けない場合は、水叩き下端部に垂直壁を設ける。

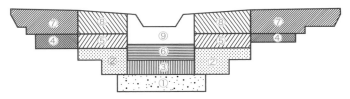

砂防えん堤におけるコンクリート打設順序

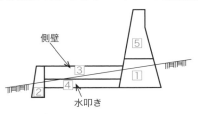

砂防えん堤の施工順序

演習問題でレベルアップ

〈〈問題1〉〉砂防えん堤に関する次の記述のうち、**適当なもの**はどれか。

(1) 水通しは、施工中の流水の切換えや堆砂後の本えん堤にかかる水圧を軽減させるために設ける。

(2) 前庭保護工は、本えん堤の洗掘防止のために、本えん堤の上流側に設ける。

(3) 袖は、洪水が越流した場合でも袖部などの破壊防止のため、両岸に向かって水平な構造とする。

(4) 砂防えん堤は、安全性の面から強固な岩盤に施工することが望ましい。

解説▶ （1）水通しは、えん堤上流からの流水を越流させるために設ける。この選択肢は、水抜きのことである。

（2）前庭保護工は、副えん堤と水じょく池による減勢工、水叩き、垂直壁、側壁護岸、護床工で構成される。本えん堤を越流した落下水や砂礫などで前庭部の洗掘や下流の河床低下を防止するために、本えん堤の下流側に設ける。

（3）袖は、洪水を越流させないことを原則として、両岸に向かって上り勾配とする。

【解答（4）】

〈〈問題2〉〉 砂防えん堤に関する次の記述のうち、**適当でないもの**はどれか。
(1) 袖は、洪水を越流させないようにし、土石などの流下による衝撃に対して強固な構造とする。
(2) 堤体基礎の根入れは、基礎地盤が岩盤の場合は 0.5 m 以上行うのが通常である。
(3) 前庭保護工は、本えん堤を越流した落下水による前庭部の洗掘を防止するための構造物である。
(4) 本えん堤の堤体下流の法勾配は、一般に 1：0.2 程度としている。

解説▶ （2）堤体基礎の根入れは、基礎地盤が岩盤の場合は 1 m 以上行うのが通常である。砂礫盤では 2 m 以上が必要である。

【解答（2）】

〈〈問題3〉〉 下図に示す砂防えん堤を砂礫の堆積層上に施工する場合の一般的な順序として、**適当なもの**は次のうちどれか。

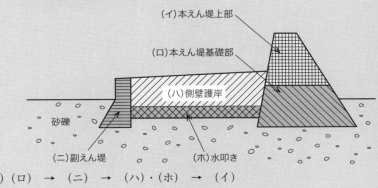

(1) （ロ） → （ニ） → （ハ）・（ホ） → （イ）
(2) （ニ） → （ロ） → （イ） → （ハ）・（ホ）
(3) （ロ） → （ニ） → （イ） → （ハ）・（ホ）
(4) （ニ） → （ロ） → （ハ）・（ホ） → （イ）

解説▶ （1）砂礫の堆積層上に施工する砂防えん堤の一般的な施工手順は、
（ロ）本えん堤基礎部→（ニ）副えん堤→（ハ）側壁護岸→（ホ）水叩き→（イ）本えん堤上部である。

【解答（1）】

3-2 地すべり防止工

1 地すべり防止工の種類

地すべり災害の防止や軽減のために設けられる地すべり防止工は、抑制工と抑止工の二つに分けられる。

抑制工 地形や地下水位などの自然条件を変化させる。	抑止工 鋼管杭などの構造物による抵抗力を設ける。
▼ 地すべり運動を止める、緩和させる	▼ 地すべり運動の一部、または全部を止める

■ 地すべり防止工の種類

```
抑制工 ─┬─ 地表水排除工：水路工、浸透防止工
        ├─ 地下水排除工：浅層地下水排除工、深層地下水排除工
        ├─ 排土工
        ├─ 押え盛土工
        └─ 河川構造物：ダム工、床固め工、水制工、護岸工

抑止工 ─┬─ 杭工
        ├─ シャフト工
        └─ アンカー工
```

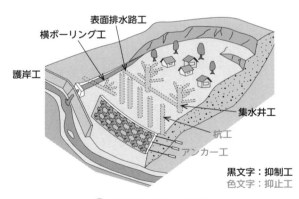

🔴 地すべり防止工の種類

代表的な抑制工と留意点

工　法		計画・施工での留意点
地表水排除工		地表水の速やかな排除、再浸透の防止
	水路工	・降雨を速やかに集水して地域外に排水。 ・地域外からの流入水も排水。
	浸透防止工	・き裂が発生すると地下に浸透しやすくなるので、シート被覆や、粘土などの充填で対処。
浅層地下水排除工		浅層部にある地下水の排除
	暗きょ工	・地表から 2 m の深さ、1 本の長さを 20 m 程度の直線で暗きょを設置。
	明暗きょ工	・地表面の水路工と暗きょ工を併用した構造。
	横ボーリング工	・表層部の帯水層に横ボーリングし、排水。 ・上向き 5〜10°の角度で行う。 ・帯水層またはすべり面に 5 m 以上先まで貫入。
深層地下水排除工		深層部にある地下水の排除
	横ボーリング工	・深部の帯水層に横ボーリングし、排水。 ・削孔長さは 50 m 程度、すべり面を 5〜10 m 貫入。
	集水井工	・直径 3.5〜4.0 m の井筒で集中的に地下水を集水。 ・集水（横）ボーリングで集水し、排水ボーリングで排水。
	排水トンネル工	・原則として基盤内に設置。 ・集水ボーリングや集水井との連結によって効率的に排水。
排土工		地すべり頭部の土塊を排除：滑動力を減少させる。
押え盛土工		地すべり末端部に盛土　　：抵抗力を増加させる。

代表的な抑止工と留意点

工　法	計画・施工での留意点
杭工	杭の剛性で対抗 ・不動地盤まで鋼管杭などを挿入。 ・杭の剛性で、せん断抵抗力、曲げ抵抗力を付加。 ・地すべりの運動方向に対してほぼ直角に、複数の杭を等間隔で配置。 ・地すべりブロックの中央部より下部に配置。
シャフト工	鉄筋コンクリートによる抑止杭で対抗 ・杭では安全率が確保できない場合、不動地盤が良好であれば設置可能。 ・直径 2.5〜6.5 m の縦坑を不動地盤まで掘削し、抑止杭を設置。
アンカー工	杭の引張強さで対抗 ・不動地盤内に鋼材などを定着。 ・鋼材などの引張強さによる引止め効果、締付け効果により滑動に対抗。

演習問題で レベルアップ

《《問題1》》 地すべり防止工に関する次の記述のうち、**適当でないもの**はどれか。

(1) 地すべり防止工では、抑制工、抑止工の順に実施し、抑止工だけの施工を避けるのが一般的である。

(2) 抑制工としては、水路工、横ボーリング工、集水井工などがあり、抑止工としては、杭工やシャフト工などがある。

(3) 横ボーリング工とは、帯水層に向けてボーリングを行い、地下水を排除する工法である。

(4) 水路工とは、地表面の水を速やかに水路に集め、地すべり地内に浸透させる工法である。

解説▶ (4) 水路工とは、地表面の水を速やかに水路に集め、地すべり地外に排除させる工法。　　　　　　　　　　　　　　　　　　　　　　　【解答 (4)】

《《問題2》》 地すべり防止工に関する次の記述のうち、**適当でないもの**はどれか。

(1) 排水トンネル工は、原則として安定した地盤にトンネルを設け、ここから帯水層に向けてボーリングを行い、トンネルを使って排水する工法であり、抑制工に分類される。

(2) 排土工は、地すべり頭部の不安定な土塊を排除し、土塊の滑動力を減少させる工法であり、抑止工に分類される。

(3) 水路工は、地表の水を水路に集め、速やかに地すべりの地域外に排除する工法であり、抑制工に分類される。

(4) シャフト工は、井筒を山留めとして掘り下げ、鉄筋コンクリートを充填して、シャフト(杭)とする工法であり、抑止工に分類される。

解説▶ (2) 排土工は、地すべり頭部の不安定な土塊を排除し荷重を減じることで、土塊の滑動力を減少させる工法であり、抑制工に分類される。　　　【解答 (2)】

《《問題3》》 地すべり防止工に関する次の記述のうち、**適当なもの**はどれか。

(1) 杭工は、原則として地すべり運動ブロックの頭部斜面に杭を挿入し、斜面の安定を高める工法である。

(2) 集水井工は、井筒を設けて集水ボーリングなどで地下水を集水し、原則としてポンプにより排水を行う工法である。

(3) 横ボーリング工は、地下水調査などの結果をもとに、帯水層に向けてボーリングを行い、地下水を排除する工法である。

(4) 排土工は、土塊の滑動力を減少させることを目的に、地すべり脚部の不安定な土塊を排除する工法である。

解説▶ (1) 杭工は、地すべり土塊下部のすべり面の勾配が緩い場所に、鋼管杭、鉄筋コン

クリート杭、H形鋼杭などを建込み、杭によって土塊の移動を抑止して斜面の安定を高める工法で、抑止工に分類される。

　(2) 集水井工は、地すべり内に直径3.5m程度の井戸を掘削し、ボーリングなどにより地下水を集水して、排水ボーリング孔または排水トンネルにより地すべり地外に速やかに自然排水するための工法で、抑制工に分類される。

　(4) 排土工は、土塊の滑動力を減少させることを目的に、地すべり頭部の不安定な土塊を排除する工法で、抑制工に分類される。　　　　　　　　　　　　　【解答 (3)】

《《問題4》》 地すべり防止工に関する次の記述のうち、**適当なもの**はどれか。
(1) 抑制工は、杭などの構造物により、地すべり運動の一部または全部を停止させる工法である。
(2) 地すべり防止工では、一般的に抑止工、抑制工の順序で施工を行う。
(3) 抑止工は、地形などの自然条件を変化させ、地すべり運動を停止または緩和させる工法である。
(4) 集水井工の排水は、原則として、排水ボーリングによって自然排水を行う。

解説▶　(1) 抑制工は、地下水の状態など自然条件を変化させることで、地すべり運動の一部または全部を停止させる工法である。選択肢は、抑止工の説明である。

　(2) 一般的に、抑止工と抑制工を組み合わせて行う。地すべりが活発に継続しているような場合では、抑制工を先行して行い、活動が減少してから抑止工を行う。

　(3) 抑止工は、杭などの構造物により、地すべり運動の一部または全部を停止させる工法。
　　　　　　　　　　　　　　　　　　　　　　　　　　　　　　　　　【解答 (4)】

4章　道路・舗装

4-1　アスファルト舗装

1 アスファルト舗装の構成

　骨材などの材料をアスファルトで結合した混合物の舗装を、アスファルト舗装という。舗装は、一般に表層、基層、路盤で構成されている。舗装を支持する役割が路床、路床下部の原地盤（土の部分）が路体である。現状地盤を改良する場合には、その改良した層を構築路床という。

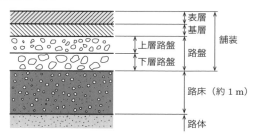

● アスファルト舗装の構成

2 路体

　路体は、切土や盛土による造成で施工される。

　盛土によって路体を施工する際は、材料に応じて、締固め機械、一層の締固め厚、締固め回数、施工中の含水比を適切に選定する必要がある。

路体盛土を施工する際の留意点

　・敷均し厚さ 35 〜 45 cm、締固め後の仕上がり厚さ 30 cm 以下が一般的。
　・盛土の横断方向に 4％程度の勾配をつけて雨水対策とする。

3 路床

　路床の種類は、切土路床と盛土路床の二つに分けられる。

切土路床
支持力のある地山は切土部をそのまま路床にできる。

盛土路床
軟弱で支持力不足、仕上がり高さ、凍結融解などの際、改良して構築する。

　路床の支持力は、舗装厚さの基準となるため、CBR 試験によってその結果から評価を行う。路床の条件としては、路床の厚さは 1 m、路床の設計 CBR は 3 以上とする。

　現状地盤を改良して構築された層を構築路床という。構築路床には、盛土工法の他、

安定処理工法、置換工法、凍上抑制層などがある。

構築路床を必要とするケース

- 路床の設計 CBR が 3 未満の場合：経済的な構築路床を設置。
  路床の設計 CBR が 3 以上の場合：舗装するか、構築路床を設置したほうが経済的かを検討。
- 路床の排水、凍結融解に対する対応策が必要な場合。
- 道路の地下に埋設された管路などへの交通荷重の影響を緩和する場合。
- 舗装の仕上がり高さが制限される場合。
- 路床を改良したほうが経済的な場合。

路床の施工種別と施工上の留意点

切土路床

- 現状地盤の支持力を低下させないようにする。
  粘性土や高含水比の場合はこね返し、過転圧に注意する。
- 路床表面から 30 cm 程度以内の木根、転石は除去する。

盛土路床

- 均一に敷き均し、締め固める。
- 敷均し厚 25 〜 30 cm、締固め後の仕上がり厚 20 cm 以下とする。
- 施工後の雨水対策として、縁部に仮排水路を設置する。

安定処理工

- CBR が 3 未満の軟弱土に支持力を改善する場合に行う。
  CBR が 3 以上でも、長寿命化や舗装厚低減などの効果を期待して用いる場合に行う。
- 砂質土にはセメント、粘性土には石灰が有効。

置換工法

- 軟弱な（切土）現状地盤の場合、所定の深さまでを掘削し、良質土で置き換える。

4 路盤

路盤は、下層路盤と上層路盤で構成される。

下層路盤

下層路盤の築造方法には、粒状路盤工法、セメント安定処理工法、石灰安定処理工法がある。

粒状路盤工法

- クラッシャラン、砂利、砂などを使用する。
- 一層の仕上がり厚 20 cm 以下。
- 敷均しは、モータグレーダで行う。
- 転圧は、ロードローラ、タイヤローラ、振動ローラで行う。

セメント安定処理工法、石灰安定処理工法

- セメントまたは石灰で路盤の強度を高め、耐久性を向上させる。
- 路上混合方式での施工が一般的。
- 一層の仕上がり厚：15 〜 30 cm。
- 粗均しはモータグレーダ、タイヤローラで軽く締め固め、再度モータグレーダで整形し、舗装用ローラで転圧。

上層路盤

上層路盤工法には、粒度調整工法、セメント安定処理工法、石灰安定処理工法、瀝青安定処理工法、セメント・瀝青安定処理工法がある。

粒度調整工法

- 良好な粒度分布になるよう調整した骨材を使用する。
- 敷均し、締固めが容易。
- 敷均しは、モータグレーダで行う。
- 転圧は、ロードローラ、タイヤローラ、振動ローラで行う。
- 一層の仕上がり厚 15 cm 以下（振動ローラは 20 cm 以下）。

セメント安定処理工法、石灰安定処理工法

- 中央混合方式、または路上混合方式で施工する。
- 一層の仕上がり厚 10 〜 20 cm（振動ローラは 30 cm 以下）。
- セメント安定処理では、硬化が始まる前までに完了する。
- 石灰安定処理では、最適含水比よりやや湿潤状態で締め固める。

瀝青安定処理工法

- 加熱アスファルトを骨材に添加して安定処理する工法。
- 平坦性が良好、たわみ性や耐久性に富む。
- 一層の仕上がり厚 10 cm の一般工法、それを超える厚さのシックリフト工法がある。
- 敷均しは、アスファルトフィニッシャを用いるが、ブルドーザ、モータグレーダを用いることもある。

セメント・瀝青安定処理工法

- 破砕された既設アスファルト舗装に安定材を加えた骨材を、セメントや瀝青材料を混合、転圧して安定処理する工法。
- 路上路盤再生工法である。

5 プライムコート・タックコート

舗装で用いられるプライムコートとタックコートは、それぞれの役割や施工する位置が異なる。

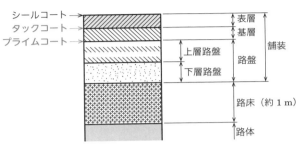

> **プライムコート**
> 路盤と混合物のなじみを良くする。
> 降雨による表面水の浸透防止、路盤表面に浸透し安定、路盤からの水の蒸発を遮断するなどの機能がある。

> **タックコート**
> 新たに舗設するアスファルトの混合物層と、その下層の瀝青安定処理層、基層との付着を良くする。

● プライムコート・タックコートの施工位置

6 基層、表層

　表層と基層は、それぞれに分けて2層で施工するのが、アスファルト舗装では一般的である。施工手順は、加熱アスファルトの敷均しと加熱アスファルトの締固めの2段階となる。

■ アスファルト舗装の施工手順

> **■加熱アスファルトの敷均し**
> ・使用機械は、アスファルトフィニッシャ。
> ・敷均し時の混合物の温度は110℃を下回らないようにする。
> ・敷均し作業中の降雨では、敷均し作業を中止し、敷均し済みの混合物を速やかに締め固め仕上げる。

> **■加熱アスファルトの締固め**
> ・アスファルト混合物を敷均し後、ローラにより、所定の密度が得られるように締め固める。
> ・ローラは、アスファルトフィニッシャ側に駆動輪を向け、横断勾配の低い方から高い方へ向かい、順次幅寄せしながら低速、等速で転圧する。
> ・作業は、継目転圧→初転圧→二次転圧→仕上げ転圧の順序（下図参照）。

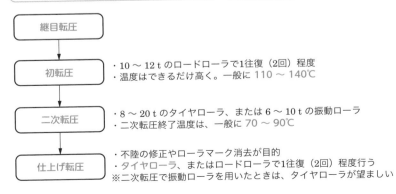

7 維持・修繕

舗装は、交通荷重、気象条件などの外的作用を常に受け、また舗装自体の老朽などにより、放置しておけば供用性が低下し、やがては円滑かつ安全な交通に支障をきたす。これを防ぐために適切な維持、修繕が必要となる。

維持

維持は、道路の機能を保持するために行われる道路の保存行為で、一般に日常的に反復して行われる手入れ、または軽度な修理を指す。

修繕

修繕では、日常の手入れでは及ばないほど大きくなった損傷部分の修理や更新を指す。現状の機能を、当初の機能まで回復させ（または近づけ）たり、あるいは多少の機能増を行うことや、老朽化、陳腐化による更新も含まれる。

アスファルト舗装に見られる主な破損

破損の種類	特　徴
亀甲ひび割れ	混合物の劣化・老化、路床や路盤の支持力低下や沈下などで生じる亀甲状のひび割れ
ヘアクラック	混合物の品質不良、転圧温度の不適などで、表層に生じる細かなクラック
コルゲーション	道路縦断方向の波長の長い波状の凹凸。表層と基層の接着不良などが原因
わだち掘れ	路床や路盤の沈下、塑性変形、摩耗などにより、走行軌跡部に生じる

※　この他にも、施工不良や摩耗、凍上など、さまざまな原因により多様な破損が発生する場合がある。

維持修繕工法

アスファルト舗装の維持修繕工法には、構造的対策を目的としたものと、機能的対策を目的としたものがある。構造的対策は、主として全層に及ぶ修繕工法、機能的対策は主として表層の維持工法である。また、機能的対策の中には、予防的維持や応急的な修繕工法も含まれる。

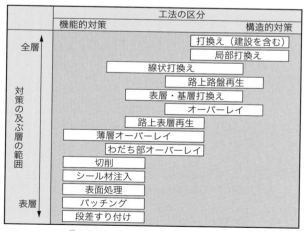

アスファルト舗装の主な補修工法

◉ アスファルト舗装の主な維持修繕工法

工　法	特　徴
打換え工法 （再構築含む）	・既設舗装の路盤を打ち換える工法。 ・路床の入れ換え、路床や路盤の安定処理を行うこともある。
局部打換え工法	・局部的に著しい破損箇所に、表層・基層または路盤から局部的に打ち換える工法。
線状打換え工法	・線状に発生したひび割れに沿って舗装を打ち換える工法。 ・通常は、加熱アスファルト混合物層のみを打ち換える。
路上路盤再生工法	・既設アスファルト混合物層を、現位置で路上破砕混合機などによって破砕するとともに、セメントやアスファルト乳剤などの添加材料を加え混合し、締め固めて安定処理した路盤を構築する工法。
表層・基層打換え工法 （切削オーバーレイ工法を含む）	・既設舗装を表層または基層まで打ち換える工法。 ・切削により既設アスファルト混合物層を搬去する工法を、特に切削オーバーレイ工法と呼ぶ。
オーバーレイ工法	・既設舗装の上に、厚さ 3 cm 以上の加熱アスファルト混合物層を舗設する工法。
路上表層再生工法	・現位置において、既設アスファルト混合物層の加熱、かきほぐしを行い、これに新規アスファルト混合物や再生用添加剤を加え、混合したうえで敷き均して締め固め、再生した表層を構築する工法。
薄層オーバーレイ工法	・既設舗装の上に厚さ 3 cm 未満の加熱アスファルト混合物を舗設する工法。 ・予防的な維持工法として用いられることもある。
わだち部オーバーレイ工法	・既設舗装のわだち掘れ部のみを、加熱アスファルト混合物で舗設する工法。 ・主に摩耗などによってすり減った部分を補うものであり、オーバーレイ工法に先立ちレベリング工として行われることも多い。
切削工法	・路面の凸部などを切削除去し、不陸や段差を解消する工法。 ・オーバーレイ工法や表面処理工法の事前処理として行われることも多い。
シール材注入工法	・比較的幅の広いひび割れに注入目地材などを充填する工法。 ・予防的維持工法として用いられることもある。
表面処理工法	・既設舗装の上に、加熱アスファルト混合物以外の材料を使用して、3 cm 未満の封かん層を設ける工法。 ・予防的維持工法として用いられることもあり、チップシール、（シールコート、アーマーコート）、スラリーシール、マイクロサーフェシング、樹脂系表面処理などの工法がある。
パッチング及び段差すり付け工法	・ポットホール（局所的な小穴）、くぼみ、段差などを応急的に充填する工法。 ・加熱アスファルト混合物、瀝青材料や樹脂結合材料系のバインダーを用いた常温混合物などが使用される。

《《問題1》》 道路のアスファルト舗装における路床の施工に関する次の記述のうち、**適当でないもの**はどれか。

(1) 路床は、舗装と一体となって交通荷重を支持し、厚さは 1 m を標準とする。

(2) 切土路床では、土中の木根、転石などを表面から 30 cm 程度以内は取り除く。

(3) 盛土路床は、均質性を得るために、材料の最大粒径は 100 mm 以下であることが望ましい。

(4) 盛土路床では、1 層の敷均し厚さは仕上り厚で 40 cm 以下を目安とする。

解説▶ (4) 道路路床では、1 層の敷均し厚さは仕上がり厚で 20 cm 以下を目安とする。

【解答 (4)】

《《問題2》》 道路のアスファルト舗装の路床・路盤の施工に関する次の記述のうち、**適当でないもの**はどれか。

(1) 盛土路床では、1 層の敷均し厚さは仕上り厚さで 20 cm 以下を目安とする。

(2) 切土路床では、土中の木根・転石などを取り除く範囲を表面から 30 cm 程度以内とする。

(3) 粒状路盤材料を使用した下層路盤では、1 層の仕上り厚さは 30 cm 以下を標準とする。

(4) 粒度調整路盤材料を使用した上層路盤では、1 層の仕上り厚さは 15 cm 以下を標準とする。

解説▶ (3) 粒状路盤材料を使用した下層路盤では、1 層の仕上がり厚さは 20 cm 以下を標準とする。

【解答 (3)】

《《問題3》》 道路のアスファルト舗装における構築路床の安定処理に関する次の記述のうち、**適当でないもの**はどれか。

(1) 安定材の混合終了後、モータグレーダで仮転圧を行い、ブルドーザで整形する。

(2) 安定材の散布に先立って現状路床の不陸整正や、必要に応じて仮排水溝を設置する。

(3) 所定量の安定材を散布機械または人力により均等に散布する。

(4) 軟弱な路床土では、安定処理としてセメントや石灰などを混合し、支持力を改善する。

解説▶ (1) 安定材の混合終了後、タイヤローラなどによる仮転圧を行い、モータグレーダやブルドーザで整形し、タイヤローラなどにより締め固める。

【解答 (1)】

〈〈問題4〉〉 道路のアスファルト舗装における構築路床の安定処理に関する次の記述のうち、**適当でないもの**はどれか。
(1) 粒状の生石灰を用いる場合は、混合させたのち仮転圧し、ただちに再混合をする。
(2) 安定材の散布に先立って、不陸整正を行い必要に応じて雨水対策の仮排水溝を設置する。
(3) セメントまたは石灰などの安定材は、所定量を散布機械または人力により均等に散布をする。
(4) 混合終了後は、仮転圧を行い所定の形状に整形したのちに締固めをする。

解説▶ (1) 粒状の生石灰を用いる場合は、混合させたのち仮転圧し、生石灰の消化を待ってから再混合する。 【解答（1）】

〈〈問題5〉〉 道路のアスファルト舗装における上層路盤の施工に関する次の記述のうち、**適当でないもの**はどれか。
(1) 粒度調整路盤は、1層の仕上り厚が15 cm以下を標準とする。
(2) 加熱アスファルト安定処理路盤材料の敷均しは、一般にモータグレーダで行う。
(3) セメント安定処理路盤は、1層の仕上り厚が10〜20 cmを標準とする。
(4) 石灰安定処理路盤材料の締固めは、最適含水比よりやや湿潤状態で行う。

解説▶ (2) 加熱アスファルト安定処理路盤材料の敷均しは、一般にアスファルトフィニッシャで行う。モータグレーダやブルドーザを用いるのはまれである。 【解答（2）】

〈〈問題6〉〉 道路のアスファルト舗装における上層路盤の施工に関する次の記述のうち、**適当でないもの**はどれか。
(1) 粒度調整路盤は、材料の分離に留意し、均一に敷き均し、締め固めて仕上げる。
(2) 加熱アスファルト安定処理路盤は、下層の路盤面にプライムコートを施す必要がある。
(3) 石灰安定処理路盤材料の締固めは、最適含水比よりやや乾燥状態で行うとよい。
(4) セメント安定処理路盤材料の締固めは、硬化が始まる前までに完了することが重要である。

解説▶ (3) 石灰安定処理路盤材料の締固めは、最適含水比よりやや湿潤状態で行うとよい。 【解答（3）】

〈〈問題7〉〉 道路のアスファルト舗装における下層・上層路盤の施工に関する次の記述のうち、**適当でないもの**はどれか。
(1) 上層路盤に用いる粒度調整路盤材料は、最大含水比付近の状態で締め固める。
(2) 下層路盤に用いるセメント安定処理路盤材料は、一般に路上混合方式により製造する。

(3) 下層路盤材料は、一般に施工現場近くで経済的に入手でき品質規格を満足するものを用いる。

(4) 上層路盤の瀝青安定処理工法は、平坦性がよく、たわみ性や耐久性に富む特長がある。

解説▶ (1) 上層路盤に用いる粒度調整路盤材料は、最適含水比付近の状態で締め固める。乾燥しすぎている場合は、散水を行い、最適含水比付近を維持する。　　【解答 (1)】

《《問題8 》》道路のアスファルト舗装の施工に関する次の記述のうち、**適当でないもの**はどれか。

(1) 加熱アスファルト混合物を舗設する前は、路盤または基層表面のごみ、泥、浮き石などを取り除く。

(2) 現場に到着したアスファルト混合物は、ただちにアスファルトフィニッシャまたは人力により均一に敷き均す。

(3) 敷均し終了後は、継目転圧、初転圧、二次転圧及び仕上げ転圧の順に締め固める。

(4) 継目の施工は、継目または構造物との接触面にプライムコートを施工後、舗設し密着させる。

解説▶ (4) 継目の施工は、継目または構造物との接触面にタックコートを施工後、舗設し密着させる。　　【解答 (4)】

《《問題9 》》道路のアスファルト舗装の施工に関する次の記述のうち、**適当でないもの**はどれか。

(1) アスファルト混合物の現場到着温度は、一般に 140 ～ 150℃程度とする。

(2) 初転圧の転圧温度は、一般に 110 ～ 140℃とする。

(3) 二次転圧の終了温度は、一般に 70 ～ 90℃とする。

(4) 交通開放の舗装表面温度は、一般に 60℃以下とする。

解説▶ (4) 交通開放の舗装表面温度は、一般に 50℃以下とする。　　【解答 (4)】

《《問題10 》》道路のアスファルト舗装におけるアスファルト混合物の締固めに関する次の記述のうち、**適当でないもの**はどれか。

(1) 締固め作業は、継目転圧、初転圧、二次転圧及び仕上げ転圧の順序で行う。

(2) 初転圧は、一般にタンピングローラで行う。

(3) 二次転圧は、一般にタイヤローラで行う。

(4) 仕上げ転圧は、不陸の修正やローラマーク消去のために行う。

解説▶ (2) 初転圧は、一般的にロードローラ（10 ～ 12 t 程度）で行う。タンピングローラは、ローラの重量をその突起を介して土に伝えることにより効果的に土を締め固めるもので、ロックフィルダムなどの締固めに用いられる。　　【解答 (2)】

《《問題 11》》 道路のアスファルト舗装におけるアスファルト混合物の締固めに関する次の記述のうち、**適当なもの**はどれか。
(1) 初転圧は、一般に 10 〜 12 t のタイヤローラで 2 回（1 往復）程度行う。
(2) 二次転圧は、一般に 8 〜 20 t のロードローラで行うが、振動ローラを用いることもある。
(3) 締固め温度は、高いほうがよいが、高すぎるとヘアクラックが多く見られることがある。
(4) 締固め作業は、敷均し終了後、初転圧、継目転圧、二次転圧、仕上げ転圧の順序で行う。

解説▶ (1) 初転圧は、一般に 10 〜 12 t のロードローラで 2 回（1 往復）程度行う。
　(2) 二次転圧は、一般に 8 〜 20 t のタイヤローラ、または 6 〜 10 t の振動ローラを用いることもある。
　(4) 締固め作業は、敷均し終了後、継目転圧、初転圧、二次転圧、仕上げ転圧の順序で行う。　　　　　　　　　　　　　　　　　　　　　　　　　　　　　【解答（3）】

《《問題 12》》 道路のアスファルト舗装における破損に関する次の記述のうち、**適当でないもの**はどれか。
(1) 沈下わだち掘れは、路床・路盤の沈下により発生する。
(2) 線状ひび割れは、縦・横に長く生じるひび割れで、舗装の継目に発生する。
(3) 亀甲状ひび割れは、路床・路盤の支持力低下により発生する。
(4) 流動わだち掘れは、道路の延長方向の凹凸で、比較的長い波長で発生する。

解説▶ (4) 流動わだち掘れは、道路の横断方向の凹凸である。車両の通過位置が同じところに生じやすい。　　　　　　　　　　　　　　　　　　　　　　　　【解答（4）】

《《問題 13》》 道路のアスファルト舗装の補修工法に関する次の記述のうち、**適当でないもの**はどれか。
(1) オーバーレイ工法は、既設舗装の上に、加熱アスファルト混合物以外の材料を使用して、薄い封かん層を設ける工法である。
(2) 打換え工法は、不良な舗装の一部分、または全部を取り除き、新しい舗装を行う工法である。
(3) 切削工法は、路面の凹凸を削り除去し、不陸や段差を解消する工法である。
(4) パッチング工法は、局部的なひび割れやくぼみ、段差などを応急的に舗装材料で充填する工法である。

解説▶ (1) オーバーレイ工法は、既設舗装の上に厚さ 3 cm 以上の加熱アスファルト混合物を舗設する工法である。選択肢は、表面処理工法の説明である。
　　　　　　　　　　　　　　　　　　　　　　　　　　　　　　　　【解答（1）】

《《問題14》》 道路のアスファルト舗装の補修工法に関する次の記述のうち、**適当でないもの**はどれか。

(1) 打換え工法は、不良な舗装の一部分、または全部を取り除き、新しい舗装を行う工法である。

(2) 切削工法は、路面の凸部を切削して不陸や段差を解消する工法である。

(3) オーバーレイ工法は、ポットホール、段差などを応急的に舗装材料で充てんする工法である。

(4) 表面処理工法は、既設舗装の表面に薄い封かん層を設ける工法である。

解説▶ (3) オーバーレイ工法は、わだち掘れが浅い場合や、ひび割れが少ない場合に適する工法である。選択肢は、パッチング工法の説明である。　　　　　　【解答 (3)】

4-2 コンクリート舗装

1 コンクリート舗装の構造

　コンクリート舗装は、一般的にコンクリート版および路盤からなり、路盤の最上部にアスファルト中間層を設ける場合もある。

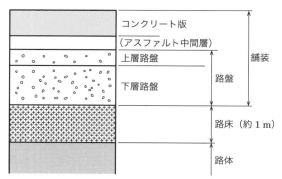

● コンクリート舗装の構成

2 コンクリート舗装の施工

　コンクリート舗装の種類は、普通コンクリート版、連続鉄筋コンクリート版、転圧コンクリート版があり、交通条件、環境条件、経済性、安全性、環境保全などにより選定される。

　また、コンクリート舗装版の施工方法には、①あらかじめ型枠を設置するセットフォーム工法と、②型枠を設置せず専用のスリップフォームペーバを使用するスリップフォーム工法がある。鉄網を用いる場合は、セットフォーム工法で施工されること

が多い。

普通コンクリート版

- ・コンクリート版にあらかじめ目地を設け、版に発生するひび割れを誘導する。
- ・目地部が構造的弱点となり、走行時の衝撃感を生じることがある。
- ・目地部には荷重伝達装置（ダウエルバー）を設ける。

普通コンクリート版の施工手順

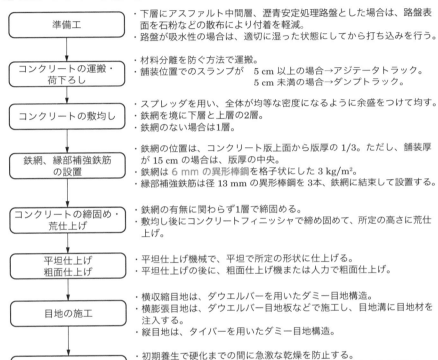

準備工	・下層にアスファルト中間層、瀝青安定処理路盤とした場合は、路盤表面を石粉などの散布により付着を軽減。 ・路盤が吸水性の場合は、適切に湿った状態にしてから打ち込みを行う。
コンクリートの運搬・荷下ろし	・材料分離を防ぐ方法で運搬。 ・舗装位置でのスランプが　5 cm 以上の場合→アジテータトラック。 　　　　　　　　　　　　5 cm 未満の場合→ダンプトラック。
コンクリートの敷均し	・スプレッダを用い、全体が均等な密度になるように余盛をつけて均す。 ・鉄網を境に下層と上層の2層。 ・鉄網のない場合は1層。
鉄網、縁部補強鉄筋の設置	・鉄網の位置は、コンクリート版上面から版厚の 1/3。ただし、舗装厚が 15 cm の場合は、版厚の中央。 ・鉄網は 6 mm の異形棒鋼を格子状にした 3 kg/m²。 ・縁部補強鉄筋は径 13 mm の異形棒鋼を 3 本、鉄網に結束して設置する。
コンクリートの締固め・荒仕上げ	・鉄網の有無に関わらず1層で締固める。 ・敷均し後にコンクリートフィニッシャで締め固めて、所定の高さに荒仕上げ。
平坦仕上げ 粗面仕上げ	・平坦仕上げ機械で、平坦で所定の形状に仕上げる。 ・平坦仕上げの後に、粗面仕上げ機または人力で粗面仕上げ。
目地の施工	・横収縮目地は、ダウエルバーを用いたダミー目地構造。 ・横膨張目地は、ダウエルバー目地板などで施工し、目地溝に目地材を注入する。 ・縦目地は、タイバーを用いたダミー目地構造。
養生	・初期養生で硬化までの間に急激な乾燥を防止する。 ・後期養生は、養生マットなどで表面を覆い、散水により十分な硬化まで、水分蒸発や急激な温度変化を防ぐ。

連続鉄筋コンクリート版

- ・コンクリート版の横目地を省いたものであり、コンクリート版に生じた横ひび割れを縦方向鉄筋で分散させる。
- ・このひび割れ幅は狭く、鉄筋とひび割れ面での骨材のかみ合わせにより連続性を保持する。

転圧コンクリート版

- ・従来の舗装用コンクリート版よりも単位水量の少ない硬練りコンクリートを通常のアスファルト舗装と同様の方法で施工する。
- ・通常のコンクリート版に比べて施工速度が速く、強度発現が早いため養生時間が短く、工期短縮、早期交通開放が可能。

演習問題でレベルアップ

〈〈問題1〉〉 道路のコンクリート舗装に関する次の記述のうち、**適当でないもの**はどれか。
(1) コンクリート舗装は、セメントコンクリート版を路盤上に施工したもので、たわみ性舗装とも呼ばれる。
(2) コンクリート舗装は、温度変化によって膨張したり収縮したりするので、一般には目地が必要である。
(3) コンクリート舗装には、普通コンクリート舗装、転圧コンクリート舗装、プレストレスコンクリート舗装などがある。
(4) コンクリート舗装は、養生期間が長く部分的な補修が困難であるが、耐久性に富むため、トンネル内などに用いられる。

解説▶ (1) コンクリート舗装は、コンクリート版を路盤上に施工したもので、剛性舗装と呼ばれる。たわみ性舗装はアスファルト舗装のこと。　　　　　　　　　　【解答 (1)】

〈〈問題2〉〉 道路のコンクリート舗装に関する次の記述のうち、**適当でないもの**はどれか。
(1) 普通コンクリート舗装は、温度変化によって膨張・収縮するので目地が必要である。
(2) コンクリート舗装は、主としてコンクリートの引張抵抗で交通荷重を支える。
(3) 普通コンクリート舗装は、養生期間が長く部分的な補修が困難である。
(4) コンクリート舗装は、アスファルト舗装に比べて耐久性に富む。

解説▶ (2) コンクリート舗装は、主としてコンクリートの曲げ抵抗で交通荷重を支える。
【解答 (2)】

〈〈問題3〉〉 道路のコンクリート舗装に関する次の記述のうち、**適当でないもの**はどれか。
(1) 普通コンクリート版の横目地には、収縮に対するダミー目地と膨張目地がある。
(2) 地盤がよくない場合には、普通コンクリート版の中に鉄網を入れる。
(3) 舗装用コンクリートは、一般的にはスプレッダによって、均一に隅々まで敷き広げる。
(4) 舗装用コンクリートは、養生中の収縮が十分大きいものを使用する。

解説▶ (4) 舗装用コンクリートは、養生中の収縮が十分小さなものを使用する。
【解答 (4)】

《《問題 4 》》道路の普通コンクリート舗装に関する次の記述のうち、**適当でないもの**はどれか。
(1) コンクリート舗装版の厚さは、路盤の支持力や交通荷重などにより決定する。
(2) コンクリート舗装の横収縮目地は、版厚に応じて 8 ～ 10 m 間隔に設ける。
(3) コンクリート舗装版の中の鉄網は、底面から版の厚さの 1/3 の位置に配置する。
(4) コンクリート舗装の養生には、初期養生と後期養生がある。

解説▶ (3) コンクリート舗装版の中の鉄網は、上面から版の厚さの 1/3 の位置に配置する。
【解答（3）】

《《問題 5 》》道路のコンクリート舗装の施工に関する次の記述のうち、**適当でないもの**はどれか。
(1) 普通コンクリート舗装の路盤は、厚さ 30 cm 以上の場合は上層と下層に分けて施工する。
(2) 普通コンクリート舗装の路盤は、コンクリート版が膨張・収縮できるよう、路盤上に厚さ 2 cm 程度の砂利を敷設する。
(3) 普通コンクリート版の縦目地は、版の温度変化に対応するよう、車線に直交する方向に設ける。
(4) 普通コンクリート版の縦目地は、ひび割れが生じても亀裂が大きくならないためと、版に段差が生じないためにダミー目地が設けられる。

解説▶ (3) 普通コンクリート版の横目地は、版の温度変化に対応するよう、車線に直交する方向に設ける。横目地はダウエルバー（丸鋼）を用いる。なお、縦目地にはタイバー（異形鉄筋）を用いたダミー目地が設けられる。 【解答（3）】

《《問題 6 》》道路の普通コンクリート舗装における施工に関する次の記述のうち、**適当なもの**はどれか。
(1) コンクリート版が温度変化に対応するように、車線に直交する横目地を設ける。
(2) コンクリートの打込みにあたって、フィニッシャーを用いて敷き均す。
(3) 敷き広げたコンクリートは、フロートで一様かつ十分に締め固める。
(4) 表面仕上げの終わった舗装版が所定の強度になるまで乾燥状態を保つ。

解説▶ (2) コンクリートの打込みにあたって、スプレッダ（敷均し機械）を用いて敷き均す。
(3) 敷き広げたコンクリートは、コンクリートフィニッシャで一様かつ十分に締め固める。
(4) 表面仕上げの終わった舗装版が所定の強度になるまで湿潤状態を保つ。【解答（1）】

〈〈問題7〉〉 道路のコンクリート舗装における施工に関する次の記述のうち、**適当でないもの**はどれか。

(1) 極めて軟弱な路床は、置換工法や安定処理工法などで改良する。

(2) 路盤厚が30 cm以上のときは、上層路盤と下層路盤に分けて施工する。

(3) コンクリート版に鉄網を用いる場合は、表面から版の厚さの1/3程度のところに配置する。

(4) 最終仕上げは、舗装版表面の水光りが消えてから、滑り防止のため膜養生を行う。

解説▶ (4) 最終仕上げは、舗装版表面の水光りが消えてから、滑り防止のため粗面仕上げを行う。　　　　　　　　　　　　　　　　　　　　　　　　　　　　　　　　【解答（4）】

〈〈問題8〉〉 道路のコンクリート舗装の施工で用いる「主な施工機械・道具」と「作業」に関する次の組合せのうち、**適当でないもの**はどれか。

　　　　[主な施工機械・道具]　　　　　　　[作業]

(1) アジテータトラック……………コンクリートの運搬

(2) フロート…………………………コンクリートの粗面仕上げ

(3) コンクリートフィニッシャ……コンクリートの締固め

(4) スプレッダ………………………コンクリートの敷均し

解説▶ (2) フロートは、「コンクリート舗装用フロート」、「手引きフロート」とも呼ばれ、コンクリート打設後、打設面を平らにするための敷均し、表面仕上げに使用する道具である。フロートパンという敷均し用のプレートに、柄（ハンドル）を付けたT字型をしている。

　　　　　　　　　　　　　　　　　　　　　　　　　　　　　　　　　【解答（2）】

5章 ダム

5-1 ダムの種類と特徴

ダムは、材料によってコンクリートダムとフィルダムの2種類に分類される。

コンクリートダム
築堤材料は、コンクリート。 両岸、河床は岩盤。

フィルダム
築堤材料は、土砂や岩石などの天然材料。 堤敷幅が広いので、必ずしも堅硬な基礎 岩盤を必要としない。

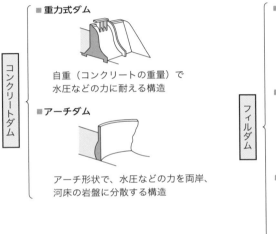

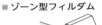

■重力式ダム

自重（コンクリートの重量）で
水圧などの力に耐える構造

■アーチダム

アーチ形状で、水圧などの力を両岸、
河床の岩盤に分散する構造

■ゾーン型フィルダム

透水性の異なるゾーンで構成

■均一型フィルダム

均一な土質材料で構成

■表面遮水壁フィルダム

上流側の表面を遮水壁で構成

 ダムの基本的な構造

5-2 掘削と基礎処理

1 準備工事

ダムを確実に施工するために、河川水を転流するなどの河流処理によって本体工事
の場所をドライにする必要がある。また、骨材プラントやダムサイトからの濁水を処
理する設備などが設けられる。

■ 転流工

河川の流れを切り回す転流工には、次の3種類がある。

■ 仮排水開水路方式（仮排水開渠）

流量が少なく、川幅が広い場合に適する。河川端部に開渠を設けて排水するが、ダム堤体内仮排水路ができたところでコンクリートを打設する。

■ 仮排水路トンネル方式

川幅が狭く、流量が少ない場合に適する。ダム工事場所の、上流側に上流締切り、下流側に下流締切りを設けてせきとめ、上流から仮排水路トンネルを設けて排水する。ダム完成時にコンクリートで閉塞する。

■ 半川締切り方式

川幅が広くトンネルが困難な場合で用いられる。河川を半分仕切って、ダム半分を造る。次に、底部に穴を設けておき、仮排水しながら、残りの半分を仕上げる。

2 掘削

ダムに要求される設計条件から、計画掘削面が設定される。ダムの形式や現地の状況などにより、掘削方法などの検討が行われる。

岩盤の掘削は、粗掘削（計画掘削面の手前約50 cmで止める）と仕上げ掘削（粗掘削で緩んだ岩盤や凹凸を除去する）の2段階で行う。

なお、岩盤の基礎掘削は、ベンチカット工法が一般的である。ベンチカット工法は、最初に平坦なベンチを造成し、大型削岩機などにより、階段状に切り下げる工法である。

3 基礎処理

ダムの基礎地盤における遮水性の改良や、弱い部分の補強のために基礎処理が必要となる場合がある。基礎処理は、セメントを主材としたグラウチングが一般的である。

⊃ グラウチングの種類と目的

グラウチングの種類	目的
コンソリデーショングラウチング	コンクリートダムの基礎岩盤において、表面から5〜10 m程度の浅い範囲で、弱部を補強、遮水性を改良するため。
ブランケットグラウチング	フィルダムの遮水ゾーンにおいて、基礎岩盤との連結に実施し、遮水性を改良するため。
カーテングラウチング	基礎岩盤にカーテン状にグラウチングし、遮水性を高め、漏水を防ぐため。ダム直下や両翼部などで行う。
補助カーテングラウチング	カーテングラウチング施工時のリーク防止を目的とする。
コンタクトグレーチング	基礎地盤と、コンクリートダム堤体やフィルダムの通廊など、コンクリートとの間に生じた間隙の閉塞を目的とする。

5-3 ダムコンクリートの施工

1 打設工法

コンクリートダムでは、従来型である柱状工法（ブロック工法）と面状工法の二つのタイプがある。

柱状工法	面状工法
収縮目地によって区切ったブロックごとにコンクリートを打ち上げていく。	低リフトで大区画を対象に、大量のコンクリートを打設する合理化施工法。

2 準備工

岩盤面の処理

- ・仕上げ掘削として、ピックハンマーなどにより人力で施工し、ウォータージェットなどによる水洗いで岩盤清掃を行う。
- ・清掃後にたまった水は、バキュームなどで吸い取るが、モルタル敷に備えて適度な湿潤状態にしておく。
- ・清掃完了後の岩盤面には、モルタルを 2 cm 程度敷き均し、なじみを良くする。

コンクリート打継面の処理

- ・打設されたコンクリートの上面には、レイタンスが存在し、そのまま打ち継ぐと、止水に影響が出てしまうため、十分に固まっていない状態のときに圧力水などにより除去（グリーンカット）を行う。
- ・その後に、モルタルを 1.5 cm 程度敷き均す。

3 コンクリートの施工

コンクリート打設と敷均し、締固め

柱状工法と面状工法で、それぞれ打設方法に特徴がある。

柱状工法

隣接する区画を収縮継目で区切り、分割されたブロックごとにコンクリートを打ち込む工法。

■ ブロック方式

横継目と縦継目を設けて打ち込む。

■ レヤー方式

縦継目を設けず、横継目のみで打ち込む。

面状工法

低リフトを大区画で、一度に大量のコンクリートを打設する工法。

■ 拡張レヤー方式

運搬、敷均し、締固めなどの工程を効率化できる。

有スランプの軟らかいコンクリートを使用。

■ RCD 工法

運搬、敷均し、締固めなどの工程を効率化できる。

貧配合の硬練りコンクリートを使用。

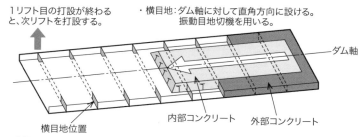

1リフト目の打設が終わると、次リフトを打設する。

・横目地：ダム軸に対して直角方向に設ける。振動目地切機を用いる。

ダム軸

内部コンクリート　外部コンクリート

横目地位置

・内部コンクリート：上流からの水圧に耐えるように重いコンクリート（RCDコンクリート）を使う。
・外部コンクリート：水の浸入を防ぐため密度の高いコンクリート（有スランプ）を使う。

▶ RCD 工法の施工イメージ

▶ リフト高の特徴

工　法	リフト高
柱状工法	一般に 1.5 〜 2.0 m。 岩着部などのハーフリフトで 0.75 〜 1.0 m。
RCD 工法	0.75 または 1.0 m。
拡張レヤー工法	0.75 または 1.5 m。

▶ 敷均し・締固めの特徴

工　法	施工方法の特徴
柱状工法	・コンクリート運搬用バケットなどで放出する。 ・内部振動機で締め固める。 ・締固め後の1層厚さ 50 cm 程度。
RCD 工法	・ダンプトラック、インクラインなどで運搬する。 ・ブルドーザで薄層敷均しする。 ・薄層敷均しでは、1リフトを3〜4層に分ける。 ・振動ローラで締め固める。
拡張レヤー工法	・インクラインなどで直送する ・ホイールローダなどで敷均し、内部振動機で締め固める。 ・締固め後の1層厚さ 0.75 m 程度。

養生

・柱状工法では、湛水養生（コンクリートの上に水を張る）が標準的。
・面状工法では、コンクリート打設後もダンプトラックなどが走行するため、スプリンクラーやホースでの散水養生が標準。

5-4 ゾーン型フィルダムの施工

1 ゾーン型フィルダムの構造

ゾーン型フィルダムは、中心部から、コア（遮水性材料）、フィルタ（半透水性材料）、ロック（透水性材料）の三つのゾーンで構成される。

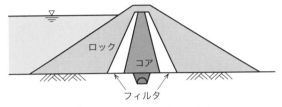

● ゾーン型フィルダムの構造

● ゾーン型フィルダムの使用材料と役割

コア	遮水性材料	堤体内の浸透流を防止する役割 材料の主な条件：遮水性があり、膨張性や収縮性はないことなど。 自由な排水機能を有する。
フィルタ	半透水性材料	遮水材料の流出防止 材料の主な条件：締固めが容易で変形性が小さいこと。 排水機能を有する。
ロック	透水性材料	ダムの安全性確保 材料の主な条件：堅硬で水や気象条件に耐久性があること。 飽和状態で軟泥化しないこと。

2 盛立工

盛立工とは、フィルダムの構成部分であるロック、フィルタ、コア盛立および堤体法面保護の諸工種をいう。

基礎処理

フィルダムでは、ダム底の面積が広いために荷重が分散される。このため、コンクリートダムに比べると基礎地盤に大きな強度を必要としないことが特徴。

盛立て

遮水ゾーンの岩着面においては、岩盤と監査廊表面のコンクリート面（チッピングにより粗面化）を水洗いする。岩盤面の凹凸は、コンタクトクレイ（粘性土）を着岩材として処理する。その後、①中間材、②コア材の順で、それぞれブルドーザで敷均し、ローラで転圧して仕上げる。

遮水ゾーンのコア材の高さを保ちつつ、各ゾーンを振動ローラで締固めしながら立ち上げていく。

一次
2
専門土木

《《問題1》》 フィルダムに関する次の記述のうち、**適当でないもの**はどれか。

(1) フィルダムは、その材料に大量の岩石や土などを使用するダムであり、岩石を主体とするダムをロックフィルダムという。

(2) フィルダムは、コンクリートダムに比べて大きな基礎岩盤の強度を必要とする。

(3) 中央コア型ロックフィルダムでは、一般的に堤体の中央部に遮水用の土質材料を用いる。

(4) フィルダムは、ダム近傍でも材料を得やすいため、運搬距離が短く経済的に材料調達を行うことができる。

解説▶ (2) フィルダムは、底版幅が広く、基礎地盤に伝達される応力が小さいため、コンクリートダムに比べると地盤強度は小さくて済む。砂礫基礎上や未固結岩、風化岩でも築造が可能であるが、遮水性の改良が必要な場合がある。　　　　　　　【解答 (2)】

《《問題2》》 ダムに関する次の記述のうち、**適当でないもの**はどれか。

(1) 転流工は、比較的川幅が狭く、流量が少ない日本の河川では仮排水トンネル方式が多く用いられる。

(2) ダム本体の基礎掘削工は、基礎岩盤に損傷を与えることが少なく、大量掘削に対応できるベンチカット工法が一般的である。

(3) 重力式コンクリートダムの基礎処理は、カーテングラウチングとブランケットグラウチングによりグラウチングする。

(4) 重力式コンクリートダムの堤体工は、ブロック割してコンクリートを打ち込むブロック工法と堤体全面に水平に連続して打ち込むRCD工法がある。

解説▶ (3) 重力式コンクリートダムの基礎処理は、カーテングラウチングとコンソリデーショングラウチングによりグラウチングする。ブランケットグラウチングは、フィルダムで、岩盤部の表層部分における浸透流の抑制を目的に施工される。　　　【解答 (3)】

《《問題3》》 コンクリートダムの施工に関する次の記述のうち、**適当でないもの**はどれか。

(1) 転流工は、ダム本体工事にとりかかるまでに必要な工事で、工事用道路や土捨場などの工事を行うものである。

(2) 基礎掘削工は、基礎岩盤に損傷を与えることが少なく、大量掘削に対応できるベンチカット工法が一般的である。

(3) 基礎処理工は、セメントミルクなどを用いて、ダムの基礎岩盤の状態が均一ではない弱部の補強、改良を行うものである。

(4) RCD工法は、単位水量が少なく、超硬練りに配合されたコンクリートを振動ローラで締め固める工法である。

解説▶ (1) 転流工は、ダム本体工事を容易で確実に実施するために、河川の流れを切り回し迂回させるものである。 【解答 (1)】

〈〈 問題 4 〉〉 ダムに関する次の記述のうち、**適当なもの**はどれか。
(1) 重力式ダムは、ダム自身の重力により水圧などの外力に抵抗する形式のダムである。
(2) ダム堤体には一般に大量のコンクリートが必要となるが、ダム堤体の各部に使用されるコンクリートは、同じ配合区分のコンクリートが使用される。
(3) ダムの転流工は、比較的川幅が狭く、流量が少ない日本の河川では、半川締切り方式が採用される。
(4) コンクリートダムの RCD 工法における縦継目は、ダム軸に対して直角方向に設ける。

解説▶ (2) ダム堤体には一般に大量のコンクリートが必要となるが、ダム堤体の各部に使用されるコンクリートは、場所により配合区分の異なるコンクリートが使用される。内部コンクリート、岩着コンクリート、監査廊などの構造コンクリートがある。

(3) ダムの転流工は、比較的川幅が狭く、流量が少ない日本の河川では、仮排水路トンネル方式が採用される場合が多い。

(4) コンクリートダムの RCD 工法における横継目は、ダム軸に対して直角方向に設ける。
【解答 (1)】

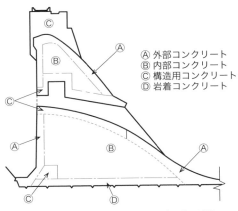

Ⓐ 外部コンクリート
Ⓑ 内部コンクリート
Ⓒ 構造用コンクリート
Ⓓ 岩着コンクリート

▶ ダムコンクリートの部位（配合区分）

アドバイス
　ダムの出題では、ダムコンクリートや RCD 工法について、やや詳しい技術的な知識が求められるケースが多いので、演習問題を解きながら要点を覚えておこう。

《《問題5》》コンクリートダムの RCD 工法に関する次の記述のうち、**適当でないも
の**はどれか。
(1) RCD 用コンクリートの運搬に利用されるインクライン方法は、コンクリートを
　　ダンプトラックに積み、ダンプトラックごと斜面に設置された台車で直接堤体
　　面上に運ぶ方法である。
(2) RCD 用コンクリートの1回に連続して打ち込まれる高さをリフトという。
(3) RCD 用コンクリートの敷均しは、ブルドーザなどを用いて行うのが一般的であ
　　る。
(4) RCD 用コンクリートの敷均し後、堤体内に不規則な温度ひび割れの発生を防ぐ
　　ため、横継目を振動目地切機などを使ってダム軸と平行に設ける。

解説▶ (1) インクラインは、ダムサイトの斜面に沿って軌道を設け、巻きあげ装置などに
よりコンクリートなどを運搬する設備。斜面の上方から下方の打設場所までコンクリートな
どを運ぶのに使う。ダンプトラックごと斜面に設置された台車で運ぶ方法は、ダンプトラッ
ク搭載型インクラインと呼ぶ。
　(4) RCD 用コンクリートの横継目は、振動目地切機などを使ってダム軸と直角方向に設
ける。　　　　　　　　　　　　　　　　　　　　　　　　　　　　　　　　　【解答 (4)】

《《問題6》》コンクリートダムの RCD 工法に関する次の記述のうち、**適当でないも
の**はどれか。
(1) コンクリートの運搬は、一般にダンプトラックを使用し、地形条件によっては
　　インクライン方式などを併用する方法がある。
(2) 運搬したコンクリートは、ブルドーザなどを用いて水平に敷き均し、作業性の
　　よい振動ローラなどで締め固める。
(3) 横継目は、ダム軸に対して直角方向に設け、コンクリートの敷き均し後、振動
　　目地機械などを使って設置する。
(4) コンクリート打込み後の養生は、水和発熱が大きいため、パイプクーリングに
　　より実施するのが一般的である。

解説▶ (4) RCD 工法では、単位セメント量と単位水量の少ない超硬練りコンクリートを
用いることから、水和発熱が小さいため、パイプクーリングは実施しない。　【解答 (4)】

6章　トンネル

6-1　掘削工法

1 山岳トンネルにおける掘削工法

　山岳トンネルの掘削では、全断面工法、ベンチカット工法、中壁分割工法、導坑先進工法といった種類がある。

主な掘削工法

工　法	掘削手順	特　徴
全断面工法	①	・全断面を掘削する。 ・機械化による省力化急速施工に有利。 ・地山の地質が安定している場所や、小断面のトンネルで用いる。
ベンチカット工法	① ②	・上部半面と下部半面の2段に分割して掘削するのが一般的だが、多段式もある。 ・全断面掘削では安定しない場合に用いる。
中壁分割工法	① ②	・左右の片半断面を掘削、残りを遅れて掘削する。左右を掘ると中壁ができる。 ・断面を分割することによって切羽の安定が確保しやすい。大断面の掘削に用いられる。
導坑先進工法	② ①③①	・小断面のトンネルを先行して作る。地質や湧水を確認でき、排水も可能。 ・掘削地盤が悪い場合や土かぶりの小さい場合などで用いられる。

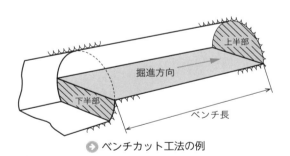

❷ ベンチカット工法の例

2 掘削方法

　トンネルの掘削は、発破掘削、機械掘削、発破と機械の併用方式、人力掘削などがある。

　機械掘削では、ブーム掘削機などによる**自由断面掘削方式**と、トンネルボーリングマシン（全断面掘削機 TBM）による**全断面掘削方式**がある。一般的には、軟岩や土砂地盤では自由断面掘削方式、中硬岩、硬岩などでは全断面掘削方式が用いられる。この他、バックホゥや大型ブレーカ、削岩機なども使用される場合もあり、地質やト

ンネル形状、施工能率、安全面などを総合的に判断して決められる。

　破砕した岩（ずり）は、ホイールローダなどによるずり積みの後、タイヤ方式、レール方式などによるずり運搬により、坑外に搬出され、ずり捨てされる。このような一連のずり処理は、トンネルの掘削速度にも影響するので、効率良くする必要がある。

⊙ 自由断面掘削機　　　　　⊙ 切羽における穿孔作業（発破掘削）

6-2　支保工と覆工

1 支保工

　トンネル掘削とともに、周辺地山の安定を図る目的で、支保工が設けられる。支保工の部材としては、吹付けコンクリート、ロックボルト、鋼製（鋼アーチ）支保工などがある。いずれも、掘削後に速やかに地山と支保工を一体化させる必要がある。

　なお、地山自体の保持力（支保機能）を利用したNATM工法も多く用いられている。この工法は、掘削部分にコンクリートを吹き付けて迅速に硬化させてから、ロックボルトを打ち込んで岩盤とコンクリートを固定する工法である。

■ 主な支保工の部材

- 吹付けコンクリート

　局部的な岩塊の脱落を防ぎ、緩みが進行しないようにする。

- ロックボルト

　岩盤を穿孔してボルトを挿入、ナットで締めて定着させる。

- 鋼製支保工

　Ｈ鋼などを一定の間隔で建て込むことで、切羽の早期安定、吹付けコンクリートを強化する。

■ NATM工法

地山条件がよい場合の手順

　吹付コンクリート　⇒　ロックボルト

▌地山条件が悪い場合の手順

一次吹付けコンクリート　⇒　鋼製支保工　⇒　二次吹付けコンクリート
⇒　ロックボルト

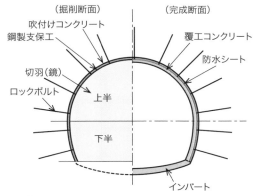

（掘削断面）　　　　　（完成断面）

吹付けコンクリート

鋼製支保工

覆工コンクリート

防水シート

切羽（鏡）

ロックボルト

上半

下半

インバート

● NATM 工法の掘削断面と完成断面の構造

2 覆工（ふっこう）

　トンネルの仕上げは、半円筒形の型枠（セントル）を使って、永久構造物となる覆工コンクリートを打設する工程である。覆工は、永久構造物となるので、土圧などの荷重に耐える他、強度低下の少ない耐久性が求められる。

　覆工は、アーチ部、側壁部、インバート部で構成されている。覆工コンクリートは、一般的には**無筋構造**である。ただ、坑口や膨潤性地山などの大きな荷重や偏圧を受ける場所では、**鉄筋コンクリート構造**にすることもある。

　地山の状態がよい場合では、インバートを設けず、アーチと側壁を組み合わせて構築する場合もある。

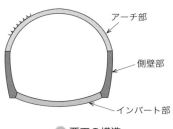

アーチ部

側壁部

インバート部

● 覆工の構造

6-3 観察と計測

掘削作業にあたっては、地山の変形などを観察や計測によって把握する必要がある。

特に、観察の結果が評価しやすいように、観察・計測する地点や断面位置、計測器の配置などをそろえておくなど、事前に計画する必要がある。

観察や計測の頻度

観察や計測の頻度などは、切羽の進行を考慮して決める。特に、掘削直前から直後にかけては頻度を高く（密に）しておき、切羽が離れるに従い頻度を低く（疎に）設定する。

結果の利用

観察、計測の結果は、速やかに整理し、トンネル掘削の現状把握と、予測による施工への反映や、支保工の妥当性の確認に利用する。

演習問題でレベルアップ

《《問題1》》 トンネルの山岳工法における掘削に関する次の記述のうち、**適当でないもの**はどれか。
(1) 機械掘削は、発破掘削に比べて騒音や振動が比較的少ない。
(2) 発破掘削は、主に地質が軟岩の地山に用いられる。
(3) 全断面工法は、トンネルの全断面を一度に掘削する工法である。
(4) ベンチカット工法は、一般的にトンネル断面を上下に分割して掘削する工法である。

解説▶ (2) 発破掘削は、主に地質が硬岩から中硬岩の地山に用いられる。　【解答（2）】

《《問題2》》 トンネルの山岳工法における掘削に関する次の記述のうち、**適当でないもの**はどれか。
(1) 吹付けコンクリートは、吹付けノズルを吹付け面に対して直角に向けて行う。
(2) ロックボルトは、特別な場合を除き、トンネル横断方向に掘削面に対して斜めに設ける。
(3) 発破掘削は、地質が硬岩質の場合などに用いられる。
(4) 機械掘削は、全断面掘削方式と自由断面掘削方式に大別できる。

解説▶ (2) ロックボルトは、特別な場合を除き、トンネル横断方向に掘削面に対して直角に設ける。
【解答（2）】

《《問題3》》 トンネルの山岳工法における支保工に関する次の記述のうち、**適当でないもの**はどれか。
(1) 吹付けコンクリートの作業においては、はね返りを少なくするために、吹付けノズルを吹付け面に斜めに保つ。
(2) ロックボルトは、掘削によって緩んだ岩盤を緩んでいない地山に固定し、落下を防止するなどの効果がある。
(3) 鋼アーチ式（鋼製）支保工は、H型鋼材などをアーチ状に組み立て、所定の位置に正確に建て込む。
(4) 支保工は、掘削後の断面維持、岩石や土砂の崩壊防止、作業の安全確保のために設ける。

解説▶ (1) 吹付けコンクリートの作業においては、はね返りを少なくするために、吹付けノズルを吹付け面に直角に保つ。ノズルと吹付面との距離、衝突速度が適正の場合、最も圧縮され付着性もよくなる。 【解答（1）】

《《問題4》》 トンネルの山岳工法における支保工に関する次の記述のうち、**適当でないもの**はどれか。
(1) ロックボルトは、緩んだ岩盤を緩んでいない地山に固定し落下を防止するなどの効果がある。
(2) 吹付けコンクリートは、地山の凹凸をなくすように吹き付ける。
(3) 支保工は、岩石や土砂の崩壊を防止し、作業の安全を確保するために設ける。
(4) 鋼アーチ式支保工は、一次吹付けコンクリート施工前に建て込む。

解説▶ (4) 鋼アーチ式支保工は、一次吹付けコンクリート施工後に建て込む。鋼アーチ支保工は、地盤が悪い場合に用いられるのが一般的なので、一次吹付けコンクリート施工後に速やかに所定の位置に建て込む必要がある。 【解答（4）】

《《問題5》》 トンネルの山岳工法における覆工コンクリートの施工の留意点に関する次の記述のうち、**適当でないもの**はどれか。
(1) 覆工コンクリートのつま型枠は、打込み時のコンクリートの圧力に耐えられる構造とする。
(2) 覆工コンクリートの打込みは、一般に地山の変位が収束する前に行う。
(3) 覆工コンクリートの型枠の取外しは、コンクリートが必要な強度に達した後に行う。
(4) 覆工コンクリートの養生は、打込み後、硬化に必要な温度及び湿度を保ち、適切な期間行う。

解説▶ (2) 覆工コンクリートの打込みは、一般に地山の変位が収束した後に行う。なお、膨張性地山の場合では、早期に覆工を行うことがある。 【解答（2）】

《〈問題6〉》 トンネルの施工に関する次の記述のうち、**適当でないもの**はどれか。

(1) ずり運搬は、レール方式よりも、タイヤ方式の方が大きな勾配に対応できる。

(2) 吹付けコンクリートは、地山の凹凸を残すように吹付ける。

(3) ロックボルトは、特別な場合を除き、トンネル掘削面に対して直角に設ける。

(4) 鋼製支保工（鋼アーチ式支保工）は、切羽の早期安定などの目的で行う。

解説▶ (2) 吹付けコンクリートは、地山の凹凸を埋めるように吹付ける。　【解答 (2)】

《〈問題7〉》 トンネルの山岳工法の観察・計測に関する次の記述のうち、**適当でないもの**はどれか。

(1) 観察・計測の頻度は、掘削直前から直後は疎に、切羽が離れるに従って密に設定する。

(2) 観察・計測は、掘削にともなう地山の変形などを把握できるように計画する。

(3) 観察・計測の結果は、施工に反映するために、計測データを速やかに整理する。

(4) 観察・計測の結果は、支保工の妥当性を確認するために活用できる。

解説▶ (1) 観察・計測の頻度は、掘削直前から直後は密に、切羽が離れるに従って疎に設定する。一般的に、掘削直前から直後にかけての挙動の変化が大きく、切羽から離れるに従って変化が小さくなり収束に向かっていくためである。　【解答 (1)】

7章　海岸・港湾

7-1　海岸堤防

1　海岸堤防の形式と構造

海岸における堤防には、直立型、傾斜型・緩傾斜型、混成型といった構造形式がある。

海岸堤防の主な形式と特徴

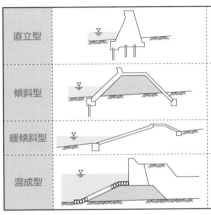

直立型		・前面で波力を受けるため、波の反射が大きい。 ・海岸の地盤が硬く、洗掘のおそれのない場所や地盤改良して用いられる。
傾斜型		・台形断面型に、多少の粘土を含む砂質、砂礫質を用いた堤体とする。 ・コンクリート被覆で表法を被覆する。
緩傾斜型		
混成型		・捨石基礎の上に、直立型を配置した構造。 ・海底の地盤が軟弱であったり、水深が深い場所でも適用でき、経済的。 ・規模が大きい場合は、ケーソン式混成堤が用いられる。

● 堤防形式と護岸

堤防形式	法勾配	護岸構造
直立型	1：1.0 より急。	石積み敷、重力式、扶壁式など。
傾斜型	1：1.0～1：3.0。	石張り式、コンクリートブロック張り式、コンクリート被覆式など。
緩傾斜型	1：3.0 より緩。	コンクリートブロック張り式。
混成型	傾斜堤と直立堤の複合的な構造 上部 1：1.0 より急、下部 1：1.0 より緩、など。	上記の組合せ。

傾斜型海岸堤防の構造

・傾斜型海岸堤防は、堤体工、基礎工、根固め工、表法被覆工、波返し工、天端被覆工、裏法被覆工で構成されている。

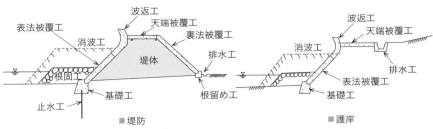

● 堤防と護岸の基本構造

2 消波工

消波工は、波の勢いを弱めて、越波を減少させ、堤防・護岸を保護するなどの目的で設置されたコンクリートブロックで構成される構造物である。波打ち際や堤防・護岸のすぐ前面に設置される。離岸堤、突堤などは、海岸浸食の対策にも用いられる。

消波工には、捨石を投入する方法や、消波ブロックを据え付ける方法がある。

消波工の施工

・消波工は、波のエネルギーを消耗させるように、表面の粗度を大きくする。
・異形ブロックの空隙により波のエネルギーを吸収する。
・消波工の異形ブロックの積み方には、乱積み、層積みがある。

演習問題でレベルアップ

《《問題1》》 海岸堤防の形式の特徴に関する次の記述のうち、**適当でないもの**はどれか。
(1) 直立型は、比較的良好な地盤で、堤防用地が容易に得られない場合に適している。
(2) 傾斜型は、比較的軟弱な地盤で、堤体土砂が容易に得られる場合に適している。
(3) 緩傾斜型は、堤防用地が広く得られる場合や、海水浴場などに利用する場合に適している。
(4) 混成型は、水深が割合に深く、比較的良好な地盤に適している。

解説▶ (4) 混成型は、水深が割合に深く、比較的軟弱な地盤に適している。【解答 (4)】

《《問題2》》 下図は傾斜型海岸堤防の構造を示したものである。図の (イ) 〜 (ハ) の構造名称に関する次の組合せのうち、**適当なもの**はどれか。

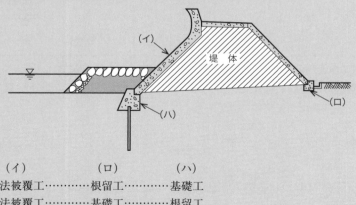

	(イ)	(ロ)	(ハ)
(1)	裏法被覆工	根留工	基礎工
(2)	表法被覆工	基礎工	根留工
(3)	表法被覆工	根留工	基礎工
(4)	裏法被覆工	基礎工	根留工

解説▶ （イ）表法被覆工　（ロ）根留工　（ハ）基礎工　であるので、（3）が適当である。

アドバイス
　傾斜型海岸堤防の構造名称の出題がよく見られるので、どの構造名称が出題されてもいいように覚えておこう。

《《問題3》》海岸堤防の異形コンクリートブロックによる消波工に関する次の記述のうち、**適当でないもの**はどれか。
(1) 異形コンクリートブロックは、ブロックとブロックの間を波が通過することにより、波のエネルギーを減少させる。
(2) 異形コンクリートブロックは、海岸堤防の消波工の他に、海岸の侵食対策としても多く用いられる。
(3) 層積みは、規則正しく配列する積み方で整然と並び、外観が美しく、安定性が良く、捨石均し面に凹凸があっても支障なく据え付けられる。
(4) 乱積みは、荒天時の高波を受けるたびに沈下し、徐々にブロックどうしのかみ合わせが良くなり安定してくる。

解説▶ （3）層積みは、規則正しく配列する積み方で整然と並び、外観が美しく、安定性がよいが、捨石均し面に凹凸があると据付に支障が生じるので手間がかかってしまう。

【解答（3）】

1 防波堤の形式と特徴

海岸における防波堤には、主に**直立堤**、**傾斜堤**、**混成堤**、**消波ブロック被覆堤**といった構造形式がある。

防波堤の主な形式と特徴

■ 直立堤

- ・前面が鉛直な壁体を据え付ける構造。
- ・鉛直壁で波力を受け、波の反射が大きい。
- ・海岸の地盤が硬く、洗掘のおそれのない場所で用いられる。根固め工などで補強する。

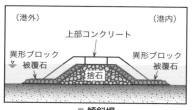

■ 直立堤

■ 傾斜堤

- ・捨石やコンクリートを台形断面に入れる。
- ・法斜面で砕波するので、反射波が少ない。
- ・凹凸や軟弱のある海底地盤にも対応。
- ・底面幅が広いので、水深の浅い場所や小規模な防波堤に用いられる。

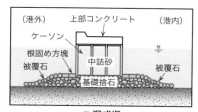

■ 傾斜堤

■ 混成堤

- ・傾斜堤の上に、直立堤を設置した構造。
- ・軟弱な海底地盤や深い水深にも適用し、経済的な組合せができる。

■ 混成堤

■ 消波ブロック被覆堤

- ・直立堤や混成堤の前面に消波ブロックを置く構造。
- ・直立部に作用する波力や反射波を軽減。

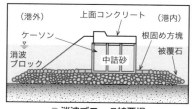

■ 消波ブロック被覆堤

🔶 主な防波堤

2 ケーソン

ケーソンは、ケーソン式防波堤やケーソン式混成堤、護岸、岸壁などの構造物に用いられる。通常は、陸上で製作したケーソンを、進水、曳航、据付け、中詰め、ふたコンクリート、上部コンクリートの順で施工する。

ケーソンの施工手順

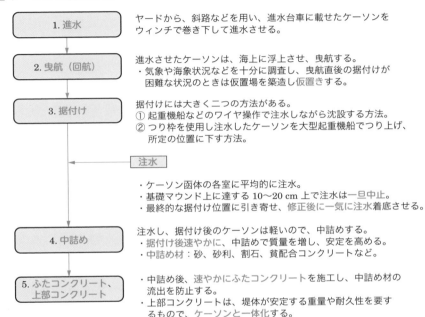

| 1. 進水 | ヤードから、斜路などを用い、進水台車に載せたケーソンをウィンチで巻き下して進水させる。 |

2. 曳航（回航）
進水させたケーソンは、海上に浮上させ、曳航する。
・気象や海象状況などを十分に調査し、曳航直後の据付けが困難な状況のときは仮置場を築造し仮置きする。

3. 据付け
据付けには大きく二つの方法がある。
① 起重機船などのワイヤ操作で注水しながら沈設する方法。
② つり枠を使用し注水したケーソンを大型起重機船でつり上げ、所定の位置に下す方法。

注水
・ケーソン函体の各室に平均的に注水。
・基礎マウンド上に達する 10～20 cm 上で注水は一旦中止。
・最終的な据付け位置に引き寄せ、修正後に一気に注水着底させる。

4. 中詰め
注水し、据付け後のケーソンは軽いので、中詰めする。
・据付け後速やかに、中詰めで質量を増し、安定を高める。
・中詰め材：砂、砂利、割石、貧配合コンクリートなど。

5. ふたコンクリート、上部コンクリート
・中詰め後、速やかにふたコンクリートを施工し、中詰め材の流出を防止する。
・上部コンクリートは、堤体が安定する重量や耐久性を要するもので、ケーソンと一体化する。

演習問題 で レベルアップ

《《 問題 1 》》 ケーソン式混成堤の施工に関する次の記述のうち、**適当でないもの**はどれか。

(1) ケーソンの底面が据付け面に近づいたら、注水を一時止め、潜水士によって正確な位置を決めたのち、ふたたび注水して正しく据え付ける。

(2) 据え付けたケーソンは、できるだけゆっくりケーソン内部に中詰めを行って、ケーソンの質量を増し、安定性を高める。

(3) ケーソンは、波が静かなときを選び、一般にケーソンにワイヤをかけて引き船により据付け、現場までえい航する。

(4) 中詰め後は、波によって中詰め材が洗い出されないように、ケーソンの蓋となるコンクリートを打設する。

解説▶ （2）据え付けたケーソンは、据え付け後できるだけすぐにケーソン内部に中詰めを行って、ケーソンの質量を増し、安定性を高める。 【解答 （2）】

《《 問題2 》》 ケーソン式混成堤の施工に関する次の記述のうち、**適当でないもの**はどれか。
(1) ケーソンは、えい航直後の据付けが困難な場合には、波浪のない安定した時期まで沈設して仮置きする。
(2) ケーソンは、海面が常におだやかで、大型起重機船が使用できるなら、進水したケーソンを据付け場所までえい航して据え付けることができる。
(3) ケーソンは、注水開始後、着底するまで中断することなく注水を連続して行い、速やかに据え付ける。
(4) ケーソンの中詰め後は、波により中詰め材が洗い流されないように、ケーソンの蓋となるコンクリートを打設する。

解説▶ （3）ケーソンの据付では、ケーソン底面が据え付ける面に近づいたところで注水を一時停止し、潜水士によって正確な位置を決めたのち、注水を再開して正しく据え付ける。 【解答 （3）】

《《 問題3 》》 ケーソン式混成堤の施工に関する次の記述のうち、**適当でないもの**はどれか。
(1) ケーソンは、海面が常におだやかで、大型起重機船が使用できるなら、進水したケーソンを据付け場所までえい航して据え付けることができる。
(2) ケーソンは、波が静かなときを選び、一般にケーソンにワイヤをかけて引き船でえい航する。
(3) ケーソンの中詰め材の投入には、一般に起重機船を使用する。
(4) ケーソンの底面が据付け面に近づいたら、注水を一時止め、潜水士によって正確な位置を決めたのち、ふたたび注水して正しく据え付ける。

解説▶ （3）ケーソンの中詰め材の投入には、一般にガット船を使用する。中詰め材を所定の高さまで投入したあと、天端をバックホゥと人力で均す。ガット船は砂、砂利、石材などの工事用資材を輸送する作業船で、グラブ付旋回起重機を装備している。 【解答 （3）】

浚渫工

1 浚渫船

　港湾、河川などで浚渫作業を行うのが浚渫船である。浚渫船としては、ポンプ浚渫を行う**ポンプ船**、グラブ浚渫を行う**グラブ船**が多く用いられているが、**バケット船**、**ディッパー船**などもある。

■ ポンプ浚渫とグラブ浚渫の方法と特徴

ポンプ浚渫

浚渫方法
　カッターの回転で海底を切削した土砂をポンプで吸込み、排砂管により排送する。

特徴
・カッターにより、軟泥から軟質岩盤まで適応できる。
・大量の浚渫や埋立てに適する。
・ポンプ船には引船による非自航式、自力で航行できる自航式がある。
・標準的な船団構成：非自航式ポンプ浚渫船、自航揚錨（びょう）船、交通船

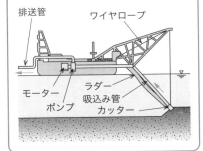

グラブ浚渫

浚渫方法
　グラブバケットで土砂をつかんで浚渫する。

特徴
・浚渫深度や土質の制限はないが、浚渫底面を平坦に仕上げにくい。
・中規模の浚渫や狭い場所に適する。
・浚渫の対象土によってさまざまなグラブバケットがある。
・標準的な船団構成：グラブ浚渫船（自航式）、引船、土運航船、揚錨（びょう）船

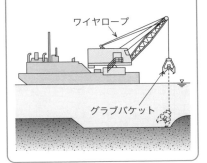

> ポンプ浚渫とグラブ浚渫

《《問題1》》 グラブ浚渫の施工に関する次の記述のうち、**適当なもの**はどれか。

(1) グラブ浚渫船は、岸壁などの構造物前面の浚渫や狭い場所での浚渫には使用できない。

(2) 非航式グラブ浚渫船の標準的な船団は、グラブ浚渫船と土運船の2隻で構成される。

(3) 余掘りは、計画した浚渫の範囲を一定した水深に仕上げるために必要である。

(4) 浚渫後の出来形確認測量には、音響測深機は使用できない。

解説▶ (1) グラブ浚渫船は、浚渫深度や土質の制限がなく、中小規模の浚渫に適している。このため、岸壁などの構造物前面の浚渫や狭い場所での浚渫にも使用できる。

(2) 非航式グラブ浚渫船の標準的な船団は、グラブ浚渫船の他、引き船、非自航土運船、自航揚錨船が一組になって構成されている。

(4) 浚渫後の出来形確認測量には、原則として音響測深機を使用する。岸壁直下や測量船が入れない浅い場所、ヘドロが堆積した場所などでは、レッド測深することもある。レッド測深は、錘とロープまたは長尺スタッフを用い、水面から水底までを1点1点測深する測量である。　　　　　　　　　　　　　　　　　　　　　　　　　　　　　　【解答 (3)】

《《問題2》》 グラブ浚渫船による施工に関する次の記述のうち、**適当なもの**はどれか。

(1) グラブ浚渫船は、ポンプ浚渫船に比べ、底面を平坦に仕上げるのが容易である。

(2) グラブ浚渫船は、岸壁などの構造物前面の浚渫や狭い場所での浚渫には使用できない。

(3) 非航式グラブ浚渫船の標準的な船団は、グラブ浚渫船と土運船のみで構成される。

(4) 出来形確認測量は、音響測深機などにより、グラブ浚渫船が工事現場にいる間に行う。

解説▶ (1) グラブ浚渫船は、ポンプ浚渫船に比べ、底面を平坦に仕上げるのが難しい。

(2)、(3) は問題1を参照。　　　　　　　　　　　　　　　　　　　　　【解答 (4)】

8章　鉄道・地下構造物

8-1　鉄道の工事

1　鉄道の構造と用語

　鉄道は、路床の上に路盤で基礎を作り、軌道を載せる構造となっている。軌道は、レールを載せるマクラギと、これを受ける道床で構成されている。

▓ 軌道の構造

- ■ **レール**

　定尺レールは 25 m が標準。軌道の欠点となる継目をなくすために 200 m以上に溶接したものをロングレールという。

- ■ **軌間**

　列車の車輪が、両側のレールに接する位置の最短距離。

- ■ **マクラギ**

　軌間を一定に保持し、レールから伝達された列車荷重を道床に分散させる。

- ■ **道床**

　マクラギから受けた圧力を、広く均等に路盤に伝える。排水を良好にする役割もある。道床を用いた軌道を有道床軌道という。

　道床には、道床バラストとして、砕石や砂利が用いられる。砕石は、荷重の分散に優れる他、マクラギを抑える抵抗力があり、また列車荷重や振動に対して崩れにくい効果もある。

▓ 曲線区間の構造

- ■ **スラック**

　列車の通過を円滑にするため、レールと車輪フランジとのきしみ防止のために、軌間を内側に拡大した寸法をスラックという。

- ■ **カント**

　遠心力によって、列車が外側に転倒するのを防止するために、外側のレールを高くする量のことをカントという。

- ■ **緩和曲線**

　直線と曲線、または 2 つの曲線の変化点において、曲率の急変を緩和し、スラックやカントのすり付けを収める部分が緩和曲線という線形である。

2 軌道

軌道は路盤の上にある構造物の総称であり、鉄道車両を誘導するレール、レールの間隔を一定に保つマクラギ、レールとマクラギを支え走行する車両の重量を路盤に伝える道床で構成されるのが一般的である。

軌道には、有道床軌道と省力化軌道の二つのタイプがあり、それぞれに適合する路盤がある。

軌道の種類

■ 有道床軌道

・道床バラストでマクラギを支持する構造

・定期的な保守管理が必要

・適合する路盤：有道床軌道用アスファルト、砕石路盤

■ 省力化軌道

・軌道スラブやマクラギを直接路盤で支持する構造

・適合する路盤：省力化軌道用アスファルト路盤、コンクリート路盤

3 路盤

鉄道の路盤は、道床の下に位置し、軌道を直接支持する層のことである。路盤には、強化路盤、土路盤などの種類がある。

路盤の種類

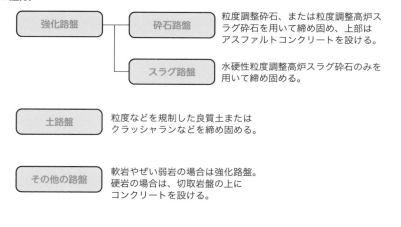

強化路盤	砕石路盤	粒度調整砕石、または粒度調整高炉スラグ砕石を用いて締め固め、上部はアスファルトコンクリートを設ける。
	スラグ路盤	水硬性粒度調整高炉スラグ砕石のみを用いて締め固める。
土路盤		粒度などを規制した良質土またはクラッシャランなどを締め固める。
その他の路盤		軟岩やぜい弱岩の場合は強化路盤。硬岩の場合は、切取岩盤の上にコンクリートを設ける。

演習問題でレベルアップ

《《問題1》》 鉄道の軌道に関する「用語」と「説明」との次の組合せのうち、**適当なもの**はどれか。

［用語］	［説明］
(1) ロングレール …………………	長さ 200 m 以上のレール
(2) 定尺レール …………………	長さ 30 m のレール
(3) 軌間 …………………………	両側のレール頭部中心間の距離
(4) レールレベル（RL）…………	路盤の高さを示す基準面

解説▶ (2) 定尺レール……長さ 25 m のレール
(3) 軌間………………………両側レールの頭部内側の最短距離
(4) レールレベル（RL）…軌道高。路盤の高さを示す基準面は施工基面 　　【解答（1）】

《《問題2》》 鉄道の「軌道の用語」と「説明」に関する次の組合せのうち、**適当でないもの**はどれか。

［軌道の用語］	［説明］
(1) スラック ……………	曲線部において列車の通過を円滑にするために軌間を縮小する量のこと
(2) カント ………………	曲線部において列車の転倒を防止するために曲線外側レールを高くすること
(3) 軌間 …………………	両側のレール頭部間の最短距離のこと
(4) スラブ軌道 …………	プレキャストのコンクリート版を用いた軌道のこと

解説▶ (1) スラック…曲線部において列車の通過を円滑にするために軌間を拡大する量のこと。　　【解答（1）】

《《問題3》》 「鉄道の用語」と「説明」に関する次の組合せのうち、**適当でないもの**はどれか。

［鉄道の用語］	［説明］
(1) 線路閉鎖工事 ………	線路内で、列車や車両の進入を中断して行う工事のこと
(2) 軌間 …………………	レールの車輪走行面より下方の所定距離以内における左右レール頭部間の最短距離のこと
(3) 緩和曲線 ……………	鉄道車両の走行を円滑にするために直線と円曲線、または二つの曲線の間に設けられる特殊な線形のこと
(4) 路盤 …………………	自然地盤や盛土で構築され、路床を支持する部分のこと

解説▶ (4) 路盤…道床を直接支持し、路床への荷重を分散、伝達する部分のこと。土路盤と強化路盤（砕石路盤、スラグ路盤）がある。　　【解答（4）】

《《問題 4 》》 鉄道の軌道に関する次の記述のうち、**適当でないもの**はどれか。
(1) ロングレールとは、軌道の欠点である継目をなくすために、溶接でつないでレールを 200 m 以上としたものである。
(2) 有道床軌道とは、軌道の保守作業を軽減するため開発された省力化軌道で、プレキャストのコンクリート版を用いた軌道構造である。
(3) マクラギは、軌間を一定に保持し、レールから伝達される列車荷重を広く道床以下に分散させる役割を担うものである。
(4) 路盤とは、道床を直接支持する部分をいい、3％程度の排水勾配を設けることにより、道床内の水を速やかに排除する役割を担うものである。

解説▶ (2) 有道床軌道とは、バラスト道床を有する軌道構造である。省力化軌道は、軌道の保守作業を軽減する目的で開発されたもので、プレキャストコンクリート版を用いたスラブ軌道が代表的である。 【解答 (2)】

《《問題 5 》》 鉄道の路盤の役割に関する次の記述のうち、**適当でないもの**はどれか。
(1) 軌道を十分強固に支持する。
(2) マクラギを緊密にむらなく保持する。
(3) 路床への荷重の分散伝達をする。
(4) 排水勾配を設け道床内の水を速やかに排除する。

解説▶ (2) マクラギを緊密にむらなく保持するのは道床。マクラギから受ける圧力を路盤に均等に広く伝える役割がある。 【解答 (2)】

《《問題 6 》》 鉄道工事における道床及び路盤の施工上の留意事項に関する次の記述のうち、**適当でないもの**はどれか。
(1) バラスト道床は、安価で施工・保守が容易であるが定期的な軌道の修正・修復が必要である。
(2) バラスト道床は、耐摩耗性に優れ、単位容積質量やせん断抵抗角が小さい砕石を選定する。
(3) 路盤は、軌道を支持するもので、十分強固で適当な弾性を有し、排水を考慮する必要がある。
(4) 路盤は、使用材料により、粒度調整砕石を用いた強化路盤、良質土を用いた土路盤などがある。

解説▶ (2) バラスト道床は、耐摩耗性に優れ、単位容積質量やせん断抵抗角が大きい砕石を選定する。この他、吸水率が小さく排水が良好、適度な粒径と粒度を有し、突固めなどの作業が容易であるなどの性質が必要である。 【解答 (2)】

〈〈問題7〉〉鉄道工事における砕石路盤に関する次の記述のうち、**適当でないもの**はどれか。

(1) 砕石路盤は軌道を安全に支持し、路床へ荷重を分散伝達し、有害な沈下や変形を生じないなどの機能を有するものとする。

(2) 砕石路盤では、締固めの施工がしやすく、外力に対して安定を保ち、かつ、有害な変形が生じないよう、圧縮性が大きい材料を用いるものとする。

(3) 砕石路盤の施工は、材料の均質性や気象条件などを考慮して、所定の仕上り厚さ、締固めの程度が得られるように入念に行うものとする。

(4) 砕石路盤の施工管理においては、路盤の層厚、平坦性、締固めの程度などが確保できるよう留意するものとする。

解説▶ (2) 砕石路盤では、締固めの施工がしやすく、外力に対して安定を保ち、かつ有害な変形が生じないよう、圧縮性が小さい材料を用いるものとする。 【解答 (2)】

8-2 営業線近接工事

1 営業線近接工事の概要

営業線およびこれに近接して工事を施工する場合、列車見張員の配置や作業表示標の設置などの対応が必要となる。

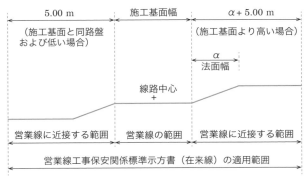

営業線近接工事の適用範囲の例

- 車両限界：車両が超えてはならない空間。
- 建築限界：建物などが入ってはならない空間。車両限界の外側に、最小限必要となる余裕空間を確保するものである。なお、曲線区間においては、車両の傾きに応じて拡大する。

2 工事保安体制

　鉄道工事における施工・保安体制の代表的な例を図に示す。このように多岐にわたる従事者がいて、作業内容によっても体制が変わることから、体制図に基づく指揮命令系統を定めて、関係者に周知しなければならない。

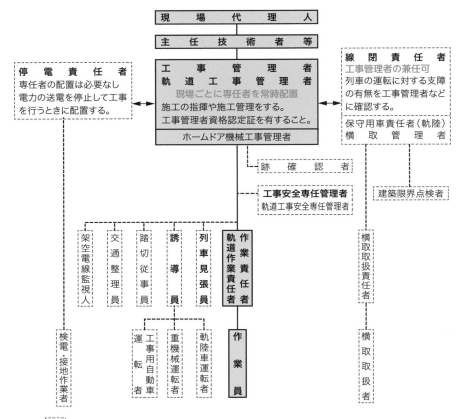

　　　　で表示した工事従事者は、設計図書で指示された場合、または必要な場合に配置する。

💡 標準的な施工・保安体制のイメージ

➡ 施工・保安体制における主な従事者の職務

従事者	職務
工事管理者 工事区分：土木、建築、機械など	・現場ごとに専任者を常時配置。 　工事の内容および施工方法など、必要により複数を配置する。 ・「工事管理者資格認定証」を有すること。 ・工事施工の指揮、施工管理の他、運転状況の確認と作業員などへの周知などを行う。
軌道工事管理者 工事区分：軌道	・現場ごとに専任者を常時配置。 　工事の内容および施工方法など、必要により複数を配置する。 ・「工事管理者資格認定証」を有すること。 ・工事施工の指揮、施工管理の他、運転状況の確認と作業員などへの周知などを行う。
線閉責任者 工事区分：※	・線路閉鎖工事を実施する場合などで配置。 ・「線閉責任者資格認定証」を有すること。 ・列車の運転に対する支障の有無を、工事管理者などに確認する。
停電責任者 工事区分：※	・き電停止工事を実施する場合に配置。 ・「停電責任者資格認定証」を有すること。 ・き電停止工事の責任者としての任務など。
作業責任者 工事区分：土木、建築、機械など	・作業集団ごとに専任者を常時配置。 　工事の内容および施工方法など、必要により複数を配置。 ・安全衛生教育などを受けた者。 ・作業員に対する指導または監督の任務。
軌道作業責任者 工事区分：軌道	・作業集団ごとに専任者を常時配置。 　工事の内容および施工方法など、必要により複数を配置。 ・「軌道作業責任者資格認定証」を有すること。 ・工事施工の指揮、事故防止の他、列車退避の位置や合図方法の決定と作業員などへの周知徹底など。
列車見張員 工事区分：※	・現場ごとに専任者を配置。 　必要により複数を配置する。 ・「列車見張員資格認定証」を有すること。 ・指定された位置での列車などの進来・通過の監視など。 ・軌道保守工事・作業、指定された一部の土木工事には、特殊列車見張員を配置。
誘導員 工事区分：※	・建設用大型機械の使用にあたって配置。 ・「列車見張員資格認定証」を有すること。 ・建設用大型機械による鉄道施設への接触、衝撃防止のための運転合図および誘導。 ・建設用大型機械の転倒、転落や工事従事者との接触防止のための運転合図および誘導。

※軌道、土木、建築、機械など

アドバイス

頻出の用語をチェックしよう

- **線閉**：「線路閉鎖」の略。線路の一区間を閉鎖し、路線内で鉄道工事を行うための保安体制。閉鎖したい区間の入口信号を赤にし、作業員の安全を確保したうえで、レール交換や保守用車両を線路上に入れるなどといった大掛かりな作業を行うことができる。
- **き電**：線路上を走行する電気車（＝電気機関車と電車）に、必要な電力を供給することを「き電」（饋電）という。

3 主な工事保安対策

■ 工事場所が信号区間

- バール、スパナ、スチールテープなどの金属による短絡（ショート）を防止する。

■ 重機械による作業

- 重機械の運転者は、重機械安全運転の講習会修了証の写しを添え、監督員などの承認を得る。
- 列車の近接から通過完了までの間、作業を一時中止する。
- 重機械の使用を変更する場合、必ず監督員などの承認を受けて実施する。

■ ダンプ、クレーンの作業

- ダンプ荷台やクレーンブームは、これを下げたことを確認してから走行する。

■ 複線以上での路線での積みおろし

- 列車見張員を配置し、建築限界をおかさないように材料を置く。

演習問題でレベルアップ

《《問題1》》鉄道営業線における建築限界と車両限界に関する次の記述のうち、**適当でないもの**はどれか。
(1) 建築限界とは、建造物などが入ってはならない空間を示すものである。
(2) 曲線区間における建築限界は、車両の偏いに応じて縮小しなければならない。
(3) 車両限界とは、車両が超えてはならない空間を示すものである。
(4) 建築限界は、車両限界の外側に最小限必要な余裕空間を確保したものである。

解説▶ (2) 曲線区間における建築限界は、車両の偏いに応じて拡大しなければならない。
【解答 (2)】

《《問題2》》鉄道の営業線近接工事における工事従事者の任務に関する下記の説明文に**該当する工事従事者の名称**は、次のうちどれか。
　「工事または作業終了時における列車または車両の運転に対する支障の有無の工事管理者などへの確認を行う。」
(1) 線閉責任者　　(3) 列車見張員
(2) 停電作業者　　(4) 踏切警備員

解説▶ (1) 線閉責任者の説明文である。
【解答 (1)】

アドバイス
　工事従事者の任務と配置について、しばしば出題されるので139ページの表で覚えておこう。

<<問題3>> 鉄道（在来線）の営業線内工事における工事保安体制に関する次の記述のうち、**適当でないもの**はどれか。
(1) 列車見張員は、工事現場ごとに専任の者を配置しなければならない。
(2) 工事管理者は、工事現場ごとに専任の者を常時配置しなければならない。
(3) 軌道作業責任者は、工事現場ごとに専任の者を配置しなければならない。
(4) 軌道工事管理者は、工事現場ごとに専任の者を常時配置しなければならない。

解説▶ (3) 軌道作業責任者は、作業集団ごとに専任者を常時配置しなければならない。特に、工事の内容および施工方法などにより、必要に応じて複数を配置する必要がある。
【解答 (3)】

<<問題4>> 鉄道（在来線）の営業線内及びこれに近接した工事に関する次の記述のうち、**適当でないもの**はどれか。
(1) 重機械による作業は、列車の近接から通過の完了まで建築限界をおかさないよう注意して行う。
(2) 工事場所が信号区間では、バール・スパナ・スチールテープなどの金属による短絡を防止する。
(3) 営業線での安全確保のため、所要の防護策を設け定期的に点検する。
(4) 重機械の運転者は、重機械安全運転の講習会修了証の写しを添え、監督員などの承認を得る。

解説▶ (1) 重機械による作業は、列車の近接から通過の完了まで作業を一時中止する。
【解答 (1)】

<<問題5>> 鉄道（在来線）の営業線路内及び営業線近接工事の保安対策に関する次の記述のうち、**適当でないもの**はどれか。
(1) 列車接近合図を受けた場合は、列車見張員による監視を強化し安全に作業を行うこと。
(2) 重機械の使用を変更する場合は、必ず監督員などの承諾を受けて実施すること。
(3) ダンプ荷台やクレーンブームは、これを下げたことを確認してから走行すること。
(4) 工事用自動車を使用する場合は、工事用自動車運転資格証明書を携行すること。

解説▶ (1) 列車接近合図を受けた場合は、作業員は支障物の有無を確認して退避しなければならない。
【解答 (1)】

8-3 地下構造物のシールド工法

1 地下構造物の施工

地下構造物を施工する場合には、土留め支保工を用いた開削工法と、シールド工法がある。特に、既設埋設物を下越する必要性や、施工深度が深くなっていること、経済性、安全性、周辺環境への影響などから、シールド工法が多く用いられている。

2 シールド工法の施工

シールド工法は、地盤内に**シールド（掘削機）**と呼ばれる鋼製の筒（または枠）を推進させて、トンネルを構築していく工法である。

設置の際は、まず**開削工法によって立坑を設置**し、シールドマシンがクレーンでつり下げられる。分割されている場合は、地下部で再度、組み立てられる。

基本的には、シールド先端の刃先で切羽を掘削し、その切羽を保持しながらジャッキ推進でシールドを推進させる。シールド後部では、推進に合わせて鋼製、または鉄筋コンクリート製の**セグメント**を組み立て、管渠などの構造物を施工する。

シールド工法は、**シールドマシン前部の構造**によって、開放型・密閉型の2種類があり、さらに掘削方式や切羽安定保持方式によって工法が細分化されている。

■ シールド工法の種類

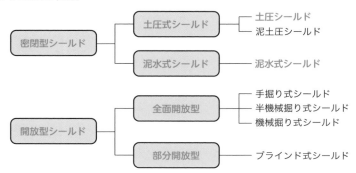

■ 密閉型シールド
　・切羽工法に隔壁を有し、切羽と隔壁間のチャンバ内を土砂や泥水で満たし、その加圧力を保持させて切羽を安定させる。
■ 開放型シールド
　・切羽の全部、または大部分が開放されているシールドで、**切羽の自立**が前提となる。

密閉型シールドの構造

シールドには、スキンプレートなどで構成された外殻となる鋼殻部と、掘削、推進、覆工機能を持つ内部の装置群があり、前面の切羽面からフード部、ガーター部、テール部で構成されている。

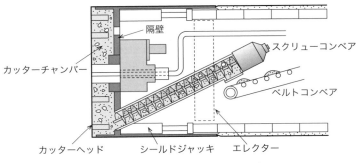

カッターチャンバー
隔壁
スクリューコンベア
ベルトコンベア
カッターヘッド　シールドジャッキ　エレクター

➡ 密閉型シールドの構造イメージ

- **フード部**
  - ・掘削土砂や泥水を満たして、切羽への圧力を保持するための空間（カッターチャンバー）。掘削土砂や泥水を排土する経路になる。
- **ガーター部**
  - ・カッターヘッド駆動装置、排土装置、推進に用いるシールドジャッキなどの機械装置を備える空間。
- **テール部**
  - ・エレクター（セグメントの組立装置）を備え、覆工作業を行う空間。

覆工

- ・あらかじめ工場製作されたセグメント（円弧上のブロック）を機械で組み立てる。組立ては千鳥組みが一般的。
- ・セグメントの組立てでは、シールドジャッキの全部を一度に引き込むと、切羽の地山土圧や泥水圧によってシールドが押し戻されてしまうことがあるので、シールドジャッキは数本ずつ引込みを行う。
- ・完成したセグメントを一次覆工とし、二次覆工として内側をさらに無筋または鉄筋コンクリートで巻き立てる場合もある。

《《問題1》》 シールド工法に関する次の記述のうち、**適当でないもの**はどれか。
(1) 泥水式シールド工法は、巨礫の排出に適している工法である。
(2) 土圧式シールド工法は、切羽の土圧と掘削土砂が平衡を保ちながら掘進する工法である。
(3) 土圧シールドと泥土圧シールドの違いは、添加材注入装置の有無である。
(4) 泥水式シールド工法は、切削された土砂を泥水とともに坑外まで流体輸送する工法である。

解説▶ (1) 泥水式シールド工法は、砂、砂礫、シルト、粘土といった層や互層、地盤の固結が緩く軟らかい層、含水比が高い層など適用範囲が広い。巨礫をカッタースリットから取り込んでしまった場合に、支障を生じるおそれがあるため適していない。　【解答（1）】

 アドバイス
　シールド工法についての詳しい出題が多いので、演習問題で理解を深めよう！

《《問題2》》 シールド工法に関する次の記述のうち、**適当でないもの**はどれか。
(1) 泥水式シールド工法は、泥水を循環させ、泥水によって切羽の安定を図る工法である。
(2) 泥水式シールド工法は、掘削した土砂に添加材を注入して強制的に撹拌し、流体輸送方式によって地上に搬出する工法である。
(3) 土圧式シールド工法は、カッターチャンバー内に掘削した土砂を充満させ、切羽の土圧と平衡を保つ工法である。
(4) 土圧式シールド工法は、掘削した土砂をスクリューコンベアで排土する工法である。

解説▶ (2) 泥水式シールド工法では、添加材を使用しない。添加材を使用する工法は、泥土圧シールド工法である。　【解答（2）】

《《問題3》》 シールド工法に関する次の記述のうち、**適当でないもの**はどれか。
(1) シールドのフード部には、切削機構を備えている。
(2) シールドのガーダー部には、シールドを推進させるジャッキを備えている。
(3) シールドのテール部には、覆工作業ができる機構を備えている。
(4) フード部とガーダー部がスキンプレートで仕切られたシールドを密閉型シールドという。

解説▶ (4) フード部とガーター部が隔壁で仕切られたシールドを密閉型シールドという。スキンプレートは、シールド本体の外殻（外板部）のことである。　【解答（4）】

《《問題4》》 シールド工法に関する次の記述のうち、**適当でないもの**はどれか。

(1) シールド工法は、開削工法が困難な都市の下水道工事や地下鉄工事をはじめ、海底道路トンネルや地下河川の工事などで用いられる。

(2) シールド工法に使用される機械は、フード部、ガーダー部、テール部からなる。

(3) 泥水式シールド工法では、ずりがベルトコンベアによる輸送となるため、坑内の作業環境は悪くなる。

(4) 土圧式シールド工法は、一般に粘性土地盤に適している。

解説▶ (3) 泥水式シールド工法では、切羽に隔壁を設け、泥水を注入し循環させ、これにより切羽を安定させた状態を保ちながらカッターで切削を進め、発生した土砂を泥水とともに坑外まで流体輸送する。 【解答 (3)】

《《問題5》》 シールド工法の施工に関する下記の文章の [   ] の (イ)、(ロ) に当てはまる次の組合せのうち、**適当なもの**はどれか。

「土圧式シールド工法は、カッターチャンバー排土用の [(イ)] 内に掘削した土砂を充満させて、切羽の土圧と平衡を保ちながら掘進する工法である。

一方、泥水式シールド工法は、切羽に隔壁を設けて、この中に泥水を循環させ、切羽の安定を保つと同時に、カッターで切削された土砂を泥水とともに坑外まで [(ロ)] する工法である。」

	(イ)	(ロ)
(1)	スクリューコンベア	流体輸送
(2)	排泥管	ベルトコンベア輸送
(3)	スクリューコンベア	ベルトコンベア輸送
(4)	排泥管	流体輸送

解説▶ (イ) 土圧式シールド工法は、ベルトコンベア輸送する工法で、スクリューコンベア内に掘削した土砂を充満させ、カッターチャンバー内と切羽の土圧の平衡を保持しながら掘削する。

(ロ) 泥水式工法は、問題文のとおり土砂を泥水とともに流体輸送する工法。 【解答 (1)】

《《問題6》》 シールドトンネル工事に関する下記の文章の ▢ の（イ）、（ロ）に当てはまる次の語句の組合せのうち、**適当なもの**はどれか。

　「シールド工法は、シールド機前方で地山を掘削しながらセグメントをシールドジャッキで押すことにより推力を得るものであり、シールドジャッキの選定と ▢（イ）▢ は、シールドの操向性、セグメントの種類及びセグメント ▢（ロ）▢ の施工性などを考慮して決めなければならない。」

　　　　　（イ）　　　　　　　　　　　　（ロ）
(1) ストローク………………………… 製作
(2) 配置………………………………… 組立て
(3) 配置………………………………… 製作
(4) ストローク………………………… 組立て

解説▶　(2) の組合せが正しい。　　　　　　　　　　　　　　　　【解答（2）】

9章 上水道・下水道

9-1 上水道

1 上水道の種類

　上水道には、貯水や浄水、配水管などといった水道施設と、配水管から分岐した給水管や給水用具といった給水装置がある。

　配水管に用いる管材は、鋼管、ダクタイル鋳鉄管、ステンレス鋼管、硬質塩化ビニル管、水道配水用ポリエチレン管などがある。

◇ 配水管の種類と特徴

配水管の種類	特　徴
鋼管	・強度が大きく、耐久性、靭性があり、衝撃にも強い。 ・溶接継手で一体化できる。 ・電食に対する配慮が必要。
ダクタイル鋳鉄管	・強度が大きく、耐久性、靭性があり、衝撃にも強い。 ・伸縮性や可とう性のあるメカニカル継手を用いる。 ・地盤の変動に追従できるが、重量は比較的重い。
ステンレス鋼管	・強度が大きく、耐久性、靭性があり、衝撃にも強い。 ・耐食性に優れている。ライニング、塗装を要しない。 ・異種金属との接続では、絶縁処理を行う。
硬質塩化ビニル管	・重量が軽いので施工性がよいが、低温時では耐衝撃性が低下する。 ・耐食性に優れる。
水道配水用ポリエチレン管	・重量が軽いので施工性がよいが、熱と紫外線に弱い。 ・耐食性に優れる。

2 配水管の布設

配水管の基礎と布設

　・鋼管の基礎は、硬い地盤や玉石などを含む地盤上の場合は管体保護のために砂基床工（サンドベッド）を用いる。

　・ダクタイル鋳鉄管の基礎は、平底溝を原則とし、特別な基礎は必要としない場合が多い。

　・塩化ビニル管、水道配管用ポリエチレン管の場合は、掘削溝の底に 0.1 m 程度の厚さで砂または良質土を敷く。

配水管布設の主な留意点

　・高低差のある配水管の布設は、原則として低所から高所に向けて行う。

　・受口のある管を用いる場合は、受口を高所に向けて配管する。管の据付けの際、管体の表示記号を確認するとともに、ダクタイル鋳鉄管の場合は、受口部分にある表示記号のうち、管径、年号の記号を上に向けて据え付ける。

・管を切断する場合は、管軸に対して直角に行う。鋳鉄管の切断は、切断機で行うことを原則とし、異形管部は切断しないこと。

演習問題でレベルアップ

《《問題1》》上水道の導水管や配水管の特徴に関する次の記述のうち、**適当でないもの**はどれか。
(1) ステンレス鋼管は、強度が大きく、耐久性があり、ライニングや塗装が必要である。
(2) ダクタイル鋳鉄管は、強度が大きく、耐腐食性があり、衝撃に強く、施工性がよい。
(3) 硬質塩化ビニル管は、耐腐食性や耐電食性にすぐれ、質量が小さく加工性がよい。
(4) 鋼管は、強度が大きく、強靭性があり、衝撃に強く、加工性がよい。

解説▶ (1) ステンレス鋼管は、耐食性に優れ、ライニングや塗装を必要としない。

【解答 (1)】

《《問題2》》上水道に用いる配水管の特徴に関する次の記述のうち、**適当なもの**はどれか。
(1) 鋼管は、溶接継手により一体化できるが、温度変化による伸縮継手などが必要である。
(2) ダクタイル鋳鉄管は、継手の種類によって異形管防護を必要とし、管の加工がしやすい。
(3) 硬質塩化ビニル管は、高温度時に耐衝撃性が低く、接着した継手の強度や水密性に注意する。
(4) ポリエチレン管は、重量が軽く、雨天時や湧水地盤では融着継手の施工が容易である。

解説▶ (2) ダクタイル鋳鉄管は、継手の種類によって異形管保護を必要とし、管の加工がしにくい。
(3) 硬質塩化ビニル管は、低温時に耐衝撃性が低く、接着した継手の強度や水密性に注意する。
(4) ポリエチレン管は、重量が軽く施工が容易であるが、雨天時や湧水地盤では、融着継手の施工が困難である。

【解答 (1)】

《《問題3》》上水道の管布設工に関する次の記述のうち、**適当でないもの**はどれか。
(1) 管の布設にあたっては、受口のある管は受口を高所に向けて配管する。
(2) 鋳鉄管の切断は、直管及び異形管ともに切断機で行うことを標準とする。
(3) ダクタイル鋳鉄管の据付けにあたっては、管体の表示記号を確認するとともに、管径、年号の記号を上に向けて据え付ける。

(4) 管周辺の埋戻しは、片埋めにならないように敷き均して現地盤と同程度以上の密度となるように締め固める。

解説▶ （2）鋳鉄管の切断は、直管は切断機で行うことを標準とするが、異形管（曲管、T字管など）は切断しない。　　　　　　　　　　　　　　　　　　　　【解答（2）】

《《問題4》》上水道の管布設工に関する次の記述のうち、**適当なもの**はどれか。
(1) 鋼管の運搬にあたっては、管端の非塗装部分に当て材を介して支持する。
(2) 管の布設にあたっては、原則として高所から低所に向けて行う。
(3) ダクタイル鋳鉄管は、表示記号の管径、年号の記号を下に向けて据え付ける。
(4) 鋳鉄管の切断は、直管及び異形管ともに切断機で行うことを標準とする。

解説▶ （2）管の布設にあたっては、原則として低所から高所に向けて行う。また、受口のある管は、受口を高所に向けて配置すること。
　（3）ダクタイル鋳鉄管は、表示記号の管径、年号の記号を上に向けて据え付ける。
　（4）鋳鉄管の切断は、直管は切断機で行うことを標準とするが、異形管（曲管、T字管など）は切断しない。　　　　　　　　　　　　　　　　　　　　　　【解答（1）】

《《問題5》》上水道の管布設工に関する次の記述のうち、**適当でないもの**はどれか。
(1) 塩化ビニル管の保管場所は、なるべく風通しのよい直射日光の当たらない場所を選ぶ。
(2) 管のつり下ろしで、土留め用切ばりを一時取り外す場合は、必ず適切な補強を施す。
(3) 鋼管の据付けは、管体保護のため基礎に砕石を敷き均して行う。
(4) 埋戻しは片埋めにならないように注意し、現地盤と同程度以上の密度になるよう締め固める。

解説▶ （3）鋼管の据付けは、管体保護のため基礎に良質の砂を敷き均して行う。
　　　　　　　　　　　　　　　　　　　　　　　　　　　　　　【解答（3）】

《《問題6》》上水道に用いる配水管と継手の特徴に関する次の記述のうち、**適当でないもの**はどれか。
(1) 鋼管の継手の溶接は、時間がかかり、雨天時には溶接に注意しなければならない。
(2) ポリエチレン管の融着継手は、雨天時や湧水地盤での施工が困難である。
(3) ダクタイル鋳鉄管のメカニカル継手は、地震の変動への適応が困難である。
(4) 硬質塩化ビニル管の接着した継手は、強度や水密性に注意しなければならない。

解説▶ （3）ダクタイル鋳鉄管で用いるメカニカル継手は、伸縮性や可とう性があり、変動に追従できるのである程度までの地震の変動への適応が可能である。　　【解答（3）】

9-2 下水道

1 下水道管路施設

　下水道管路施設に用いられる管は、**剛性管**と**可とう性管**の2種類がある。それぞれの管種は、土質・地耐力に応じた基礎を用いることになっている。

▶ 剛性管の種類と基礎工

管　種	硬質土・普通土	軟弱土	極軟弱土
鉄筋コンクリート管 レジンコンクリート管	砂基礎 砕石基礎 コンクリート基礎	砂基礎 砕石基礎 はしご胴木基礎 コンクリート基礎	はしご胴木基礎 鳥居基礎 鉄筋コンクリート基礎
陶管	砂基礎 砕石基礎	砕石基礎 コンクリート基礎	

▶ 可とう性管の種類と基礎工

管　種	硬質土・普通土	軟弱土	極軟弱土
硬質塩化ビニル管 ポリエチレン管	砂基礎	砂基礎 ベットシート基礎 ソイルセメント基礎	ベットシート基礎 ソイルセメント基礎 はしご胴木基礎 布基礎
強化プラスチック複合管	砂基礎 砕石基礎		
ダクタイル鋳鉄管 鋼管	砂基礎	砂基礎	砂基礎 はしご胴木基礎 布基礎

▶ 地盤の区分と代表的な土質

地　盤	代表的な地質
硬質土	硬質粘土、礫混り土および礫混り砂
普通土	砂、ロームおよび砂質粘土
軟弱土	シルトおよび有機質土
極軟弱土	非常に緩いシルトおよび有機質土

■ 砂基礎　　■ 砕石基礎　　■ コンクリート
　　　　　　　　　　　　　　基礎　　　■ 鉄筋コンク
リート基礎　　■ はしご胴木
基礎　　■ 鳥居基礎

▶ 基礎工の種類（剛性管渠）

基礎工（剛性管渠）の特徴

基礎工	特　徴
砂基礎、砕石基礎	・比較的地盤がよい場所で用いられる。 ・底部を、砂または細かい砕石でまんべんなく密着するように締め固める。
コンクリート基礎 鉄筋コンクリート基礎	・軟弱な地盤や外力が大きい場合に用いられる。 ・底部をコンクリートで巻き立てる。
はしご胴木基礎	・軟弱な地盤や、地質や載荷重が不均一な場合に用いられる。 ・はしご状の構造で支持する。 ・砂、砕石などの基礎を併用することも多い。
鳥居基礎	・極軟弱地盤のようにほとんど地耐力のない場合に用いられる。 ・沈下防止の杭を打ち、鳥居状に組んで支持する。

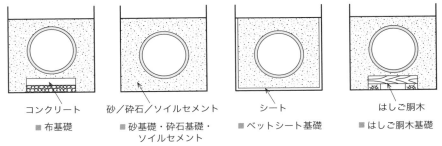

コンクリート	砂／砕石／ソイルセメント	シート	はしご胴木
■ 布基礎	■ 砂基礎・砕石基礎・ 　ソイルセメント	■ ベットシート基礎	■ はしご胴木基礎

基礎工の種類（可とう性管渠）

基礎工（可とう性管渠）の特徴

基礎工	特　徴
布基礎	・支持層が極めて深く、杭の打込みが経済的でない場合に、コンクリート床版によって支持し、沈下を防止する。
砂基礎の併用	・はしご胴木基礎などと砂基礎を併用する場合、胴木と管体の間には砂を十分に敷き均し、突き固める。

2 管渠の接合

管渠の径が変化する場合、または方向や勾配が変化や合流のある場合などの接合にはマンホールを設ける。その際、接合には、**水面接合**、**管頂接合**を用いるが、その他にも**管底接合**、**管中心接合**、**段差接合**、**階段接合**などがある。

◉ 管渠の接合

水面接合	・各管渠の水面位を計算し、上下で一致させて接合。 ・合理的な方法だが計算が複雑。	 マンホール
管頂接合	・上下流の管内頂部を合致させて接合。 ・水面接続に次いで、水利的に円滑。 ・下流側で掘削深が増す。	 マンホール　管頂を合致させる
管底接合	・上下流の管内底部を合致させて接合。 ・下流側の掘削深は軽減。 ・上流側の水理条件が悪い。	 マンホール 管低を合致させる
管中心接合	・上下流の管中心を一致させて接合。 ・水面接続と管頂接続の中間的な方法。	 マンホール 管中心線
段差接合	・地表面の勾配が急な場合に用いる。 ・適度な間隔で設けたマンホール内で段差をつける。 ・段差は 1.5 m 以内。 ・管渠の段差が 0.6 m 以上になるときは副管付きとする。	 マンホール 副管
階段接合	・地表面の勾配が急で、大口径の管渠や現場打ち管渠などで用いる。 ・階段高さは 0.3 m 以内。	 マンホール

3 更生工法

更生工法は、既設管渠にき裂やクラック、腐食などの問題が発生し、耐荷能力や耐久性、流下能力の保持が困難となった場合に、既設管渠内面に新たな管を構築することで、新設管と同様の流下能力と強度を確保できるようにするもの。

▨ 管渠の更新工法

■ さや管工法

既設管渠よりも**小さな管径の新管**を挿入し、間隙に充填材を注入する。

■ 形成工法

　既設管渠に、熱硬化性樹脂を含浸させた材料などを引き込み、空気圧や水圧などで拡張し、既設管内に密着させて硬化させる。

■ 反転工法

　既設管渠に、熱硬化性樹脂を含浸させた材料などを反転加工しながら挿入し、加圧状態で樹脂を硬化させる。

■ 製管工法

　既設管渠に硬質塩化ビニル材などをかん合させながら製管し、既設管との空隙にモルタルなどを充填する。

演習問題でレベルアップ

《《問題 1 》》下水道の剛性管渠を施工する際の下記の「基礎地盤の土質区分」と「基礎の種類」の組合せとして、**適当なもの**は次のうちどれか。

[基礎地盤の土質区分]
（イ）軟弱土（シルト及び有機質土）
（ロ）硬質土（硬質粘土、礫混じり土及び礫混じり砂）
（ハ）極軟弱土（非常に緩いシルト及び有機質土）

[基礎の種類]

　　　砂基礎　　　　　　　コンクリート基礎　　　鉄筋コンクリート基礎

	（イ）	（ロ）	（ハ）
(1)	砂基礎	コンクリート基礎	鉄筋コンクリート基礎
(2)	コンクリート基礎	砂基礎	鉄筋コンクリート基礎
(3)	鉄筋コンクリート基礎	砂基礎	コンクリート基礎
(4)	砂基礎	鉄筋コンクリート基礎	コンクリート基礎

解説▶　（イ）軟弱土には、コンクリート基礎が適用できる。（ロ）硬質土では、砂基礎が適用できる。（ハ）極軟弱土では、鉄筋コンクリート基礎とする。よって、（2）の組合せが適当である。　　　　　　　　　　　　　　　　　　　　　　　　　　　　【解答（2）】

《《問題2》》 下水道管渠の剛性管の施工における「地盤区分（代表的な土質）」と「基礎工の種類」に関する次の組合せのうち、**適当でないもの**はどれか。

　　　　　　　　［地盤区分（代表的な土質）]　　　　　　　　　　　　［基礎工の種類］
(1) 硬質土（硬質粘土、礫混じり土及び礫混じり砂)………砂基礎
(2) 普通土（砂、ローム及び砂質粘土)…………………………鳥居基礎
(3) 軟弱土（シルト及び有機質土)……………………………はしご胴木基礎
(4) 極軟弱土（非常に緩いシルト及び有機質土)…………鉄筋コンクリート基礎

解説▶ (2) 普通土では、砂基礎、砕石基礎、コンクリート基礎が適用できる。鳥居基礎は、極軟弱土で用いられる。　　　　　　　　　　　　　　　　　　　　　　　　　　　　【解答（2）】

《《問題3》》 下水道管渠の接合方式に関する次の記述のうち、**適当でないもの**はどれか。
(1) 水面接合は、管渠の中心を接合部で一致させる方式である。
(2) 管頂接合は、流水は円滑であるが、下流ほど深い掘削が必要となる。
(3) 管底接合は、接合部の上流側の水位が高くなり、圧力管となるおそれがある。
(4) 段差接合は、マンホールの間隔などを考慮しながら、階段状に接続する方式である。

解説▶ (1) 水面接合は、計画水位を一致させる方式である。選択肢の説明文である、管渠の中心で接合部を一致させるのは管中心接合である。　　　　　　　　　　　　【解答（1）】

《《問題4》》 下図に示す下水道の遠心力鉄筋コンクリート管（ヒューム管）の（イ）～（ハ）の継手の名称に関する次の組合せのうち、**適当なもの**はどれか。

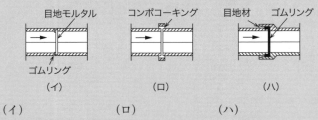

　　　　　　（イ）　　　　　　　　　　（ロ）　　　　　　　　　（ハ）
(1) カラー継手……………いんろう継手………ソケット継手
(2) いんろう継手…………ソケット継手………カラー継手
(3) ソケット継手…………カラー継手…………いんろう継手
(4) いんろう継手…………カラー継手…………ソケット継手

解説▶ (イ) いんろう継手　(ロ) カラー継手　(ハ) ソケット継手
　それぞれの形の特徴で覚えておくとよい。いんろう：それぞれに受口をもうけて印籠のように。カラー：襟（えり）、首輪。ソケット：他方にかぶせるような受口、といったイメージ。
　　　　　　　　　　　　　　　　　　　　　　　　　　　　　　　　　　【解答（4）】

〈〈問題5〉〉下水道管渠の更生工法に関する下記の（イ）、（ロ）の説明とその工法名の次の組合せのうち、**適当なもの**はどれか。

（イ）既設管渠内に表面部材となる硬質塩化ビニル材などをかん合して製管し、製管させた樹脂パイプと既設管渠との間隙にモルタルなどの充填材を注入することで管を構築する。

（ロ）既設管渠より小さな管径の工場製作された二次製品の管渠を牽引・挿入し、間隙にモルタルなどの充填材を注入することで管を構築する。

	（イ）	（ロ）
(1)	形成工法	さや管工法
(2)	製管工法	形成工法
(3)	形成工法	製管工法
(4)	製管工法	さや管工法

解説▶ （4）の組合せが正しい。 【解答（4）】

〈〈問題6〉〉下水道管路の耐震性能を確保するための対策に関する次の記述のうち、**適当でないもの**はどれか。

(1) マンホールと管渠との接続部における可とう継手の設置。

(2) 応力変化に抵抗できる管材などの選定。

(3) マンホールの沈下のみの抑制。

(4) 埋戻し土の液状化対策。

解説▶ （3）マンホールでは、沈下だけでなく液状化による浮上りも発生することから、沈下と浮上の抑制が必要となる。 【解答（3）】

第 **3** 時限目

法 規

1章　労働基準法

1 労働契約

適用事業の範囲（適用除外）

　労働基準法は、労働者を使用する事業または事務所に適用するものであり、同居の親族のみを使用する事業や事務所、家事使用人については適用しないこととされている。

労働契約

　労働契約は、使用者と個々の労働者とが、労働することを条件に賃金を得ること、つまり労務給付に関して締結する契約をいう。労働基準法に定められている基準に達しないような労働契約の部分は無効となり、労働基準法で定める基準になる。

労働条件

　労働条件は、労働者と使用者が対等の立場で決定し、両者は労働協約、就業規則、労働契約を守る必要がある。

　使用者は労働者の国籍、信条、社会的身分を理由として、賃金・労働時間などの労働条件について、差別的取扱いをしてはならない【均等待遇の原則】。

　使用者は、労働者が女性であることを理由として賃金についての差別的取扱いをしてはならない【男女同一賃金の原則】。

　親権者または後見人は、満 20 歳未満の未成年者に代わって労働契約を締結してはならない。また、**未成年者は独立して賃金を請求することができ**、親権者・後見人が賃金を代わって受け取ってはならない。

2 労働時間

法定労働時間

　労働時間は 1 日 8 時間（休憩時間を除く）、1 週 40 時間を超えてはならない【1日 8 時間、週 40 時間の原則】。

　ただし、労使協定、就業規則などにより、週休を確保するため 1 か月あるいは 1年を限度として、平均して 1 週の労働時間が 40 時間を超えない定めをした場合、特定の日に 8 時間または特定の週に 40 時間以上を労働させることができる。ただし、1 日 10 時間、1 週間 52 時間を限度とする【変形労働時間制】。

休憩時間

　休憩時間は、6 時間を超える場合は少なくとも **45 分**、8 時間を超える場合は少なくとも 1 時間の休憩時間を労働時間の途中に与え、労働者は自由に利用することができる。休憩時間は一斉に与えなければならないが、労働組合などの書面による協定がある場合はこの限りでない。

休　日

使用者は、労働者に少なくとも 1 週 1 回の休日を与えなければならない。ただし、4 週を通じて 4 日以上の休日を与える場合はこの限りでない。

年次有給休暇は 6 か月に 8 割以上出勤したときは 10 日以上の休暇を与え、1 年ごとに 1 日加算、最大 20 日間とする。

時間外および深夜・休日労働

使用者は、労働者の過半数で組織する労働組合などと書面で協定し、行政官庁に届け出た場合は、法定労働時間、休日の規定にかかわらず労働時間の延長や休日労働させることができる【36 協定】。しかし、1 週 15 時間、1 か月 45 時間、1 年 360 時間を超えてはならない。坑内労働のような健康上有害な業務の労働時間の延長は、1 日について 2 時間を超えてはならない。

深夜業は、午後 10 時から午前 5 時。監督、管理の地位にある者、監視または断続的労働に従事するもので行政官庁の許可を受けた者は、労働時間、休憩および休日に関する規定は適用されない。ただし、深夜業は適用を受ける。

3 就業制限、年少者、女性

年少者労働基準規則

満 18 歳に満たない男女を**年少者**といい、労働時間、時間外・休日労働の例外規定（36 協定、変形労働時間など）を適用しない。使用者は、年少者を午後 10 時から午前 5 時までの間に労働させてはならない。ただし、交替制によって使用する満 16 歳以上の男性についてはこの限りではない【深夜業】。

使用者は、年少者を危険有害業務や坑内労働に就かせてはならない【就業制限】。

なお、満 15 歳に達した日以後の最初の 3 月 31 日が終了しない**児童**は、労働者として使用してはならない。

女性労働基準規則

妊娠中の女性を妊婦、産後 1 年以内の女性を産婦とし、妊産婦の妊娠、出産、保育などに有害な業務、また、妊産婦以外の女性については妊娠・出産機能に有害な業務に関して就業制限がある。また、年少者と同じく、原則として坑内労働はできない。

4 賃　金

労働基準法において賃金には、給料、手当、賞与、その他の名称はともかくとして、使用者が労働者の労働に対して支払うものすべてをいう。

賃金支払いの原則

賃金には、通貨で支払う、直接労働者に支払う、全額を支払う、毎月 1 回以上支払う、一定期日（決まった日）に支払う、という原則がある【賃金の支払いの 5 つの原則】。

ただし、臨時に支払われる賞与や賃金はこの限りではない。また、労使協定で書面による取決めがあれば、賃金の一部を控除したり現物品で支払うこともできる。賃金の最低基準は、最低賃金法の定めによる。

■ 休業手当・非常時払

使用者の責任により休業する場合は、休業期間中であっても平均賃金の60%以上の手当を労働者に支払わなければならない【休業手当】。

また、労働者が、非常の場合（出産、疾病、災害など）の費用にするため賃金の請求したときは、支給日前であってもそれまでの労働に対する賃金を支払わなければならない【非常時払】。

◉ 時間外および深夜・休日労働の割増賃金

	種　別	条　件	割増率
1	時間外労働割増賃金	法定時間外労働（1日8時間を超える労働・1週40時間を超える労働など）をした場合	×0.25 以上
2	休日労働割増賃金	法定休日労働（1週1日の休日に労働）をした場合	×0.35 以上
3	深夜労働割増賃金	深夜時間帯（午後10時から翌午前5時までの間）に労働した場合	×0.25 以上

① 時間外労働が深夜時間帯に及んだ場合にはその時間は5割増（×0.5）以上
② 休日労働が深夜時間帯に及んだ場合にはその時間は6割増（×0.6）以上
※休日に何時間労働してもすべて休日労働。休日労働と時間外労働とが重なることはない
　なお、割増賃金の計算の基礎からは、①家族手当、②通勤手当、③別居手当、④子女教育手当、⑤臨時に支払われた賃金、⑥1か月を超える期間ごとに支払われる賃金、⑦住宅手当、の7つの手当のみ除外することができる

■ 災害補償

労働者が業務上の負傷、疾病にかかった場合、使用者は次の補償をしなければならない。

療養補償	労働者が業務上負傷し、または疾病にかかった場合は、使用者はその費用で必要な療養を行い、または必要な療養の費用を負担しなければならない。
休業補償※	療養のため、労働することができない場合は、平均賃金の60%の休業補償を行わなければならない。
障害補償※	労働者が業務上負傷し、または疾病にかかり、治った後に、その身体に障害が残った場合は、その障害の程度に応じた金額の障害補償を行わなければならない。
遺族補償	労働者が業務上死亡した場合は、遺族に対して平均賃金の1000日分の遺族補償を行わなければならない。
葬祭費	労働者が業務上死亡した場合は、葬祭を行う者に、平均賃金の60日分の葬祭料を支払わなければならない。
打切補償	療養補償を受ける労働者が、療養開始後3年経過しても治らない場合には、平均賃金の1200日分の打切補償を行い、その後は補償を行わなくてもよい。

※労働者が重大な過失によって業務上負傷し、または疾病にかかり、かつ使用者がその過失について行政官庁の認定を受けた場合は、休業補償または障害補償を行わなくてもよい。

5 解　雇

　解雇は、客観的に合理的な理由を欠き、社会通念上相当であると認められない場合は、その権利を濫用したものとして無効になる。

解雇制限

　使用者は、労働者が業務上負傷したり、疾病にかかりその療養で休業する期間とその後 30 日間は解雇してはならない。

　産前産後の女性が休業する期間とその後 30 日間は解雇できない。

　ただし、打切補償を支払う場合、天災事変その他やむを得ない事由のために事業の継続が不可能になった場合はこの限りではない。この場合は、その事由について行政官庁の認定を受けなければならない。

解雇の予告

　使用者は、労働者を解雇しようとする場合は、少なくとも 30 日前に予告しなければならない。解雇予告の除外は、日々雇い入れられる者（1 か月以内）、2 か月以内の期間を定めて使用される者（契約期間以内）、季節的業務に 4 か月以内の期間を定めて使用される者（契約期間以内）、試用期間中の者（14 日以内）、とされている。

　30 日前に解雇の予告をしない場合は、30 日分以上の平均賃金を支払わなければならない。ただし、天災事変その他やむを得ない事由（例：火災による焼失・地震による倒壊など）のために事業の継続が不可能になった場合はこの限りではないとされている。また、予告の日数は、1 日について平均賃金を支払った場合は、その日数を短縮できる。

6 就業規則

　常時 10 人以上の労働者を使用する使用者は、就業規則を作成し、行政官庁に届け出なければならない。内容を変更した場合においても、同様とする。就業規則に記述するのは、始業・終業の時刻、休憩時間、休日、休暇に関する事項、賃金、退職などに関する事項である。

　就業規則には、必ず記載しなければならない絶対的必要記載事項と、事業場で定めをする場合に記載しなければならない相対的必要記載事項がある。

　就業規則で定める基準に達しない労働条件を定める労働契約は、その部分については、無効となる。つまり、就業規則の優先順位は次のように整理できる。

　　　　法令（強行法規）＞ 労働協約 ＞ 就業規則 ＞ 労働契約

絶対的必要記載事項

① 始業および終業の時刻、休憩時間、休日、休暇ならびに交替制の場合には就業時転換に関する事項

② 賃金の決定、計算および支払の方法、賃金の締切および支払の時期ならびに昇給に関する事項

③　退職に関する事項（解雇の事由を含む）

⬛ 相対的必要記載事項

① 退職手当に関する事項

② 臨時の賃金（賞与）、最低賃金額に関する事項

③ 食費、作業用品などの負担に関する事項

④ 安全衛生に関する事項

⑤ 職業訓練に関する事項

⑥ 災害補償、業務外の傷病扶助に関する事項

⑦ 表彰、制裁に関する事項

⑧ その他全労働者に適用される事項

演習問題で レベルアップ

《《問題1》》労働時間、休憩に関する次の記述のうち、労働基準法上、**誤っている**ものはどれか。

(1) 使用者は、原則として労働者に、休憩時間を除き1週間に40時間を超えて、労働させてはならない。

(2) 災害その他避けることのできない事由によって、臨時の必要がある場合は、使用者は、行政官庁の許可を受けて、労働時間を延長することができる。

(3) 使用者は、労働時間が8時間を超える場合においては労働時間の途中に少なくとも45分の休憩時間を、原則として、一斉に与えなければならない。

(4) 労働時間は、事業場を異にする場合においても、労働時間に関する規定の適用について通算する。

解説▶ (3) 使用者は、労働時間が6時間を超える場合は少なくとも45分、8時間を超える場合は少なくとも1時間の休憩時間を、原則として、一斉に与えなければならない。

【解答 (3)】

《《問題2》》労働時間、休憩、休日、年次有給休暇に関する次の記述のうち、労働基準法上、**誤っているもの**はどれか。

(1) 使用者は、労働者に対して、労働時間が8時間を超える場合には少なくとも1時間の休憩時間を労働時間の途中に与えなければならない。

(2) 使用者は、労働者に対して、原則として毎週少なくとも1回の休日を与えなければならない。

(3) 使用者は、労働組合との協定により、労働時間を延長して労働させる場合でも、延長して労働させた時間は1か月に150時間未満でなければならない。

(4) 使用者は、雇入れの日から6か月間継続勤務し全労働日の8割以上出勤した労働者には、10日の有給休暇を与えなければならない。

解説▶ （3）使用者は、労働組合との協定により、労働時間を延長して労働させる場合でも、延長して労働させることができる限度時間は1か月に45時間、1年間で360時間とする。
【解答（3）】

《《問題3》》賃金に関する次の記述のうち、労働基準法上、**誤っているもの**はどれか。
(1) 賃金とは、労働の対償として使用者が労働者に支払うすべてのものをいう。
(2) 未成年者の親権者または後見人は、未成年者の賃金を代って受け取ることができる。
(3) 賃金の最低基準に関しては、最低賃金法の定めるところによる。
(4) 賃金は、原則として、通貨で、直接労働者に、その全額を支払わなければならない。

解説▶ （2）未成年の親権者または後見人は、未成年者の賃金を代わって受け取ってはならない。
【解答（2）】

《《問題4》》災害補償に関する次の記述のうち、労働基準法上、**誤っているもの**はどれか。
(1) 労働者が業務上疾病にかかった場合においては、使用者は、必要な療養費用の一部を補助しなければならない。
(2) 労働者が業務上負傷し、または疾病にかかった場合の補償を受ける権利は、差し押さえてはならない。
(3) 労働者が業務上負傷し治った場合に、その身体に障害が存するときは、使用者は、その障害の程度に応じて障害補償を行わなければならない。
(4) 労働者が業務上死亡した場合においては、使用者は、遺族に対して、遺族補償を行わなければならない。

解説▶ （1）労働者が業務上負傷し、または疾病にかかった場合においては、使用者は、その費用で必要な療養を行い、または必要な療養の費用を負担しなければならない（療養補償）。
【解答（1）】

《《問題5》》満18才に満たない者の就労に関する次の記述のうち、労働基準法上、**誤っているもの**はどれか。
(1) 使用者は、毒劇薬、または爆発性の原料を取り扱う業務に就かせてはならない。
(2) 使用者は、その年齢を証明する後見人の証明書を事業場に備え付けなければならない。
(3) 使用者は、動力によるクレーンの運転をさせてはならない。
(4) 使用者は、坑内で労働させてはならない。

解説▶ （2）使用者は、満18才に満たない者について、その年齢を証明する戸籍証明書を事業場に備え付けなければならない（年少者の証明書）。
【解答（2）】

《《問題6》》年少者の就業に関する次の記述のうち、労働基準法上、**正しいもの**はどれか。

(1) 使用者は、児童が満15歳に達する日まで、児童を使用することはできない。

(2) 親権者は、労働契約が未成年者に不利であると認められる場合においても、労働契約を解除することはできない。

(3) 後見人は、未成年者の賃金を未成年者に代って請求し受け取らなければならない。

(4) 使用者は、満18才に満たない者に、運転中の機械や動力伝導装置の危険な部分の掃除、注油をさせてはならない。

解説▶ (1) 使用者は、児童が満15歳に達した日以後の最初の3月31日が終了するまで、これを使用してはならない（最低年齢）。

(2) 親権者または後見人は、未成年者に代って労働契約を締結してはならない。親権者もしくは後見人または行政官庁は、労働契約が未成年者に不利であると認める場合においては、将来に向ってこれを解除することができる（未成年者の労働契約）。

(3) 未成年者は、独立して賃金を請求することができる。親権者または後見人は、未成年者の賃金を代って受け取ってはならない（未成年者の労働契約）。

(4) は正しい記述である（危険有害業務の就業制限）。　　　　　【解答（4）】

《《問題7》》就業規則に関する記述のうち、労働基準法上、**誤っているもの**はどれか。

(1) 使用者は、常時使用する労働者の人数にかかわらず、就業規則を作成しなければならない。

(2) 就業規則は、法令または当該事業場について適用される労働協約に反してはならない。

(3) 使用者は、就業規則の作成または変更について、労働者の過半数で組織する労働組合がある場合にはその労働組合の意見を聴かなければならない。

(4) 就業規則には、賃金（臨時の賃金などを除く）の決定、計算及び支払の方法などに関する事項について、必ず記載しなければならない。

解説▶ (1) 常時10人以上の労働者を使用する使用者は、就業規則を作成し、行政官庁に届け出なければならない（作成及び届出の義務）。　　　　　【解答（1）】

2章　労働安全衛生法

1 作業主任者

　事業者は、労働災害を防止するための管理を必要とする作業で、政令で定めるものについては、都道府県労働局長の免許を受けた者または都道府県労働局長の登録を受けた者が行う技能講習を修了した者のうちから、作業の区分に応じて作業主任者を選任しなければならない。

⊙ 作業主任者の選任が必要な作業の例

作業主任者を必要とする作業	作業内容
地山の掘削	掘削面の高さが 2 m 以上となる地山の掘削作業
型枠支保工の組立てなど	型枠支保工の組立て、解体の作業
山止め支保工	山止め支保工の切ばり、または腹起こしの取付け・取外しの作業
足場の組立てなど	高さ 5 m 以上の構造の足場の組立て、解体、変更の作業
コンクリート造の工作物の解体など	高さ 5 m 以上のコンクリート造の工作物の解体、破壊の作業
コンクリート破砕機を用いた作業	コンクリート破砕機を用いて行う破砕の作業

2 特別の教育

　事業者は、危険または有害な業務で、政令で定めるものに労働者を就かせるときは、安全または衛生のための特別教育を行わなければならない。

⫸ 特別教育を必要とする業務

　・最大荷重が 1 未満のフォークリフトの運転※
　・最大積載量が 1 t 未満の不整地車の運転※
　・つ上げ荷重が 5 t 未満のクレーンの運転
　・つ上げ荷重が 1 t 未満の移動式クレーンの運転※
　・つ上げ荷重が 1 t 未満のクレーン、移動式クレーンの玉掛け業務
　※道路上を走行させる運転を除く。

《《問題1》》労働安全衛生法上、**作業主任者の選任を必要としない作業**は、次のうちどれか。
(1) 土止め支保工の切りばりまたは腹起こしの取付けまたは取り外しの作業
(2) 高さが5m以上のコンクリート造の工作物の解体または破壊の作業
(3) 既製コンクリート杭の杭打ちの作業
(4) 掘削面の高さが2m以上となる地山の掘削の作業

解説▶ (3) 既製コンクリート杭の杭打ちの作業は規定されていない。
　その他の選択肢は作業主任者の選任を必要とする。　　　　　　　　　　【解答 (3)】

《《問題2》》労働安全衛生法上、事業者が、技能講習を修了した作業主任者を選任しなければならない作業として、**該当しないもの**は次のうちどれか。
(1) 高さが3mのコンクリート橋梁上部構造の架設の作業
(2) 型枠支保工の組立てまたは解体の作業
(3) 掘削面の高さが2m以上となる地山の掘削の作業
(4) 土止め支保工の切りばりまたは腹起こしの取付けまたは取り外しの作業

解説▶ (1) 高さが3mのコンクリート橋梁上部構造の架設の作業は規定されていないので、この記述が選任を必要としない。
　なお、橋梁の上部構造であって、コンクリート造のもの(その高さが5m以上であるもの、またはその上部構造のうち橋梁の支間が30m以上である部分に限る)の架設または変更の作業は作業主任者の選任が必要である。その他の選択肢は作業主任者の選任を必要とする。
　　　　　　　　　　　　　　　　　　　　　　　　　　　　　　　　　【解答 (1)】

《《問題3》》作業主任者の**選任を必要としない作業**は、労働安全衛生法上、次のうちどれか。
(1) 土止め支保工の切りばりまたは腹起こしの取付けまたは取り外しの作業
(2) 掘削面の高さが2m以上となる地山の掘削の作業
(3) 道路のアスファルト舗装の転圧の作業
(4) 高さが5m以上のコンクリート造の工作物の解体または破壊の作業

解説▶ (3) 道路のアスファルト舗装の転圧の作業は規定されていない。
　その他の選択肢は作業主任者の選任を必要とする。　　　　　　　　　　【解答 (3)】

3章　建設業法

1 建設業法の要点

建設業の許可

　建設業とは、建設工事の完成を請け負う営業のことであり、土木建築に関する工事で、建設業法に規定する建設工事の種類にある工事の完成を請け負う営業をいう。

　許可業種は、土木工事業、建築工事業、造園工事業などの 29 業種であり、軽微な工事を請け負う以外は、工事の種別ごとに許可が必要である。許可の有効期間は 5 年間で、5 年ごとに更新しなければならない。

　2 つ以上の都道府県にまたがって営業所（本店、支店など）を設けて営業する場合は国土交通大臣、1 つの都道府県内にのみ営業所を設けて営業する場合は、都道府県知事の許可を得なければならない。

許可区分	条　件
国土交通大臣	2 つ以上の都道府県に営業所を設けて営業する場合
都道府県知事	1 つの都道府県内にのみ営業所を設けて営業する場合

ただし、次のような軽微な建設工事のみを請け負って営業する場合は、許可を必要としない。
・工事 1 件の請負代金が 1500 万円未満の建設一式工事
・延べ面積が 150 m² 未満の木造住宅工事
・工事 1 件の請負代金が 500 万円未満の建設一式工事以外の建設工事

施工技術の確保

　建設業者は、建設工事の担い手の育成・確保、その他の施工技術の確保に努めなければならない。

請負契約

　請負契約とは、請負人が仕事を完成することを契約し、注文者がその仕事の結果に対してその報酬を支払う契約のことである。

　さらに、注文者から請け負った建設業者（元請負人）と、この工事の全部または一部について他の建設業者（下請負人）と締結される請負契約のことを下請契約という。

2 主任技術者と監理技術者

　元請、下請にかかわらず、建設業者はその請け負った建設工事を施工する際に、その現場の施工の技術上の管理を行う主任技術者を置かなければならない。特定建設業では、その工事を施工するために締結した下請契約の請負代金の額が 4,500 万円以上となる場合は、その現場の施工の技術上の管理を行う監理技術者を置かなければならない。

- **主任技術者**が必要：下請に出す金額が 4,500 万円未満の工事
　　　　　　　　　下請の現場
- **監理技術者**が必要：下請に出す金額が 4,500 万円以上の工事
- **公共性のある施設や工作物**（国や地方公共団体の発注する施設など）では
　工事 1 件の請負代金が 4,000 万円以上の場合、工事現場ごとに、専任の主任技術者、または専任の監理技術者を置く（下請工事であっても適用される）。

　主任技術者および監理技術者は、建設工事の施工計画の作成、工程管理、品質管理、その他技術上の管理などを誠実に行わなければならない。
　また、主任技術者は現場代理人を兼ねることができる。

 アドバイス
　2 級土木施工管理技士は主任技術者になれる国家資格だ！

演習問題で レベルアップ

《《 問題 1 》》建設業法に関する次の記述のうち、**誤っているもの**はどれか。
(1) 建設業者は、建設工事の担い手の育成及び確保、その他の施工技術の確保に努めなければならない。
(2) 建設業者は、請負契約を締結する場合、工事の種別ごとの材料費、労務費などの内訳により見積りを行うようにする。
(3) 建設業とは、元請、下請その他いかなる名義をもってするのかを問わず、建設工事の完成を請け負う営業をいう。
(4) 建設業者は、請負った工事を施工するときは、建設工事の経理上の管理をつかさどる主任技術者を置かなければならない。

解説▶　(4) 建設業者は、請負った工事を施工するときは、建設工事の施工の技術上の管理をつかさどる主任技術者を置かなければならない。　　　　　　　　　【解答（4）】

《《 問題 2 》》建設業法に関する次の記述のうち、**誤っているもの**はどれか。
(1) 建設業とは、元請、下請その他いかなる名義をもってするかを問わず、建設工事の完成を請け負う営業をいう。
(2) 建設業者は、当該工事現場の施工の技術上の管理をつかさどる主任技術者を置かなければならない。
(3) 建設工事の施工に従事する者は、主任技術者がその職務として行う指導に従わなければならない。
(4) 公共性のある施設に関する重要な工事である場合、請負代金の額にかかわらず、工事現場ごとに専任の主任技術者を置かなければならない。

解説▶ （4）公共性のある施設に関する重要な工事では、工事1件の請負代金の額が4,000万円（建築一式工事は8,000万円）以上の場合、工事現場ごとに専任の主任技術者（または専任の監理技術者）を置かなければならない。　　　　　　　　　　　【解答（4）】

〈〈問題3〉〉 主任技術者及び監理技術者の職務に関する次の記述のうち、建設業法上、**正しいもの**はどれか。
(1) 当該建設工事の下請契約書の作成を行わなければならない。
(2) 当該建設工事の下請代金の支払いを行わなければならない。
(3) 当該建設工事の資機材の調達を行わなければならない。
(4) 当該建設工事の品質管理を行わなければならない。

解説▶ 　主任技術者および監理技術者は、工事現場における建設工事を適正に実施するため、この建設工事の施工計画の作成、工程管理、品質管理その他の技術上の管理およびこの工事の施工に従事する者の技術上の指導監督の職務を誠実に行わなければならない（主任技術者及び監理技術者の職務など）。

　よって、（4）が該当する。（1）〜（3）は該当しない。　　　　　　【解答（4）】

4章 道路関係法

1 道路法

道路の種類と管理

道路法上では、道路は高速自動車国道、一般国道、都道府県道、市町村道の4種類となっている。

道路の工事や道路の占用、規制数量以上の重量物の運搬などを行う場合は、あらかじめ道路管理者の許可を必要とする。

道路の種類と道路管理者

道路の種類		道路管理者
高速自動車国道		国土交通大臣
一般国道	指定区間　（直轄国道）	国土交通大臣
	指定区間外（補助国道）	都道府県または政令指定市
都道府県道		都道府県または政令指定市
市町村道		市町村

道路の占用

道路（地上および地下）に次のような工作物、物件または施設を設け、継続して道路を使用しようとする場合（＝占用）においては、道路管理者の許可を受けなければならない。

道路の占用許可が必要な場合

- ・電柱、電線、広告塔などの工作物
- ・水管、下水道管、ガス管などの物件
- ・鉄道、軌道、自動運行補助施設などの施設
- ・歩廊、雪よけなどの施設
- ・看板、標識、幕および、アーチなど
- ・太陽光発電設備および風力発電設備
- ・工事用板囲、足場、詰所などの工事用施設
- ・土石、竹木、瓦その他の工事用材料　　　　　　　　など

※水道水管、下水道管、鉄道、ガス管、電柱・電線、公衆電話を道路に設けようとする者は工事実施日の1か月前までに、あらかじめ工事の計画書を道路管理者に提出しておかなければならない。ただし、災害による復旧工事など、緊急を要する工事などはこの限りでない（特例）。

道路占用許可申請

　道路の占用許可を受ける場合、占用の目的、期間、場所、構造、工事実施の方法、工事の時期、復旧方法を記載した許可申請書を道路管理者に提出しなければならない。

　道路管理者による道路占用許可の他、道路交通法の規定（道路の使用許可）の適用を受ける場合は警察署長の許可を受けなければならない。

　この場合、道路を管轄する警察署長に許可申請書を提出することになるが、警察署長から道路管理者に許可申請書を送付してもらうことができ、またその逆に道路管理者から警察署長に送付してもらうこともできる。

> **道路の使用許可が必要な場合**
> ・道路で工事や作業をしようとする者、または作業の請負人
> ・道路に広告板、アーチなどの工作物を設けようとする者
> ・道路で祭礼行事、ロケーションなどで著しい影響を及ぼすような行為をする者 など

2 車両制限令

　車両制限令は、道路の構造を保全し、交通の危険を防止するため、通行できる車両の幅、重量、高さ、長さ、最小回転半径などの制限を定めた政令である。

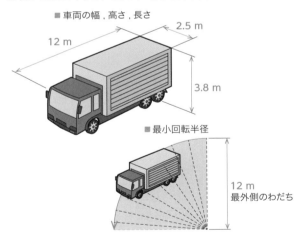

■車両の幅, 高さ, 長さ

2.5 m
12 m
3.8 m

■最小回転半径

12 m
最外側のわだち

主な一般的制限	
車両の幅	：2.5 m
高さ	：3.8 m
長さ	：12 m
最小回転半径	：12 m
軸重	： 10 t
輪荷重	： 5 t

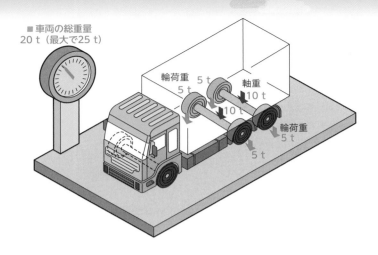

■車両の総重量
20 t（最大で25 t）

輪荷重 5 t
5 t
軸重 10 t
10 t
輪荷重 5 t
5 t

演習問題でレベルアップ

《《問題1》》　道路に工作物、物件または施設を設け、継続して道路を使用しようとする場合において、道路管理者の許可を受けるために提出する申請書に記載すべき事項に**該当するもの**は、次のうちどれか。
(1) 施工体系図
(2) 建設業の許可番号
(3) 主任技術者名
(4) 工事実施の方法

解説▶　道路法によると、道路占用の許可のために提出する申請書に記載すべき事項は次のとおり。
　①道路の占用の目的　②道路の占用の期間　③道路の占用の場所　④工作物、物件または施設の構造　⑤工事実施の方法　⑥工事の時期　⑦道路の復旧方法
　したがって（4）が該当する。　　　　　　　　　　　　　　　　　　　　　　　【解答（4）】

《《問題2》》　道路に工作物または施設を設け、継続して道路を使用する行為に関する次の記述のうち、道路法令上、占用の許可を**必要としないもの**はどれか。
(1) 道路の維持または修繕に用いる機械、器具または材料の常置場を道路に接して設置する場合
(2) 水管、下水道管、ガス管を設置する場合
(3) 電柱、電線、広告塔を設置する場合
(4) 高架の道路の路面下に事務所、店舗、倉庫、広場、公園、運動場を設置する場合

解説▶　（1）道路の維持または修繕に用いる機械、器具または材料の常置場を道路に接して設置する場合は必要としない。　　　　　　　　　　　　　　　　　　　　　【解答（1）】

〈〈問題3〉〉車両の最高限度に関する次の記述のうち、車両制限令上、**正しいもの**はどれか。

ただし、道路管理者が道路の構造の保全及び交通の危険の防止上支障がないと認めて指定した道路を通行する車両を除く。

(1) 車両の幅は、2.5 m である。

(2) 車両の輪荷重は、10 t である。

(3) 車両の高さは、4.5 m である。

(4) 車両の長さは、14 m である。

解説▶ (2) 車両の輪荷重は、5 t である。

(3) 車両の高さは、3.8 m である。

(4) 車両の長さは、12 m である。　　　　　　　　　　　　　　【解答 (1)】

5章 河川法

1 河川法の要点

河川法の目的は、その第1条で「河川について、洪水、津波、高潮などによる災害の発生が防止され、河川が適正に利用され、流水の正常な機能が維持され、および河川環境の整備と保全がされるようにこれを総合的に管理することにより、国土の保全と開発に寄与し、もつて公共の安全を保持し、かつ、公共の福祉を増進することを目的とする」とされている。河川法で使用されている用語と定義を整理する。

● 河川法の用語と定義

用　語	定　　義
河川	1級河川および2級河川をいい、これらの河川に関わる河川管理施設を含む。
1級河川	国土保全上、または国民経済上特に重要な水系で、政令により指定した河川で国土交通大臣が指定したもの。
2級河川	1級河川以外の水系で、公共の利害に重要な関係がある河川で都道府県知事が指定したもの。
河川管理施設	ダム、せき、水門、堤防、護岸、床止め、樹林帯、その他河川の流水によって生じる公利を増進し、または公害を除却、もしくは軽減する効用を有する施設をいう。ただし、河川管理者以外の者が設置した施設については、当該施設を河川管理施設とすることについて河川管理者が権原に基づき当該施設を管理する者の同意を得たものに限る。
河川区域	川を構成する土地で、堤防の居住地側（堤内地）の法尻から対岸の堤防の居住地側（堤内地）の法尻までの間の河川としての役割をもつ土地
河川保全区域	河川区域に隣接する土地で、河岸または堤防・排水ポンプ場などを保全するため河川管理者が指定した区域

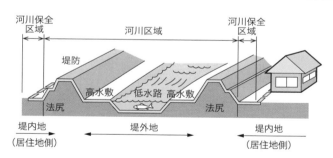

● 河川各部の名称

2 河川の管理

1級河川の管理は、国土交通大臣が行う。ただし、国土交通大臣が指定する区間については、都道府県を統轄する都道府県知事が行うことができる。

2級河川の管理は、当該河川の存する都道府県を統轄する都道府県知事が行う。ただし、当該部分の存する都道府県を統括する都道府県知事が認めて指定する区間の管理は、指定都市の長が行う。

準用河川は、1級河川および2級河川以外の法定外河川のうち、**市町村長が指定し管理する河川**。

普通河川は、1級河川、2級河川、準用河川のいずれでもない河川。河川法の適用や準用を受けないので、市町村長が必要性に応じて条例により管理する。

3 河川区域

■ 流水の占用の許可

河川の流水を占用しようとする者は、国土交通省令で定めるところにより、河川管理者の許可を受けなければならない。

ただし、常識的に考えて少量の範囲の取水（バケツでくみ上げた程度）は使用でき、許可の必要はない。

■ 土地の占用の許可

河川区域内の土地を占用しようとする者は、国土交通省令で定めるところにより、河川管理者の許可を受けなければならない。

■ 土石などの採取の許可

河川区域内の土地で土石（砂を含む）を採取しようとする者は、国土交通省令で定めるところにより、河川管理者の許可を受けなければならない。河川区域内の土地で土石以外の河川の産出物を採取しようとする場合も同様。

■ 工作物の新築などの許可

河川区域内の土地で工作物を新築、改築、除却しようとする者は、国土交通省令で定めるところにより、河川管理者の許可を受けなければならない。河川の河口付近の海面において河川の流水を貯留し、または停滞させるための工作物の新築、改築、除却しようとする者も同様。

■ 土地の掘削などの許可

河川区域内の土地で土地の掘削、盛土、切土その他土地の形状を変更する行為、または竹木の栽植、伐採をしようとする者は、国土交通省令で定めるところにより、河川管理者の許可を受けなければならない。ただし、政令で定める軽易な行為については、この限りでない。

河川法の許可が必要な主な行為

・河川区域内の土地を占用する場合

　　占用：土地の排他的、継続的な使用をいう

　　河川管理者以外の者が権限を有する土地は除く

　　対象範囲には水面、上空、地下部分も含まれる

・河川区域内で工作物の新築、改築、除却をする場合

・河川区域内で土地の掘削、盛土などの形状変更をする場合

・河川保全区域内で土地の形状変更、工作物の新築・改築をする場合

河川区域における行為の許可を有しない軽微な行為

・河川管理施設の敷地から 10 m 以上離れた土地の耕耘

・取水施設または排水施設の機能を維持するために行う取水口、または排水口の付近に積もった土砂などの排除

・上記の他、河川管理者が治水上および利水上影響が少ないと認めて指定した行為

4 河川保全区域

　河川管理者は、河岸または河川管理施設を保全するために必要と認めるときは、河川区域に隣接する一定の区域を河川保全区域として指定することができる。

　河川保全区域を指定しようとするときは、あらかじめ、関係都道府県知事の意見を聞かなければならない。

　河川保全区域の指定は、河岸または河川管理施設を保全するため必要な最小限度の区域に限り、河川区域の境界から 50 m を超えてはならない。

　地形、地質などの状況により必要やむを得ないと認められる場合においては、50 m を超えて指定することができる。

河川保全区域内における行為の制限

河川保全区域において、次の行為をしようとする者は、国土交通省令で定めるところにより、河川管理者の許可を受けなければならない。

- 土地の掘削、盛土または切土、その他土地の形状を変更する行為
- 工作物の新築または改築

河川保全区域における行為の許可を有しない軽微な行為

- 耕耘
- 堤内の土地における地表から高さ3m以内の盛土（堤防に沿って行う盛土で堤防に沿う部分の長さが20m以上のものを除く）
- 堤内の土地における地表から深さ1m以内の土地の掘削、または切土
- 堤内の土地における工作物（コンクリート造、石造、れんが造などの堅固なもの、および貯水池、水槽、井戸、水路など水が浸透するおそれのあるものを除く）の新築、または改築
- 上記の他、河川管理者が河岸、または河川管理施設の保全上影響が少ないと認めて指定した行為

一次
3
法
規

演習問題でレベルアップ

《《問題1》》 河川法に関する次の記述のうち、**誤っているもの**はどれか。
(1) 1級及び2級河川以外の準用河川の管理は、市町村長が行う。
(2) 河川法上の河川に含まれない施設は、ダム、堰、水門などである。
(3) 河川区域内の民有地での工事材料置場の設置は河川管理者の許可を必要とする。
(4) 河川管理施設保全のため指定した、河川区域に接する一定区域を河川保全区域という。

解説▶ (2) 河川法おいて、「河川」とは、1級河川および2級河川をいい、これらの河川に係る河川管理施設を含むものとする。「河川管理施設」とは、ダム、堰、水門、堤防、護岸、床止め、樹林帯その他の施設をいう。　　　　　　　　　　　　　　　　　【解答（2）】

《《問題2》》 河川法に関する次の記述のうち、**誤っているもの**はどれか。
(1) 都道府県知事が管理する河川は、原則として、二級河川に加えて準用河川が含まれる。
(2) 河川区域は、堤防に挟まれた区域と、河川管理施設の敷地である土地の区域が含まれる。
(3) 河川法上の河川には、ダム、堰、水門、床止め、堤防、護岸などの河川管理施設が含まれる。
(4) 河川法の目的には、洪水防御と水利用に加えて河川環境の整備と保全が含まれる。

解説▶ (1) 二級河川は都道府県知事が管理するが、準用河川は市町村長が管理する。

【解答 (1)】

《《問題3》》 河川法上、河川区域内において、河川管理者の許可を**必要としないもの**は次のうちどれか。
(1) 河川区域内に設置されているトイレの撤去
(2) 河川区域内の上空を横断する送電線の改築
(3) 河川区域内の土地を利用した鉄道橋工事の資材置場の設置
(4) 取水施設の機能維持のために行う取水口付近に堆積した土砂の排除

解説▶ (4) 取水施設の機能維持のために行う取水口付近に堆積した土砂の排除は、河川管理者の許可を必要としない。(1) ～ (3) は許可を必要とする。

【解答 (4)】

《《問題4》》 河川法に関する河川管理者の許可について、次の記述のうち**誤っているもの**はどれか。
(1) 河川区域内の土地において民有地に堆積した土砂などを採取する時は、許可が必要である。
(2) 河川区域内の土地において農業用水の取水機能維持のため、取水口付近に堆積した土砂を排除する時は、許可は必要ない。
(3) 河川区域内の土地において推進工法で地中に水道管を設置する時は、許可は必要ない。
(4) 河川区域内の土地において道路橋工事のための現場事務所や工事資材置場などを設置する時は、許可が必要である。

解説▶ (3) 河川区域内の土地において推進工法で地中に水道管を設置する時は、許可が必要である。

【解答 (3)】

6章　建築基準法

1 建築基準法の要点

建築基準法の目的は、その第1条件で「建築物の敷地、構造、設備および用途に関する最低の基準を定めて、国民の生命、健康及び財産の保護を図り、もって公共の福祉の増進に資することを目的とする」とされている。

建築基準法で定義されている用語を次に整理する。

用語	定義など
建築物	土地に定着する工作物のうち、屋根、柱、壁を有するもの。 これに付属する門、塀、観覧のための工作物、地下・高架の工作物内に設ける事務所、店舗、興行場、倉庫その他これらに類する施設（建築設備を含む）。
特殊建築物	学校、病院、劇場、百貨店、その他、これらに類する用途に供する建築物のこと。
建築	建築物を新築し、増築し、改築し、または移転すること。
建築設備	建築物に設ける各種設備のことで、電気、ガス、給水、排水、換気、冷暖房、汚物処理の設備、煙突、昇降機、避雷針など。
居室	居住、作業、娯楽などの目的のために継続的に使用する室のこと。
主要構造部	防火や安全、衛生上重要な建物の部位で、壁、柱、床、はり、屋根、階段のこと（間仕切り壁や間柱などは主要構造部ではない）。
建築主	建築物の工事請負契約の注文者、または請負契約によらないで自らその工事を行う者。

一次
3
法
規

2 建築基準法の主な規定

規定	規定の内容
都市計画区域内などにおける道路	都市計画区域などにおける道路は幅4m以上のもの。
敷地などと道路の関係	都市計画区域内の建築物の敷地は、原則として道路に2m以上接しなければならない。
道路内の建築制限	建築物または敷地を造成するための擁壁は、道路内、または道路に突き出して建築、築造してはならない（地盤面下に設ける建築物などは除く）。
容積率	建築物の延べ面積の敷地面積に対する割合。 $$容積率 = \frac{建築の延べ面積}{敷地面積} \times 100（\%）$$
建ぺい率	建築物の建築面積の敷地面積に対する割合。 $$建ぺい率 = \frac{建築面積}{敷地面積} \times 100（\%）$$

《《問題1》》建築基準法の用語に関して、次の記述のうち**誤っているもの**はどれか。
(1) 特殊建築物とは、学校、体育館、病院、劇場、集会場、百貨店などをいう。
(2) 建築物の主要構造部とは、壁、柱、床、はり、屋根または階段をいい、局部的な小階段、屋外階段は含まない。
(3) 建築とは、建築物を新築し、増築し、改築し、または移転することをいう。
(4) 建築主とは、建築物に関する工事の請負契約の注文者であり、請負契約によらないで自らその工事をする者は含まない。

解説▶ (4) 建築主とは、建築物に関する工事の請負契約の注文者である。また、請負契約によらないで自らその工事をする者も建築主に含まれる。例としてハウスメーカーが建売住宅を建築する場合やセルフビルドの場合など。 【解答 (4)】

《《問題2》》建築基準法に関する次の記述のうち、**誤っているもの**はどれか。
(1) 道路とは、原則として、幅員4m以上のものをいう。
(2) 建築物の延べ面積の敷地面積に対する割合を容積率という。
(3) 建築物の敷地は、原則として道路に1m以上接しなければならない。
(4) 建築物の建築面積の敷地面積に対する割合を建ぺい率という。

解説▶ (3) 建築物の敷地は、原則として道路に2m以上接しなければならない（敷地などと道路との関係）。 【解答 (3)】

《《問題3》》敷地面積1000 m²の土地に、建築面積500 m²の2階建ての倉庫を建築しようとする場合、建築基準法上、建ぺい率（%）として**正しいもの**は次のうちどれか。
(1) 50　　(3) 150
(2) 100　　(4) 200

解説▶

$$建ぺい率（\%）= \frac{建築面積}{敷地面積} \times 100 = \frac{500 \text{ m}^2}{1000 \text{ m}^2} \times 100 = 50\%$$

【解答 (1)】

《《問題4》》建築基準法上、建築設備に**該当しないもの**は、次のうちどれか。
(1) 煙突　　(3) 階段
(2) 排水設備　　(4) 冷暖房設備

解説▶ 建築基準法における建築設備に該当するものは次のとおり。「建築物に設ける電気、ガス、給水、排水、換気、暖房、冷房、消火、排煙もしくは汚物処理の設備、または煙突、昇降機、避雷針」。

なお、主要構造部に該当するものは次のとおり。「壁、柱、床、はり、屋根または階段」。よって (3) 階段が建築設備に該当しない。 【解答 (3)】

7章 火薬類取締法

1 火薬類取締法の要点

　火薬類取締法は、火薬類の製造、販売、貯蔵、運搬、消費その他の取扱いを規制することにより、火薬類による災害を防止し、公共の安全を確保することを目的としている。火薬類は、火薬、爆薬、火工品に分類されている。

◯ 火薬類取締法で用いられる用語

用　語	定　義
火薬類	火薬、爆薬および火工品をいう
火薬	推進的爆発の用途 黒色火薬、無煙火薬など
爆薬	破壊的爆発の用途 ニトログリセリン、ダイナマイト、液体爆薬など
火工品	工業雷管、電気雷管、実包、信管、導火線など

火薬類の消費（発破）の手順

　火薬類は火薬庫で貯蔵する。消費場所では、火薬類の管理、および発破の準備をするための火薬類取扱所を設け、さらに薬包に雷管を取り付ける作業のための火工所を設ける。

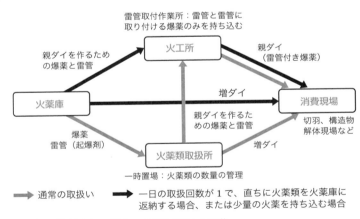

◯ 火薬類の消費（発破）の手順（イメージ）

2 火薬類の貯蔵

　火薬類は、火薬庫に貯蔵しなければならない。ただし、一定の数量以下の火薬類については、この限りでない。

一次 3 法 規

火薬庫

- 火薬庫を設置し、移転、またはその構造、設備を変更するときは、**都道府県知事の許可**を受けなければならない。
- 建築物の構造は、鉄筋コンクリート造り、コンクリートブロック造りなどとし、盗難および火災を防ぐことのできる構造とする。
- 建築物の入口の扉は鉄製の防火扉で、盗難を防止するための措置を講じる。
- 建築物の内面は板張りとし、床面にはできるだけ鉄類を表さないこと。
- 建築物の屋根の外面は、金属板、スレート板、かわらなどの不燃性物質を使用し、天井裏または屋根に盗難防止のための金網を張ること。

貯蔵上の取扱い

- 火薬庫の境界内には、必要がある者の他は立ち入らない。
- 火薬庫の境界内には、爆発、発火、燃焼しやすい物を堆積しない。
- 火薬庫内には、火薬類以外の物を貯蔵しない。
- 火薬庫内に入る場合、鉄類やそれらを使用した器具（チェーンブロックなど）、携帯電灯以外の灯火を持ち込まない。
- 火薬庫内では、荷造り、荷解き、開函をしない。
- 火薬庫内では、換気に注意し、できるだけ温度の変化を少なくする。

火薬類の消費

- 火薬類を爆発させる、または燃焼させようとする者は、**都道府県知事の許可**を受けなければならない（非常災害時での緊急措置など例外規定あり）。
- 火薬類の爆発または燃焼は、経済産業省令で定める技術上の基準に従って行わなければならない。

火薬類の廃棄

- 火薬類を廃棄するときは、**都道府県知事の許可**を受けなければならない。

3 火薬類の取扱い

取扱者の制限

- 18 歳未満の者は、火薬類の取扱いをしてはならない。
- 心身の障害により火薬類の取扱いに伴う危害を予防するための措置を適正に行うことができない者に、火薬類の取扱いをさせてはならない。

火薬類の取扱い

- 火薬類を収納する容器は、木その他電気不良導体で作った丈夫な構造のものとし、内面には鉄類を表さない。
- 火薬類を存置、運搬するときは、火薬、爆薬、導爆線、制御発破用コードと火工品とは、**それぞれ異なる容器に収納**する。
- 火薬類を運搬するときは、**衝撃などに対して安全な措置**を講じる。

この場合、工業雷管、電気雷管、導火管付き雷管やこれらを取り付けた薬包を坑内や隔離した場所に運搬するときは、背負袋、背負箱などを使用する。

・電気雷管を運搬するときには、**脚線が裸出しないような容器に収納し、乾電池や電路の裸出している電気器具を携行せず**、さらに、電灯線、動力線その他漏電のおそれのあるものにできるだけ接近しない。

・火薬類は、使用前に、凍結、吸湿、固化その他異常の有無を**検査**する。

・凍結したダイナマイトなどは、**50℃以下の温湯を外槽に使用した融解器、または 30℃以下に保った室内に置くことにより融解する。**
　ただし、裸火、ストーブ、蒸気管その他高熱源に接近させてはならない。

・固化したダイナマイトなどは、もみほぐす。

・使用に適しない火薬類は、その旨を明記し、火薬類取扱所に返送する。

・止むを得ない場合を除き、火薬類取扱所、火工所、発破場所以外の場所に火薬類を存置しない。

・消費場所においては、火薬類消費計画書に火薬類を取り扱う必要のある者として記載されている者が火薬類を取り扱う場合には、**腕章を付ける**など、他の者と容易に識別できる措置を講じる。

4 火薬類取扱所

・消費場所では、**火薬類の管理や発破の準備をするために、火薬類取扱所を設けな**ければならない。

・火薬類取扱所は、**一つの消費場所について 1 か所**とする。

・火薬類取扱所は、通路、通路となる坑道、動力線、火薬庫、火気を取り扱う場所、人の出入りする建物などに対し、安全で、湿気の少ない場所に設ける。

・火薬類取扱所には建物を設け、その構造は、火薬類を存置するときに見張人を常時配置する場合を除き、平家建の鉄筋コンクリート造り、コンクリートブロック造り、またはこれと同等程度に盗難や火災を防ぎ得る構造にする。

・火薬類取扱所の建物の屋根の外面は、金属板、スレート板、かわらその他の不燃性物質を使用、建物の内面は板張りで床面にはできるだけ鉄類を表さない。

・暖房の設備には、温水、蒸気、または熱気以外のものを使用しない。

・火薬類取扱所の周囲には、適当な境界柵を設け、さらに「火薬」、「立入禁止」、「火気厳禁」などと書いた警戒札を建てる。

・火薬類取扱所内には、見やすい所に取扱いに必要な法規、心得を掲示する。

・火薬類取扱所の境界内には、爆発、発火、燃焼しやすいものを堆積しない。

・火薬類取扱所には、定員を定め、定員内の作業者または特に必要がある者の他は立ち入らない。

・火薬類取扱所において存置することのできる火薬類の数量は、1 日の消費見込量

以下とする。

・火薬類取扱所には、帳簿を備え、責任者を定めて、火薬類の受払いや消費残数量を、そのつど明確に記録させる。

・火薬類取扱所の内部は、整理整とんし、火薬類取扱所内における作業に必要な器具以外の物を置かない。

5 火工所

・消費場所では、薬包に工業雷管、電気雷管、導火管付き雷管を取り付け、またはこれらを取り付けた薬包を取り扱う作業をするために、火工所を設けなければならない。

・火工所は、通路、通路となる坑道、動力線、火薬類取扱所、他の火工所、火薬庫、火気を取り扱う場所、人の出入する建物などに対し安全で、湿気の少ない場所に設ける。

・火工所として建物を設ける場合には、適当な換気の措置を講じ、床面にはできるだけ鉄類を表さず、その他の場合には、日光の直射や雨露を防ぎ、安全に作業ができるような措置を講じる。

・火工所に火薬類を存置するときには、見張人を常時配置する。

・火工所内を照明する設備を設ける場合には、火工所内と完全に隔離した電灯とし、さらに火工所内で電導線を表さない。

・火工所の周囲には、適当な柵を設け、さらに「火薬」、「立入禁止」、「火気厳禁」などと書いた警戒札を建てる。

・火工所以外の場所においては、薬包に工業雷管、電気雷管、導火管付き雷管を取り付ける作業を行わない。

・火工所には、薬包に工業雷管、電気雷管、導火管付き雷管を取り付けるために必要な火薬類以外の火薬類を持ち込まない。

6 発破の作業

・発破場所に携行する火薬類の数量は、作業に使用する消費見込量を超えないこと。

・発破場所では、責任者を定め、火薬類の受渡し数量、消費残数量、発破孔、薬室に対する装填方法をその都度記録させる。

・装填が終了し火薬類が残った場合には、ただちに初めの火薬類取扱所または火工所に返送する。

・装填前に、発破孔、薬室の位置、岩盤などの状況を検査し、適切な装填方法により装填する。

・発破による飛散物により人畜、建物などに損傷が生じるおそれのある場合には、損傷を防ぎ得る防護措置を講じる。

- 前回の発破孔を利用して、削岩や装填をしない。
- 火薬や爆薬を装填する場合には、その付近での喫煙や、裸火を使用しない。
- 火薬類の装填では、発破孔に砂その他の発火性や引火性のない込物を使用し、さらに摩擦、衝撃、静電気などに対して安全な装填機や装填具を用いる。

演習問題でレベルアップ

《《問題1》》 火薬類の取扱いに関する次の記述のうち、火薬類取締法上、**誤っている**ものはどれか。

(1) 火工所に火薬類を存置する場合には、見張人を原則として常時配置すること。

(2) 火工所として建物を設ける場合には、適当な換気の措置を講じ、床面は鉄類で覆い、安全に作業ができるような措置を講ずること。

(3) 火工所の周囲には、適当な柵を設け、「火気厳禁」などと書いた警戒札を掲示すること。

(4) 火工所は、通路、通路となる坑道、動力線、火薬類取扱所、他の火工所、火薬庫、火気を取り扱う場所、人の出入りする建物などに対し安全で、かつ、湿気の少ない場所に設けること。

解説▶ 火薬類取締法施行規則によると「火工所として建物を設ける場合には、適当な換気の措置を講じ、床面にはできるだけ鉄類を表わさず、その他の場合には、日光の直射及び雨露を防ぎ、安全に作業ができるような措置を講ずること。」となっている。 【解答(2)】

《《問題2》》 火薬類の取扱いに関する次の記述のうち、火薬類取締法上、**誤っている**ものはどれか。

(1) 火工所以外の場所において、薬包に雷管を取り付ける作業を行わない。

(2) 消費場所において火薬類を取り扱う場合、固化したダイナマイトなどはもみほぐしてはならない。

(3) 火工所に火薬類を存置する場合には、見張人を常時配置する。

(4) 火薬類の取扱いには、盗難予防に留意する。

解説▶ 火薬類取締法施行規則によると「固化したダイナマイトなどは、もみほぐすこと。」となっている。(2)が誤っている。 【解答(2)】

〈〈問題3〉〉 火薬類の取扱いに関する次の記述のうち、火薬類取締法上、**誤っている**ものはどれか。

(1) 火薬類を取り扱う者は、所有または、占有する火薬類、譲渡許可証、譲受許可証または運搬証明書を紛失または盗取されたときは、遅滞なくその旨を都道府県知事に届け出なければならない。

(2) 火薬庫を設置し移転または設備を変更しようとする者は、原則として都道府県知事の許可を受けなければならない。

(3) 火薬類を譲り渡し、または譲り受けようとする者は、原則として都道府県知事の許可を受けなければならない。

(4) 火薬類を廃棄しようとする者は、経済産業省令で定めるところにより、原則として、都道府県知事の許可を受けなければならない。

解説▶ 火薬類取締法によると「火薬類、譲渡許可証、譲受許可証、運搬証明書を喪失し、または盗取されたとき、遅滞なくその旨を警察官また海上保安官に届け出なければならない。」となっている。 【解答（1）】

〈〈問題4〉〉 火薬類の取扱いに関する次の記述のうち、火薬類取締法上、**誤っている**ものはどれか。

(1) 火薬庫の境界内には、必要がある者の他は立ち入らない。

(2) 火薬庫の境界内には、爆発、発火、または燃焼しやすい物を堆積しない。

(3) 火工所に火薬類を保存する場合には、必要に応じて見張人を配置する。

(4) 消費場所において火薬類を取り扱う場合、固化したダイナマイトなどは、もみほぐす。

解説▶ 火薬類取締法施行規則によると「火工所に火薬類を存置する場合には、見張人を常時配置すること。」とされている。 【解答（3）】

8章 騒音規制法・振動規制法

1 騒音規制法の要点

騒音規制法は、工場及び事業場における事業活動や、建設工事に伴って発生する相当範囲にわたる騒音について必要な規制を行うとともに、自動車騒音に係る許容限度を定めることなどにより、生活環境を保全し、国民の健康の保護に資することを目的としている。

特定建設作業

騒音規制法では、建設工事で実施される特定建設作業（建設工事として行われる作業のうち、著しい騒音を発生する作業）として、8項目を定めている。

なお、特定建設作業は2日以上にわたる作業であり、その日に終わる作業は除外されている。

➡ 特定建設作業（騒音）

1	杭打機、杭抜機、杭打杭抜機を使用する作業。 （もんけん、圧入式杭打杭抜機をアースオーガと併用する作業を除く）
2	びょう打機を使用する作業。
3	削岩機を使用する作業。 （作業地点が連続的に移動する作業にあっては、1日における当該作業に係る2地点間の最大距離が50mを超えない作業に限る）
4	空気圧縮機を使用する作業。 （定格出力が15kW以上）
5	コンクリートプラント、またはアスファルトプラントを設けて行う作業。 （コンクリートプラントは0.45m³以上、アスファルトプラントは200kg以上）
6	バックホゥを使用する作業。 （環境庁長官が指定するものを除く。定格出力が80kW以上）
7	トラクタショベルを使用する作業。 （環境庁長官が指定するものを除く。定格出力が70kW以上）
8	ブルドーザを使用する作業。 （環境庁長官が指定するものを除く。定格出力が40kW以上）

2 振動規制法の要点

振動規制法は、工場及び事業場における事業活動、建設工事に伴って発生する相当範囲にわたる振動について必要な規制を行うとともに、道路交通振動に係る要請の措置を定めることなどにより、生活環境を保全し、国民の健康の保護に資することを目的としている。

特定建設作業

振動規制法では、建設工事で実施される特定建設作業（建設工事として行われる作業のうち、著しい振動を発生する作業）として、4項目を定めている。

なお、特定建設作業は 2 日以上にわたる作業であり、その日に終わる作業は除外されている。

▶ 特定建設作業（振動）

1	杭打機、杭抜機、杭打杭抜機を使用する作業。 （もんけん、圧入式杭打杭抜機をアースオーガと併用する作業を除く）
2	鋼球を使用して建築物その他の工作物を破壊する作業。
3	舗装破砕機を使用する作業。 （作業地点が連続的に移動する作業にあっては、1 日における当該作業に係る 2 地点間の最大距離が 50 m を超えない作業に限る）
4	ブレーカを使用する作業。 （手持ち式を除く）

3 規制基準

　特に静穏の保持を必要とする区域などを第 1 号区域、これに準じる区域を第 2 号区域として、規制基準を設けている。

▶ 特定建設作業の規制基準

規制の種別	区 域 の 区 分			
	第 1 号区域		第 2 号区域	
	騒音規制法	振動規制法	騒音規制法	振動規制法
規 制 基 準	85 デシベル	75 デシベル	85 デシベル	75 デシベル
作業時間帯	19：00〜翌 7：00 の時間内でないこと。		22：00〜翌 6：00 の時間内でないこと。	
作 業 期 間	1 日当たり 10 時間を超えないこと。		1 日当たり 14 時間を超えないこと。	
	連続 6 日を超えないこと。		連続 6 日を超えないこと。	
作 業 日	日曜日その他の休日でないこと。		日曜日その他の休日でないこと。	

・区域の区分は、次に掲げる区域として、都道府県知事または市長が指定した区域。
　第 1 号区域：良好な住居の環境を保全するため、特に静穏の保持を必要とする区域。
　　　　　　　住居の用に供されているため、静穏の保持を必要とする区域。
　　　　　　　住居の用に合わせて商業、工業などの用に供されている区域であって、相当数の住居が集合しているため、騒音・振動の発生を防止する必要がある区域。
　　　　　　　学校、保育所、病院、収容施設を有する診療所、図書館ならびに特別養護老人ホームの敷地の周囲おおむね 80 m の区域内。
　第 2 号区域：指定区域で第 1 号区域以外の区域。

4 届出

　特定建設作業の届出は、作業開始の日の 7 日前までであり、届出先は**市町村長**となっている。ただし、災害その他非常の事態の発生により特定建設作業を緊急に行う必要がある場合は、この限りでない。

特定建設作業の実施の届出内容

- ・氏名または名称及び住所ならびに法人にあっては、その代表者の氏名
- ・建設工事の目的となる施設または工作物の種類
- ・特定建設作業の種類、場所、実施の期間、開始及び終了の時刻
- ・騒音、または振動の防止の方法
- ・建設工事の名称、発注者の氏名または名称、住所（法人にあってはその代表者の氏名）
- ・特定建設作業に使用される機械の名称、型式及び仕様
- ・下請負人が特定建設作業を実施する場合は、下請負人の氏名、名称及び住所（法人にあってはその代表者の氏名）
- ・届出をする者（元請業者）の現場責任者の氏名と連絡場所、下請負人が特定建設作業を実施する場合は、その下請負人の現場責任者の氏名と連絡場所

演習問題でレベルアップ

《《問題1》》騒音規制法上、住民の生活環境を保全する必要があると認める地域の指定を行う者として、**正しいもの**は次のうちどれか。
- （1）環境大臣
- （2）国土交通大臣
- （3）町村長
- （4）都道府県知事または市長

解説▶　騒音規制法によると「都道府県知事（市の区域内の地域については、市長）は、住居が集合している地域、病院、学校の周辺の地域その他の騒音を防止することにより住民の生活環境を保全する必要があると認める地域を、特定工場などにおいて発生する騒音および特定建設作業に伴つて発生する騒音について規制する地域として指定しなければならない。」とされている。　　　　　　　　　　　　　　　　　　　　　　【解答（4）】

《《問題2》》騒音規制法上、建設機械の規格などにかかわらず特定建設作業の**対象とならない作業**は、次のうちどれか。
ただし、当該作業がその作業を開始した日に終わるものを除く。
- （1）さく岩機を使用する作業
- （2）圧入式杭打杭抜機を使用する作業
- （3）バックホゥを使用する作業
- （4）ブルドーザを使用する作業

解説▶　特定建設作業の対象となる作業は、（1）さく岩機を使用する作業、（3）バックホゥを使用する作業、（4）ブルドーザを使用する作業とされている。　　　　　　【解答（2）】

アドバイス
特定建設作業の対象となる作業は、出題されやすいので覚えておこう。

《《問題 3 》》 振動規制法上、特定建設作業の規制基準に関する「測定位置」と「振動の大きさ」との組合せとして、次のうち**正しいもの**はどれか。

         [測定位置]   [振動の大きさ]

(1) 特定建設作業の場所の敷地の境界線…………85dB を超えないこと

(2) 特定建設作業の場所の敷地の中心部…………75dB を超えないこと

(3) 特定建設作業の場所の敷地の中心部…………85dB を超えないこと

(4) 特定建設作業の場所の敷地の境界線…………75dB を超えないこと

解説▶ 振動規制法施行規則によると「特定定建設作業の振動が、特定建設作業の場所の敷地の境界線において、75 デシベル（dB）を超える大きさのものでないこと。」とされている。　　　　　　　　　　　　　　　　　　　　　　　　　　　【解答（4）】

《《問題 4 》》 振動規制法上、指定地域内において特定建設作業を施工しようとする者が、届け出なければならない事項として、**該当しないもの**は次のうちどれか。

(1) 特定建設作業の現場付近の見取り図

(2) 特定建設作業の実施期間

(3) 特定建設作業の振動防止対策の方法

(4) 特定建設作業の現場の施工体制表

解説▶ 振動規制法によると、「災害その他非常の事態の発生により特定建設作業を緊急に行う必要がある場合を除き、特定建設作業の開始の日の 7 日前までに、次の事項を市町村長に届け出なければならない。

  ①氏名または名称、住所、法人の場合は代表者の氏名

  ②建設工事の目的に係る施設または工作物の種類

  ③特定建設作業の種類、場所、実施期間および作業時間

  ④振動の防止の方法

  ⑤その他環境省令で定める事項　　　　　　　　　　　　　　とされている。

さらに、届出には「特定建設作業の場所の付近の見取図」を添付しなければならない。

したがって（4）特定建設作業の現場の施工体制表が該当しない。　　　【解答（4）】

《《問題 5 》》 振動規制法に定められている特定建設作業の**対象となる建設機械**は、次のうちどれか。

ただし、当該作業がその作業を開始した日に終わるものを除き、1 日における当該作業に係る 2 地点間の最大移動距離が 50 m を超えない作業とする。

(1) ジャイアントブレーカ　　　（3） 振動ローラ

(2) ブルドーザ　　　　　　　　（4） 路面切削機

解説▶ 問題文の記述は、(1) ジャイアントブレーカが該当する。振動規制法では、杭打機・杭抜機・杭打杭抜機の使用、鋼球を使用した解体、舗装版破砕機の使用、ブレーカの作業とされており、ブルドーザ、振動ローラ、路面切削機は該当しない。　　　【解答（1）】

9章 港則法

1 港則法の要点

港則法は、港内における船舶交通の安全と港内の整とんを図ることを目的としている。港則法で定義されている用語を整理する。

● 港則法の用語と定義

用 語	定 義
特定港	喫水（船が水に浮かんでいるときの、船の最下面から水面までの距離）の深い船舶が出入りできる港。または外国船舶が常時出入する港であって、政令で定めるもの。
汽艇等	汽艇（総トン数20未満の汽船）、はしけおよび端舟その他ろかいで運転する船舶をいう。
びょう地	「びょう」は錨。びょう泊（船がいかりをおろして1か所にとどまること）すべき場所。
投びょう	投錨。いかりをおろして船をとどめること
えい航	曳航。船が他の船や物などを引っ張って航行すること。

2 許可と届出

特定港内での工事などは、港長の許可が必要となる。また、特定港に入港したとき、または特定港を出港しようとするときなど、港長への届出が必要となる。

港長の許可を受ける必要があるもの

- ・特定港内において、危険物の積込、積替または荷卸するとき
- ・特定港内または特定港の境界付近における危険物の運搬
- ・特定港内において、私設信号を定めようとするとき
- ・特定港内または特定港の境界付近において、工事または作業をするとき。またその際に投びょうするとき

港長への届出が必要なもの

- ・特定港に入港したとき、または特定港を出港しようとするとき
- ・特定港内において、汽艇等以外の船舶を修繕または係船しようとする者

3 航路と航法

航路

- ・汽艇等以外の船舶は、特定港に出入、または特定港を通過するには、国土交通省令で定める航路によらなければならない。ただし、海難を避けようとする場合その他止むを得ない事由のある場合は、この限りでない。
- ・船舶は、航路内においては、投びょう、えい航している船舶を放してはならない。ただし、海難を避けようとするとき、運転の自由を失ったとき、人命や急迫した

危険のある船舶の救助に従事するとき、港長の許可を受けて工事や作業に従事するときは除く。

■ 航法

・航路外から航路に入るときや、航路から航路外に出ようとするときは、航路を航行する他の船舶の進路を避けなければならない。
・船舶は、航路内においては、**並列して航行してはならない**。
・船舶は、航路内において、他の船舶と行き会うときは、**右側を航行**しなければならない（**基本は右側通行**）。
・船舶は、航路内においては、**他の船舶を追い越してはならない**。

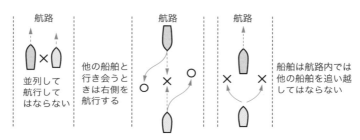

❯ 航路内の航法例

・汽船が港の防波堤の入口、または入口付近で他の汽船と出会うおそれのあるときは、入航する汽船は、**防波堤の外で出航する汽船の進路を避けなければならない**（港の出入口では出船優先）。
・船舶は、港内や港の境界付近では、他の船舶に危険を及ぼさないような速力で航行しなければならない。
・船舶は、港内においては、防波堤、埠頭などの工作物の突端や、停泊船舶を**右げんに見て航行するときはできるだけこれに近寄り、左げんに見て航行するときはできるだけこれに遠ざかって航行**しなければならない。

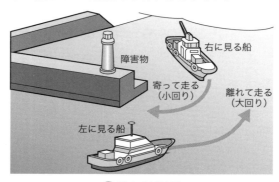

❯ 港内の航法例

演習問題でレベルアップ

《《問題1》》港則法上、特定港内の船舶の航路および航法に関する次の記述のうち、**誤っているもの**はどれか。
(1) 汽艇等以外の船舶は、特定港に出入し、または特定港を通過するには、国土交通省令で定める航路によらなければならない。
(2) 船舶は、航路内においては、原則として投びょうし、またはえい航している船舶を放してはならない。
(3) 船舶は、航路内において、他の船舶と行き会うときは、左側を航行しなければならない。
(4) 航路から航路外に出ようとする船舶は、航路を航行する他の船舶の進路を避けなければならない。

解説▶ 港則法によると「船舶は、航路内において、他の船舶と行き会うときは、右側を航行しなければならない。」とされている。　　　　　　　　　　　　【解答（3）】

《《問題2》》船舶の航路及び航法に関する次の記述のうち、港則法上、**誤っているもの**はどれか。
(1) 船舶は、航路内においては、他の船舶を追い越してはならない。
(2) 汽艇等以外の船舶は、特定港を通過するときには港長の定める航路を通らなければならない。
(3) 船舶は、航路内においては、原則としてえい航している船舶を放してはならない。
(4) 船舶は、航路内においては、並列して航行してはならない。

解説▶ 港則法によると「汽艇等以外の船舶は、特定港に出入し、または特定港を通過するには、国土交通省令で定める航路によらなければならない。ただし、海難を避けようとする場合その他やむを得ない事由のある場合は、この限りでない。」とされている。したがって（2）が誤っている。　　　　　　　　　　　　　　　　　　　【解答（2）】

《《問題3》》港則法上、許可申請に関する次の記述のうち、**誤っているもの**はどれか。
(1) 船舶は、特定港内または特定港の境界附近において危険物を運搬しようとするときは、港長の許可を受けなければならない。
(2) 船舶は、特定港において危険物の積込、積替または荷卸をするには、その旨を港長に届け出なければならない。
(3) 特定港内において、汽艇等以外の船舶を修繕しようとする者は、その旨を港長に届け出なければならない。
(4) 特定港内または特定港の境界附近で工事または作業をしようとする者は、港長の許可を受けなければならない。

解説▶ （2）港則法によると「船舶は、特定港において危険物の積込、積替または荷卸を

一次
3
法
規

するには、港長の許可を受けなければならない。」とされている。 【解答（2）】

《《問題4》》 特定港における港長の許可または届け出に関する次の記述のうち、港則法上、**正しいもの**はどれか。
(1) 特定港内または特定港の境界付近で工事または作業をしようとする者は、港長の許可を受けなければならない。
(2) 船舶は、特定港内において危険物を運搬しようとするときは、港長に届け出なければならない。
(3) 船舶は、特定港を入港したときまたは出港したときは、港長の許可を受けなければならない。
(4) 特定港内で、汽艇等を含めた船舶を修繕し、または係船しようとする者は、港長の許可を受けなければならない。

解説▶ （2）船舶は、特定港において危険物を運搬しようとするちきは、港長の許可を受けなければならない。
（3）船舶は、特定港を入港したとき、または出航しようとしたときは、港長に届け出なければならない。
（4）特定港内で、汽艇等を含めた船舶を修繕し、または係船しようとする者は、港長に届け出なければならない。 【解答（1）】

第 **4** 時限目

共 通 工 学

1章 測 量

1-1 水準測量

1 現場での測量（外業）

すでに地盤高のわかっている地点（図では No.0）から、地盤高を求めたい地点（図では No.3）を測量する。レベルと箱尺（スタッフ）を用いて、2 点間の高低差を測る作業を繰り返し、目的とする地点の地盤高を得る。下図を例に、測量の手順を示す。

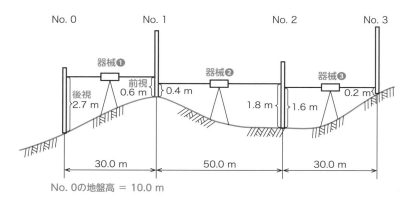

No.0の地盤高 = 10.0 m

① No.0 と No.1 を見通せる位置に、レベルを水平に据え付ける。【器械❶】

② No.0 に立てた箱尺の高さを読み取る【＝後視】

　　→ここでは 2.7 m　　※読み取り後、No.0 の箱尺は移動してもよい。

③器械❶のまま、No.1 に立てた箱尺の高さを読み取る【＝前視】

　　→ここでは 0.6 m　　※読み取り後も No.1 の箱尺は移動しない。

④ No.1 と No.2 を見通せる位置にレベルを移動し水平に据え付ける。【器械❷】

⑤ No.1 の箱尺の高さを読み取る【＝後視】

　　→ここでは 0.4 m　　※読み取り後、No.1 の箱尺は移動してもよい。

⑥器械❷のまま、No.2 に立てた箱尺の高さを読み取る【＝前視】

　　→ここでは 1.8 m　　※読み取り後も No.2 の箱尺は移動しない。

⑦ No.2 と No.3 を見通せる位置にレベルを移動し水平に据え付ける。【器械❸】

⑧ No.2 の箱尺の高さを読み取る【＝後視】

　　→ここでは 1.6 m　　※読み取り後、No.2 の箱尺は移動してもよい。

⑨器械❸のまま、No.3 に立てた箱尺の高さを読み取る【＝前視】

　　→ここでは 0.2 m　　ここで終了。

2 測量結果のまとめ（内業）

　測量の結果をまとめ、No.3 の地盤高を求める。No.0 の地盤高は図にある通り 10.0 m。この時の No.3 の地盤高を昇降式により計算する。

①昇降式の表に測量結果を記入する

測点 No.	距離 (m)	後視 (m)	前視 (m)	高低差（m） ＋	高低差（m） －	地盤高
0		2.7				測点 No. 0 … 地盤高　10.0 m
	30.0					
1		0.4	0.6			
	50.0					
2		1.6	1.8			
	30.0					
3			0.2			

②高低差を計算する

　高低差＝後視－前視

・No.1 の高低差は、2.7 － 0.6 = ＋2.1　→表の＋の枠に記入する。
・No.2 の高低差は、0.4 － 1.8 = －1.4　→表の－の枠に記入する。
・No.3 の高低差は、1.6 － 0.2 = ＋1.4　→表の＋の枠に記入する。

測点 No.	距離 (m)	後視 (m)	前視 (m)	高低差（m） ＋	高低差（m） －	地盤高
0		2.7				測点 No. 0 … 地盤高 10.0 m
	30					
1		0.4	0.6	2.1		10.0 ＋ 2.1 = 12.1 m
	50					
2		1.6	1.8		1.4	12.1 － 1.4 = 10.7 m
	30					
3			0.2	1.4		10.7 ＋ 1.4 = 12.1 m
	高低差の合計			3.5	1.4	10.0 ＋ 3.5 － 1.4 = 12.1 検算OK

③地盤高を計算する

・No.1 の地盤高は、No.0 の地盤高 10.0 m に対して高低差 ＋2.1 m なので 12.1 m。
・No.2 の地盤高は、No.1 の地盤高 12.1 m に対して高低差 －1.4 m なので 10.7 m。
・No.3 の地盤高は、No.2 の地盤高 10.7 m に対して高低差 ＋1.4 m なので 12.1 m。
　　よって No.3 の地盤高は **12.1 m。**

　なお、高低差＋の合計 3.5 m、高低差－の合計 1.4 m から、10.0＋3.5－1.4=12.1 m として検算しておくと安心だ。

一次
4
共通工学

《《問題1》》測点 No.5 の地盤高を求めるため、測点 No.1 を出発点として水準測量を行い下表の結果を得た。**測点 No.5 の地盤高**は次のうちどれか。

測点 No.	距離 （m）	後視 （m）	前視 （m）	高低差（m）		備　考
				＋	－	
1		0.9				測点 No. 1 … 地盤高 9.0 m
	20					
2		1.7	2.3			
	30					
3		1.6	1.9			
	20					
4		1.3	1.1			
	30					
5			1.5			測点 No. 5 … 地盤高 ☐ m

(1) 6.4 m

(2) 6.8 m

(3) 7.3 m

(4) 7.7 m

解説▶　計算しながら問題文の表に記入する。

測点 No.	距離 （m）	後視 （m）	前視 （m）	高低差（m）		備　考	
				＋	－		
1		0.9				測点 No. 1 … 地盤高 9.0 m	
	20						
2		1.7	2.3		1.4	9.0 － 1.4 ＝ 7.6	
	30						
3		1.6	1.9		0.2	7.6 － 0.2 ＝ 7.4	
	20						
4		1.3	1.1	0.5		7.4 ＋ 0.5 ＝ 7.9	
	30						
5			1.5		0.2	測点 No. 5 … 地盤高 7.7 m	7.9 － 0.2 ＝ 7.7

高低差合計　　　　　0.5　　1.8　　9.0 ＋ 0.5 － 1.8 ＝ 7.7 m　検算OK

【解答（4）】

〈〈問題2〉〉下図のように No.0 から No.3 までの水準測量を行い、図中の結果を得た。**No.3 の地盤高**は次のうちどれか。なお、No.0 の地盤高は 12.0 m とする。

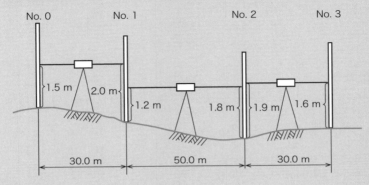

(1) 10.6 m
(2) 10.9 m
(3) 11.2 m
(4) 11.8 m

解説▶ 簡易的に下記のような表を作って記入する。なお、水準測量では、点間距離は計算に関係しないので省略してよい。

測点	後視	前視	高低差 （m）		地盤高（m）
			+	−	
0	1.5				12.0
1	1.2	2.0		0.5	11.5
2	1.9	1.8		0.6	10.9
3		1.6	0.3		11.2
高低差合計		0.3	1.1		12.0 + 0.3 − 1.1 = 11.2 検算OK

【解答 （3）】

1-2 トラバース測量

1 多角測量

　セオドライト（トランシット）やトータルステーションを用いて、測点を線上に結ぶように、測点間の角度と距離を連続して測定し、測点の位置を定めていく。複数の測点を連続させることから、多角測量と呼ばれる。

多角測量の種類

①閉合トラバース…… 出発点に戻って、最終測点＝出発点とする。

②開トラバース……… 出発点に戻らない。

③結合トラバース…… 出発地点、終了地点のそれぞれが既知点（座標がわかっている場所）で固定されている。

2 方位角

真北を 0° としたときに、測線が時計回りに何度になるか計算した角度を方位角という。

計算例

下図の測線 B C の方位角を求める。

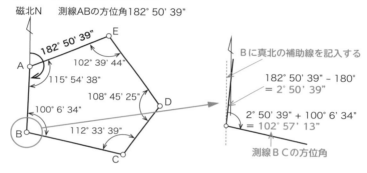

磁北N　　測線ABの方位角182° 50' 39"

182° 50' 39"

102° 39' 44"

115° 54' 38"

108° 45' 25"

100° 6' 34"

112° 33' 39"

B に真北の補助線を記入する

182° 50' 39" − 180"
= 2° 50' 39"

2° 50' 39" + 100° 6' 34"
= 102° 57' 13"

測線 B C の方位角

アドバイス

「平行線の同位角は等しい」を用いよう

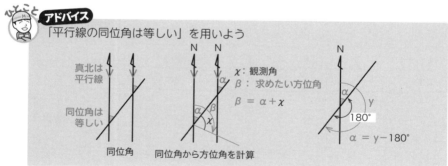

真北は
平行線

同位角は
等しい

同位角

χ：観測角
β： 求めたい方位角

$\beta = \alpha + \chi$

同位角から方位角を計算

$\alpha = y − 180°$

180°

3 閉合誤差と閉合比

閉合トラバース測量では、出発地点（既知点）に器械を据え付け、次の測点を観測し、これを順次繰り返して、最終的に出発地点を観測して終了する。この時に、出発地点と最終測点は同じであるはずであるが、どのように正確に測量しても誤差が生じてしまうことが一般的である。この時の誤差の長さを閉合誤差という。

また、観測距離の総和（合計）に対する閉合誤差を閉合比という。

$$\text{閉合比} = \frac{1}{P} = \frac{\text{閉合誤差}}{\text{測点距離の総和}}$$

■ 計算例

トラバース測量において、下表の観測結果を得たとする。閉合誤差は 0.007m である。以下に閉合比を求める手順を示す（ただし今回の閉合比は、有効数字で 4 桁目を切り捨て、3 桁に丸める）。

側線	距離 L(m)	方位角			緯距 L(m)	経距 D(m)
AB	37.373	180°	50′	40″	−37.289	−2.506
BC	40.625	103°	56′	12″	−9.785	39.429
CD	39.078	36°	30′	51″	31.407	23.252
DE	38.803	325°	15′	14″	31.884	−22.115
EA	41.378	246°	54′	60″	−16.223	−38.065
計	197.257				−0.005	−0.005

閉合誤差 = 0.007 m ← ─────────── 計算に使うのはこの 2 つ

閉合比（＝1／P）
＝閉合誤差／各測点距離の総和 = 0.007／197.257＝1／28 100
P＝197.257／0.007＝28 1<u>79</u>.5714＝28 100

↑
有効数字の4桁目（ここでは、"79" 以下）を切り捨て

演習問題でレベルアップ

《《問題 1 》》トラバース測量を行い下表の観測結果を得た。
　測線 AB の方位角は 183° 50′ 40″ である。**測線 BC の方位角**は次のうちどれか。

測点	観測角		
A	116°	55′	40″
B	100°	5′	32″
C	112°	34′	39″
D	108°	44′	23″
E	101°	39′	46″

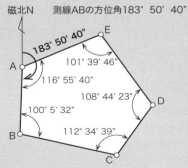

(1) 103° 52′ 10″　　(3) 103° 56′ 12″
(2) 103° 54′ 11″　　(4) 103° 58′ 13″

解説▶　補助線を書きながら計算してみよう。2つの方法があるので、わかりやすいほうを使うとよい。

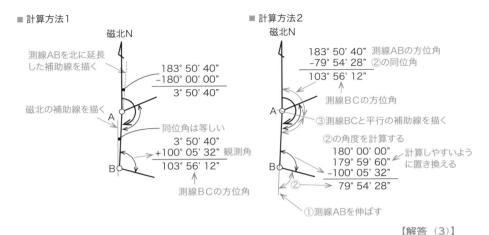

■計算方法1

磁北N

測線ABを北に延長した補助線を描く

磁北の補助線を描く

A

B

183° 50' 40"
−180° 00' 00"
　　3° 50' 40"

同位角は等しい

　　3° 50' 40"
+100° 05' 32"　観測角
103° 56' 12"

測線BCの方位角

■計算方法2

磁北N

183° 50' 40"　測線ABの方位角
−79° 54' 28"　②の同位角
103° 56' 12"

測線BCの方位角

A

③測線BCと平行の補助線を描く

②の角度を計算する
180° 00' 00"　　計算しやすいよう
179° 59' 60"　　に置き換える
−100° 05' 32"
　79° 54' 28"

B

②

①測線ABを伸ばす

【解答（3）】

《《問題2》》閉合トラバース測量による下表の観測結果において、閉合誤差が0.008mのとき、**閉合比**は次のうちどれか。
　ただし、閉合比は有効数字4桁目を切り捨て、3桁に丸める。

側線	距離 l(m)	方位角			緯距 L(m)	経距 D(m)
AB	37.464	183°	43'	41"	−37.385	−2.436
BC	40.557	103°	54'	7"	−9.744	39.369
CD	39.056	36°	32'	41"	31.377	23.256
DE	38.903	325°	21'	0"	32.003	−22.119
EA	41.397	246°	53'	37"	−16.246	−38.076
計	197.377				0.005	−0.006

閉合誤差 = 0.008 m

(1) 1／24400　　　(3) 1／24600

(2) 1／24500　　　(4) 1／24700

解説▶　閉合比（＝1/P）
　　　＝閉合誤差／各測点距離の総和 ＝ 0.008/197.377 ＝ 1/24 600
　　　P ＝ 197.377 ÷ 0.008 ＝ 24 6<u>72.125</u> ＝ 24,600

"72"以下を切り捨て

【解答（3）】

2章　契約・設計図書

2-1　契約図書

公共工事の請負契約に必要となる図書は、契約書と設計図、仕様書などである。

契約図書とは、契約書および設計図書をいう。

設計図書は、①図面、②仕様書（共通仕様書、特記仕様書）、③現場説明書、④これらに対する質問回答書で構成される。

仕様書は、各工事に共通する共通仕様書と、各工事で規定される特記仕様書に区別される。

● 契約図書

契約図書	契約書	契約書	工事名、工期、請負代金、支払方法などを記し、発注者、請負者の契約上の権利や義務を定めたもの。
		約　款	契約の解除、請負代金の変更、違約事項などで、契約条項で定型的な内容を定めたもの。
	設計図書	図　面	発注者が示した設計図、発注者から変更または追加された設計図及び設計図の基となる設計計算書など。
		共通仕様書	各工事に共通する仕様書。各建設作業の順序、使用材料の品質、数量、仕上げの程度、施工方法などの工事を施工するうえで必要な技術的要求、工事内容を説明した書類で、あらかじめ定型的な内容を盛り込み作成したもの。
		特記仕様書	共通仕様書を補足し、当該工事の施工に関する明細または工事に固有の技術的要求の他、諸条件を定めたもの。
		現場説明書	工事の入札に参加するものに対して発注者が当該工事の契約条件などを説明するための書類。
		質問回答書	図面、仕様書、現場説明書の不明確な部分に関する入札参加者からの質問に対して発注者が全入札者に回答した書面。

2-2　公共工事標準請負契約約款

請負契約の明確化、適正化をはかる目的で公共工事標準請負契約約款がある。約款では、発注者を「甲」、受注者を「乙」と呼ぶ。

・請負者は、契約書記載の工事を契約書記載の工期内に完成し、工事目的物を甲に

一次
4
共通工学

引き渡すものとし、甲は、その請負代金を支払うものとする。

・仮設、施工方法その他工事目的物を完成するために必要な一切の手段（「施工方法など」）については、約款及び設計図書に特別の定めがある場合を除き、請負者の責任において定める。

・約款に定める請求、通知、報告、申出、承諾及び解除は、**書面により行わなければ**ならない。

設計図書

図面、仕様書、現場説明書、質問回答書。

設計図書は、拘束力を有するものである。

内訳書・工程表

請負者は、設計図書に基づいて請負代金内訳書（内訳書）と工程表を作成し、発注者に提出し、その承認を受けなければならない。しかし、これらは法的な拘束力をもつものではない。

一括委任または一括下請負の禁止

請負者は、工事の全部や主たる部分、他の部分から独立してその機能を発揮する工作物の工事を、一括して第三者に委任したり、請け負わせてはならない。

下請負人の通知

発注者は、請負者に対して、下請負人の商号・名称その他必要な事項の通知を請求することができる。

特許権などの使用

特許権は請負者の責任となる。ただし、**発注者が設計書に明示せず、請負者も存在を知らなかった場合は、発注者の負担となる。**

監督員

発注者は、監督員を置いたときは、その氏名を請負者に通知しなければならない。監督員を変更したときも同様とする。また、発注者は、**2名以上の監督員を置き、権限を分担させたときなど**は、その内容を、請負者に通知しなければならない。

監督員の指示、承諾は、原則として書面により行わなければならない。

現場代理人及び主任技術者など

・請負者は、現場代理人、主任技術者（監理技術者）を定めて工事現場に設置し、設計図書に定めるところにより、その氏名その他必要な事項を発注者に通知しなければならない。これらの者を変更したときも同様とする。

・現場代理人は、工事現場に常駐し、この契約の履行、運営、取締りを行う他、**請負代金額の変更、請負代金の請求および受領などの権限を除き**、この契約に基づく請負者の一切の権限を行使することができる。

・現場代理人、主任技術者（監理技術者）及び専門技術者は、これを兼ねることができる。

工事材料の品質及び検査など

- 工事材料の品質については、設計図書の定めによる。設計図書にその品質が明示されていない場合は、**中等の品質**を有するものとする。
- 請負者は、監督員の検査を設計図書で指定された工事材料は、検査に合格したものを使用しなければならない。この場合、**検査に直接要する費用**は、**請負者の負担**とする。

条件変更など

請負者は、工事の施工にあたり、設計図書の内容や現地の制約などが一致しない、表示が明確でないなどの状況を発見したときは、直ちに監督員に通知し、その確認を請求しなければならない。

設計図書の変更

発注者は、必要があると認めるときは、設計図書の変更内容を請負者に通知して、設計図書を変更することができる。この場合において、発注者は、必要がある場合には工期や請負代金額を変更したり、請負者に損害を及ぼしたときは必要な費用を負担しなければならない。

工事の中止

工事用地などの確保ができないこと、暴風、豪雨、洪水、高潮、地震、地すべり、落盤、火災、騒乱、暴動その他の自然的、また人為的な事象によって、請負者が工事を施工できないと認められるときは、発注者は、工事の中止内容を直ちに請負者に通知して、工事の全部または一部の施工を一時中止させなければならない。

請負者の請求による工期の延長

請負者は、天候の不良、関連工事の調整への協力などの事由により工期内に工事を完成することができないときは、その理由を明示した書面により、**発注者に工期の延長変更を請求**することができる。

発注者の請求による工期の短縮

発注者は、特別の理由により工期を短縮する必要があるときは、工期の短縮変更を請負者に請求することができる。この場合、必要があると認められるときは請負代金額を変更したり、請負者に損害を及ぼしたときは必要な費用を負担しなければならない。

部分使用

発注者は、工事目的物の全部または一部を、**引渡し前であっても請負者の承諾を得て**使用することができる。

《《問題1》》 公共工事で発注者が示す設計図書に**該当しないもの**は、次のうちどれか。
(1) 現場説明書
(2) 現場説明に対する質問回答書
(3) 設計図面
(4) 施工計画書

解説▶ (4) 施工計画書は該当しない。 【解答 (4)】

《《問題2》》 公共工事で発注者が示す設計図書に**該当しないもの**は、次のうちどれか。
(1) 現場説明書
(2) 特記仕様書
(3) 設計図面
(4) 見積書

解説▶ (4) 見積書は該当しない。 【解答 (4)】

《《問題3》》 公共工事標準請負契約約款に関する次の記述のうち、**誤っているもの**はどれか。
(1) 設計図書とは、図面、仕様書、契約書、現場説明書及び現場説明に対する質問回答書をいう。
(2) 現場代理人とは、契約を取り交わした会社の代理として、任務を代行する責任者をいう。
(3) 現場代理人、監理技術者等及び専門技術者は、これを兼ねることができる。
(4) 発注者は、工事完成検査において、工事目的物を最小限度破壊して検査することができる。

解説▶ (1) 設計図書に、契約書は含まれない。 【解答 (1)】

《《問題4》》 公共工事標準請負契約約款に関する次の記述のうち、**誤っているもの**はどれか。
(1) 設計図書とは、図面、仕様書、現場説明書及び現場説明に対する質問回答書をいう。
(2) 工事材料の品質については、設計図書にその品質が明示されていない場合は、上等の品質を有するものでなければならない。
(3) 発注者は、工事完成検査において、必要があると認められるときは、その理由を受注者に通知して、工事目的物を最小限度破壊して検査することができる。
(4) 現場代理人と主任技術者及び専門技術者は、これを兼ねることができる。

解説▶ （2）工事材料の品質については、設計図書にその品質が明示されていない場合は、中等の品質を有するものとする。　　　　　　　　　　　　　　　　　　　【解答（2）】

〈〈問題5〉〉公共工事標準請負契約約款に関する次の記述のうち、**正しいもの**はどれか。
(1) 受注者は、一般に工事の全部もしくはその主たる部分を一括して第三者に請け負わせることができる。
(2) 発注者は、工事の完成を確認するため、工事目的物を最小限度破壊して検査を行う場合、検査及び復旧に直接要する費用を負担する。
(3) 発注者は、現場代理人の工事現場における運営などに支障がなく、発注者との連絡体制が確保される場合には、現場代理人について工事現場に常駐を要しないこととすることができる。
(4) 受注者は、工事の完成、設計図書の変更などによって不用となった支給材料は、発注者に返還を要しない。

解説▶ （1）受注者は、一般に工事の全部もしくはその主たる部分を一括して第三者に委託し、または請け負わせてはならない。
　（2）発注者は、工事の完成を確認するため、工事目的物を最小限度破壊して検査を行う場合、検査及び復旧に直接要する費用は受注者の負担とする。
　（4）受注者は、工事の完成、設計図書の変更などによって不用となった支給材料は、発注者に返還しなければならない。　　　　　　　　　　　　　　　　　　　【解答（3）】

〈〈問題6〉〉公共工事標準請負契約約款に関する次の記述のうち、**正しいもの**はどれか。
(1) 監督員は、いかなる場合においても、工事の施工部分を破壊して検査することができる。
(2) 発注者は、工事の施工部分が設計図書に適合しない場合、受注者がその改造を請求したときは、その請求に従わなければならない。
(3) 設計図書とは、図面、仕様書、現場説明書及び現場説明に対する質問回答書をいう。
(4) 受注者は、工事現場内に搬入した工事材料を監督員の承諾を受けないで工事現場外に搬出することができる。

解説▶ （1）監督員は、受注者が規定に違反した場合において、必要があると認められるときは、工事の施工部分を破壊して検査することができる。
　（2）受注者は、工事の施工部分が設計図書に適合しない場合において、監督員がその改造を請求したときは、その請求に従わなければならない。
　（4）受注者は、工事現場内に搬入した工事材料を監督員の承諾を受けないで工事現場外に搬出してはならない。　　　　　　　　　　　　　　　　　　　【解答（3）】

一次
4
共通工学

《《問題7》》 公共工事標準請負契約約款に関する次の記述のうち、**誤っているもの**はどれか。

(1) 受注者は、設計図書と工事現場の不一致の事実が発見された場合は、監督員に書面により通知して、発注者による確認を求めなければならない。

(2) 発注者は、必要があるときは、設計図書の変更内容を受注者に通知して、設計図書を変更することができる。

(3) 受注者は、工事現場内に搬入した工事材料を監督員の承諾を受けないで工事現場外に搬出することができる。

(4) 発注者は、天災などの受注者の責任でない理由により工事を施工できない場合は、受注者に工事の一時中止を命じなければならない。

解説 ▶ （3）受注者は、工事現場内に搬入した工事材料を監督員の承諾を受けないで工事現場外に搬出してはならない。 【解答（3）】

3章　設計図

主要な構造物の設計図で一般的に用いられる図面表示と各部名称を略記する。

■ 構造物の各部名称（例）

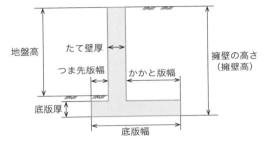

■ 逆 T 型擁壁

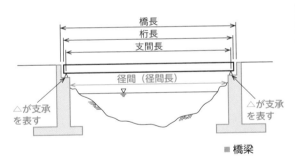

■ 橋梁

呼称	特徴
径　間 （径間長）	橋台前面の距離 前面の距離（純径間）
橋　長	橋台の パラペット前面の長さ
桁　長	橋長から、伸縮装置を 設置する遊間を引いた、 実質的な橋桁の長さ
支間長	支承（橋を支持する点） 間の長さ

一次
4
共通工学

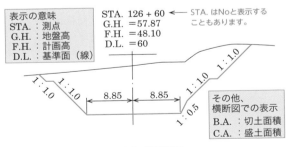

表示の意味
STA. ：測点
G.H. ：地盤高
F.H. ：計画高
D.L. ：基準面（線）

STA. 126 + 60 ← STA. はNoと表示する
G.H. ＝57.87　　 こともあります。
F.H. ＝48.10
D.L. ＝60

その他、
横断図での表示
B.A. ：切土面積
C.A. ：盛土面積

■ 道路（横断図）

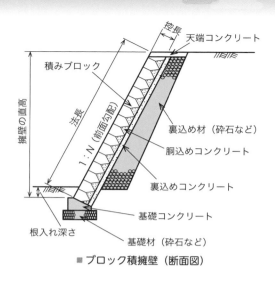

控長
天端コンクリート
積みブロック
擁壁の直高
法長
1：N（前面勾配）
裏込め材（砕石など）
胴込めコンクリート
裏込めコンクリート
基礎コンクリート
根入れ深さ
基礎材（砕石など）

■ ブロック積擁壁（断面図）

演習問題でレベルアップ

《《問題 1 》》 下図は逆 T 型擁壁の断面図であるが、逆 T 型擁壁各部の名称と寸法記号の表記として 2 つとも**適当なもの**は、次のうちどれか。

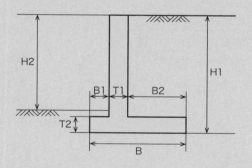

（1）擁壁の高さ H2、つま先版幅 B1
（2）擁壁の高さ H1、たて壁厚 T1
（2）擁壁の高さ H2、底版幅 B
（4）擁壁の高さ H1、かかと版幅 B

解説▶ （2）擁壁の高さは、H1。たて壁厚は T1。この組合せである（2）が適当である。
209 ページを振り返って名称を確認しよう。　　　　　　　　　　　　【解答（2）】

<<問題2>> 下図は橋の一般的な構造を示したものであるが、（イ）～（ニ）の橋の長さを表す名称に関する組合せとして、**適当なもの**は次のうちどれか。

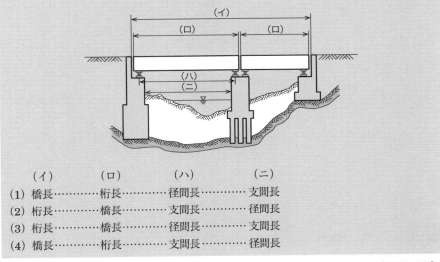

	（イ）	（ロ）	（ハ）	（ニ）
(1)	橋長	桁長	径間長	支間長
(2)	桁長	橋長	支間長	径間長
(3)	桁長	橋長	径間長	支間長
(4)	橋長	桁長	支間長	径間長

解説▶　（4）の組合せが正しい。209 ページで確認しよう。　　　　【解答（4）】

<<問題3>> 下図は標準的なブロック積擁壁の断面図であるが、ブロック積擁壁各部の名称と記号の表記として 2 つとも**適当なもの**は、次のうちどれか。

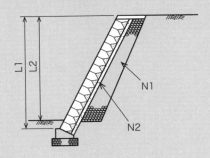

(1) 擁壁の直高 L1、裏込めコンクリート N1
(2) 擁壁の直高 L2、裏込めコンクリート N2
(3) 擁壁の直高 L1、裏込め材 N1
(4) 擁壁の直高 L2、裏込め材 N2

解説▶　L1 が擁壁の直高、L2 は地上高。N1 は裏込め材、N2 は裏込めコンクリート。
【解答（3）】

《《問題４》》下図は道路橋の断面図を示したものであるが、（イ）〜（ニ）の構造名称に関する組合せとして、**適当なもの**は次のうちどれか。

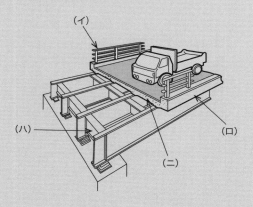

	（イ）	（ロ）	（ハ）	（ニ）
(1)	高欄	地覆	横桁	床版
(2)	地覆	横桁	高欄	床版
(3)	高欄	地覆	床版	横桁
(4)	横桁	床版	地覆	高欄

解説▶ （1）の組合せが正しい。 　　　　　　　　　　　　　　　【解答（1）】

アドバイス
　逆Ｔ型擁壁、橋、ブロック積擁壁、道路橋の構造名称は、パターンを変えてしばしば出題されるので覚えておこう。

第5時限目 施工管理

1章 施工計画

1-1 建設機械の選定

　土木工事の大部分が建設機械を用いて行われており、こうした機械化施工によって工事規模の大型化、工期の短縮、品質の向上、工事費の縮減、労働力の節減、工事の安全向上などの効果が得られている。

　建設機械の選定にあたっては、作業種別や工事規模、その他の現場条件を十分に考慮する必要がある。

1 建設機械の性能表示

　建設機械は、その種類ごとに用途や構造が異なるので、それぞれに性能を表示方法が定められて規格になっている。

主な建設機械と性能表示方法

- **バックホゥ・パワーショベル**：機械式は平積みバケット容量（m³）、
  油圧式は山積みバケット容量（m³）
- **トラクタショベル**：山積みバケット容量（m³）
- **ブルドーザ**：全装備運転質量（t）、質量（t）
- **ダンプトラック**：最大積載重量（t）
- **クレーン**：つり上げ　荷重（t）、最大定格総荷重（t）
- **モータグレーダ**：ブレード長（m）
- **タンパ、振動コンパクタ**：質量（kg）
- **タイヤローラ、振動ローラ、ロードローラ、タンピングローラ**：質量（t）
- **クラムシェル、ドラグライン**：平積みバケット容量（m³）

アドバイス
　13 ページ「建設機械の選定」と関連する出題も多いので、併せて確認しよう。

2 建設機械の特徴と用途

　建設機械は、種別ごとに特徴があり、それぞれに適した作業がある。**ショベル系建設機械、トラクタ系建設機械、締固め機械、運搬機械**に大別できる。

　また、**油圧式・機械式**といった動力伝達装置による区分、**クローラ**（無限軌道、履帯）**式・ホイール**（ゴムタイヤ）**式**といった走行装置による区分もある。

ショベル系建設機械

バックホゥ	バケットが手前（オペレータ側）を向いており、手前に引き寄せるように掘削するので、機械の位置よりも低い位置の掘削に適している。硬い地盤、基礎や溝といった正確な掘削ができる。
ショベル	バケットが進行方向側を向いており、押し出すように掘削することから、機械の位置よりも高い場所の掘削に適している。ローディングショベルなどがある。
クラムシェル	油圧式と機械式がある。機械式では、バケットを開いた状態で垂直に下して、土砂をつかみ取る。深い基礎掘削、孔掘りに適している。
ドラグライン	ロープによってつり下げられたバケットを遠方に落下させ、別のロープで引き寄せることで、土砂を掘削する。河川や軟弱地での浅い掘削に適している。

トラクタ系建設機械

ブルドーザ	土工板を取り付け、掘削、運搬（押土）、敷均し、締固めといった幅広い土工作業に適している。アタッチメントである土工板の形式により、重掘削や軟岩掘削、抜根などにも対応できる。
トラクタショベル ローダ	バケットにより土砂や砂利、岩石などを掘削し、ダンプトラックなどの運搬機械に積込む作業に多く用いられている。トラクタショベル、四輪駆動式のホイールローダがある。
スクレーパ	掘削、積込み、運搬により捨土、敷均しの作業に用いられ、大規模土工に適している。被けん引式と自走式がある。

締固め機械

ロードローラ	最も一般的な締固め機械で、鉄輪で地面を押し固める静的圧力で締固め作業を行う。マカダム型（三輪）とタンデム型（二輪）がある。
タイヤローラ	空気入りのタイヤにより、自重による静的圧力で締固め作業を行う。路床や路盤、アスファルト混合物まで、各種土質に対応が可能。
振動ローラ	起振装置による振動エネルギーを利用して締固めを行う機械。礫や砂質土に適している。
タンピングローラ	たくさんの突起のついたローラで締固め作業を行うもので、硬い粘土や厚い盛土の締固めに用いられる。
振動コンパクタ	平板に振動機を取り付けて、その振動で締固めを行うもので、人力による狭い場所での作業に適している。

運搬機械

ダンプトラック	土砂や資材の運搬に最も多く利用されている。最大総重量 20 t 以下で一般道路を走行できる普通ダンプトラックの他、現場内で用いるそれ以上の重ダンプトラックなどがある。

3 建設機械による作業特性

リッパビリティ

発破を使用しない軟岩や硬土などの掘削には、リッパ装置付きブルドーザによるリッパ工法がある。

リッパ作業のできる程度をリッパビリティといい、地山の弾性波速度がひとつの目安とされるが、目視（岩のき裂や風化の程度など）やテストハンマで判断することもある。

ブルドーザの質量が大きいほど、リッパビリティも大きくなる。

ブルドーザに取り付けたリッパによる作業をリッピングという。

トラフィカビリティ

建設機械の走行可能な度合いを示すのが**トラフィカビリティ**である。トラフィカビリティは、ポータブルコーンペネトロメータで測定したコーン指数（q_c）で表される。

例えば、q_c が 400 ならば、超湿地ブルドーザと湿地ブルドーザ以外は施工できない。

◯ 建設機械の走行に必要となるコーン指数の目安

建設機械の種類	コーン指数 q_c〔kN/m²〕
超湿地ブルドーザ	200 以上
湿地ブルドーザ	300 以上
普通ブルドーザ（15 t 級程度）	500 以上
普通ブルドーザ（21 t 級程度）	700 以上
スクレープドーザ	600 以上 ※
被けん引式スクレーパ	700 以上
モータスクレーパ（小型）	1 000 以上
ダンプトラック	1 200 以上

※超湿地型は 400 以上

q_c が 800 ならば、ブルドーザや被けん引スクレーパは使用できるが、モータスクレーパやダンプトラックは使用できない。

- q_c が大きいほど、その土は**トラフィカビリティに富む**といい、建設機械が走行しやすい土である。
- 高含水比の粘性土や粘土では、土の強度が小さく、こね返しにより作業できない場合もある。

4 建設機械の作業能力

土工における時間当たりの作業量 Q（m³/h）は次の式で表される。

$$Q = q \times n \times f \times E$$

$$n\ (回/h) = \frac{60}{Cm}$$

次の式で出題されることもあるので覚えておこう。

$$Q = \frac{q \times f \times E}{Cm} \times 60$$

Q	：時間当たり作業量　〔m³/h〕
q	：1回の標準作業量〔m³〕
n	：時間当たりの作業回数〔回/h〕
f	：土量換算計数
E	：作業効率
Cm	：サイクルタイム〔min/回〕

演習問題でレベルアップ

《《問題1》》 建設工事における建設機械の「機械名」と「性能表示」に関する次の組合せのうち、**適当なもの**はどれか。

　　　　〔機械名〕　　　　　　　〔性能表示〕
(1) バックホゥ………………バケット質量（kg）
(2) ダンプトラック…………車両重量（t）
(3) クレーン…………………ブーム長（m）
(4) ブルドーザ………………質量（t）

解説▶ (1) バックホゥ……油圧式：山積みバケット容量（m³）
　(2) ダンプトラック………最大積載重量（t）
　(3) クレーン………………最大定格総荷重（t）　　　　　　　　　　【解答（4）】

《《問題2》》 建設機械の用途に関する次の記述のうち、**適当でないもの**はどれか。
(1) ブルドーザは、土工板を取り付けた機械で、土砂の掘削・運搬（押土）、積込みなどに用いられる。
(2) ランマは、振動や打撃を与えて、路肩や狭い場所などの締固めに使用される。
(3) モータグレーダは、路面の精密な仕上げに適しており、砂利道の補修、土の敷均しなどに用いられる。
(4) タイヤローラは、接地圧の調整や自重を加減することができ、路盤などの締固めに使用される。

解説▶ (1) ブルドーザは、土工板を取り付けた機械で、土砂の掘削・運搬（押土）などに用いられるが、積込みには使われない。　　　　　　　　　　　　　　【解答（1）】

《《問題 3 》》 建設機械に関する次の記述のうち、**適当でないもの**はどれか。

(1) ランマは、振動や打撃を与えて、路肩や狭い場所などの締固めに使用される。

(2) タイヤローラは、接地圧の調節や自重を加減することができ、路盤などの締固めに使用される。

(3) ドラグラインは、機械の位置より高い場所の掘削に適し、水路の掘削などに使用される。

(4) クラムシェルは、水中掘削など、狭い場所での深い掘削に使用される。

解説▶ (3) ドラグラインは、機械の位置より低い場所の掘削に適し、砂利の採取などに使用される。ロープで保持されたバケットを遠心力で放り出して、地面をすくうようにしながら引き寄せるので、掘削能力は低く、水路の掘削には使用できない。　【解答（3）】

《《問題 4 》》 建設機械の走行に必要なコーン指数の値に関する下記の文章中の
　　　　　　の（イ）～（ニ）に当てはまる語句の組合せとして、**適当なもの**は次のうちどれか。

・ダンプトラックより普通ブルドーザ（15t 級）の方がコーン指数は　(イ)　。
・スクレープドーザより　(ロ)　の方がコーン指数は小さい。
・超湿地ブルドーザより自走式スクレーパ（小型）の方がコーン指数は　(ハ)　。
・普通ブルドーザ（21t 級）より　(ニ)　の方がコーン指数は大きい。

	(イ)	(ロ)	(ハ)	(ニ)
(1)	大きい	自走式スクレーパ(小型)	小さい	ダンプトラック
(2)	小さい	超湿地ブルドーザ	大きい	ダンプトラック
(3)	大きい	超湿地ブルドーザ	小さい	湿地ブルドーザ
(4)	小さい	自走式スクレーパ(小型)	大きい	湿地ブルドーザ

解説▶ (2) の組合せが正しい。　【解答（2）】

《《問題 5 》》 建設機械の走行に関する下記の文章中の　　　　　　の（イ）～（ニ）に当てはまる語句の組合せとして、**適当なもの**は次のうちどれか。

・建設機械の走行に必要なコーン指数は、　(イ)　より　(ロ)　の方が大きく、
　(イ)　より　(ハ)　の方が小さい。
・　(ニ)　では、建設機械の走行に伴うこね返しにより土の強度が低下し、走行不可能になることもある。

	(イ)	(ロ)	(ハ)	(ニ)
(1)	普通ブルドーザ	ダンプトラック	湿地ブルドーザ	粘性土
(2)	ダンプトラック	普通ブルドーザ	湿地ブルドーザ	砂質土

(3) ダンプトラック ………湿地ブルドーザ…………普通ブルドーザ………粘性土
(4) 湿地ブルドーザ………ダンプトラック …………普通ブルドーザ………砂質土

解説▶ (1) の組合せが正しい。　　　　　　　　　　　　　　　　　　【解答 (1)】

〈〈問題6〉〉建設機械の作業内容に関する下記の文章中の [　　　] の (イ) ～ (ニ)
に当てはまる語句の組合せとして、**適当なもの**は次のうちどれか。
・[(イ)] とは、建設機械の走行性をいい、一般にコーン指数で判断される。
・リッパビリティとは、[(ロ)] に装着されたリッパによって作業できる程度をいう。
・建設機械の作業効率は、現場の地形、[(ハ)]、工事規模などの各種条件によって
　変化する。
・建設機械の作業能力は、単独の機械または組み合わされた機械の [(ニ)] の平均作
　業量で表される。

　　　　　　　(イ)　　　　　　　　(ロ)　　　　　　　(ハ)　　　　　　(ニ)
(1) ワーカビリティー…………大型ブルドーザ……作業員の人数……日当たり
(2) トラフィカビリティ…………大型バックホゥ……土質……………日当たり
(3) ワーカビリティー…………大型バックホゥ……作業員の人数……時間当たり
(4) トラフィカビリティ…………大型ブルドーザ……土質……………時間当たり

解説▶ (4) の組合せが正しい。　　　　　　　　　　　　　　　　　　【解答 (4)】

〈〈問題7〉〉建設機械の作業に関する下記の①～④の4つの記述のうち、**適当なも
のの数**は次のうちどれか。
① リッパビリティとは、バックホゥに装着されたリッパによって作業できる程度を
　いう。
② トラフィカビリティとは、建設機械の走行性をいい、一般に N 値で判断される。
③ ブルドーザの作業効率は、砂の方が岩塊・玉石より小さい。
④ ダンプトラックの作業効率は、運搬路の沿道条件、路面状態、昼夜の別で変わる。

(1) 1つ
(2) 2つ
(3) 3つ
(4) 4つ

解説▶ ①リッパビリティとは、ブルドーザに装着されたリッパによって作業できる程度
をいう。
　②トラフィカビリティとは、建設機械の走行性をいい、一般にコーン指数（q_c）で判断さ
せる。
　③ブルドーザの作業効率は、砂の方が岩塊・玉石より大きい。
　④適当な記述である。　　　　　　　　　　　　　　　　　　　　　【解答 (1)】

《〈問題8〉》 平坦な砂質地盤でブルドーザを用いて掘削押土する場合、時間当たり作業量 Q（$\mathrm{m^3/h}$）を算出する計算式として下記の ☐ の（イ）〜（ニ）に当てはまる数値の組合せとして、**適当なもの**は次のうちどれか。

・ブルドーザの時間当たり作業量 Q（$\mathrm{m^3/h}$）

$$Q = \frac{\boxed{(イ)} \times \boxed{(ロ)} \times E}{\boxed{(ハ)}} \times 60 = \boxed{(ニ)} \ \mathrm{m^3/h}$$

q：1回当たりの掘削押土量（3 $\mathrm{m^3}$）
f：土量換算係数 = $1/L$（土量の変化率　ほぐし土量 $L = 1.25$）
E：作業効率（0.7）
Cm：サイクルタイム（2分）

	（イ）	（ロ）	（ハ）	（ニ）
(1)	2	0.8	3	22.4
(2)	2	1.25	3	35.0
(3)	3	0.8	2	50.4
(4)	3	1.25	3	78.8

解説▶

$$Q = \frac{q \times f \times E}{Cm} \times 60 = \frac{3 \times 0.8 \times 0.7}{2} \times 60 = 50.4 \ （\mathrm{m^3/h}）$$

$f = 1/L = 1/1.25 = 0.8$

【解答（3）】

アドバイス

　建設機械が変わっても、基本となる公式は同じ。公式と計算方法を覚えておこう。

《《問題９》》ダンプトラックを用いて土砂（粘性土）を運搬する場合に、時間当たり作業量（地山土量）Q（m³/h）を算出する計算式として下記の　　　の（イ）〜（ニ）に当てはまる数値の組合せとして、**正しいもの**は次のうちどれか。

・ダンプトラックの時間当たり作業量 Q（m³/h）

$$Q = \frac{\boxed{（イ）} \times \boxed{（ロ）} \times E}{\boxed{（ハ）}} \times 60 = \boxed{（ニ）} \text{ m}^3/\text{h}$$

q：1回当たりの積載量（7 m³）
f：土量換算係数 = $1/L$（土量の変化率 $L = 1.25$）
E：作業効率（0.9）
Cm：サイクルタイム（24分）

	（イ）	（ロ）	（ハ）	（ニ）
(1)	24	1.25	7	231.4
(2)	7	0.8	24	12.6
(3)	24	0.8	7	148.1
(4)	7	1.25	24	19.7

解説▶

$$Q = \frac{q \times f \times E}{Cm} \times 60 = \frac{7 \times 0.8 \times 0.9}{24} \times 60 = 12.6 \ (\text{m}^3/\text{h})$$

$$f = 1/L = 1/1.25 = 0.8$$

【解答（2）】

一次
5
施工管理

1-2　施工計画の立案

1　検討の手順と内容

　施工計画は工事を開始する前に立案するものであり、工事の目的とする土木構造物を設計図書に定められた品質で、所定の工期内に、最小の費用で、しかも安全に施工するような条件と方法を検討する作業である。

　設計図書には、完成すべき土木構造物の形状、寸法、品質などといった仕様が示されている。しかし設計図書には、どのようにして造り上げるかという施工方法について、特殊工法や指定仮設を用いる場合を除き、通常は**施工者の任意**として指示されていない。

　したがって、施工者は自らの技術と経験を活かして、いかなる手段で工事を実施するかを検討し、適切な施工計画を立案しなければならない。立案された施工計画は、**施工計画書**としてとりまとめ、発注者との協議に用いる。

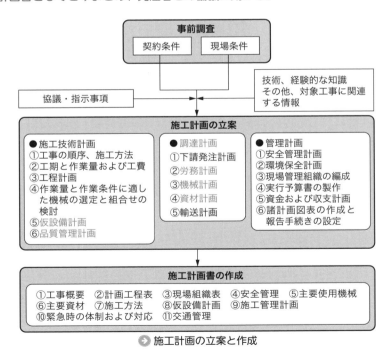

事前調査	
契約条件	現場条件

協議・指示事項

技術、経験的な知識
その他、対象工事に関連する情報

施工計画の立案

● 施工技術計画
①工事の順序、施工方法
②工期と作業量および工費
③工程計画
④作業量と作業条件に適した機械の選定と組合せの検討
⑤仮設備計画
⑥品質管理計画

● 調達計画
①下請発注計画
②労務計画
③機械計画
④資材計画
⑤輸送計画

● 管理計画
①安全管理計画
②環境保全計画
③現場管理組織の編成
④実行予算書の製作
⑤資金および収支計画
⑥諸計画図表の作成と報告手続きの設定

施工計画書の作成
①工事概要　②計画工程表　③現場組織表　④安全管理　⑤主要使用機械
⑥主要資材　⑦施工方法　⑧仮設備計画　⑨施工管理計画
⑩緊急時の体制および対応　⑪交通管理

🔵 施工計画の立案と作成

2 事前調査

施工計画を検討するためには、事前調査により必要な情報を収集しておく必要がある。事前調査は、契約条件の調査（契約書や設計図書など）と現場条件の調査（現場における測量など）がある。

これらに関しての疑問がある場合には、発注者への問合せや協議を行い、必要に応じて文書により明確にしておく必要がある。

契約条件

契約内容

・数量の増減などといった変更の取扱い
・資材、労務費の変動の際の変更の取扱い
・事業損失、不可抗力による損害の取扱い
・工事中止の際の損害の取扱い
・瑕疵担保の範囲
・工事代金の支払い条件

設計図書

・図面、仕様書、施工管理基準など規格値、基準値
・現場説明事項の内容
・図面と現地との相違点の有無、数量などの違算の有無

その他

・工事に関連、または影響する関連工事、附帯工事
・現場に関係する都道府県や市町村の条例などとその内容
・監督員の指示や協議事項、承諾など

現場条件

自然条件、気象条件

・水文、気象のデータ
・地形、地質、土質、地下水のデータなど

仮設備計画

・動力源や工事用水の入手
・仮設方法、施工方法、施工機械の選択など

一次
5
施工管理

資機材の把握
- 材料供給源、資機材の価格や運搬経路
- 労務の供給、労務環境、賃金の状況など

輸送の把握
- 道路状況、搬入路、運搬経費など

近隣環境
- 用地の確保、用地買収の進行状況
- 近隣工事の状況
- 騒音、振動など環境保全に関する指定や基準
- 埋蔵文化財や地下埋設物の状況
- その他工事に支障を生じる近隣環境の有無など

建設副産物、廃棄物処理
- 建設副産物や廃棄物の処理方法など

その他

3 仮設備計画

仮設備とは、工事の目的物を施工するために必要な工事用施設である。仮設備は、工事の目的物とする構造物でなく、あくまでも臨時的なものであるが、工事施工にとっては重要な設備である。

直接仮設備と間接仮設備

本工事の施工のために必要なものを直接仮設備といい、間接的な仮設建物関係などを間接仮設備または共通仮設と呼ぶ。

間接仮設備に含まれる現場事務所や宿舎は、工事の施工にとって大切な設備であり、機能的なものにする必要がある。特に宿舎設備などは、労働基準法などの関係法令の規定を遵守して諸設備を完備しなければならない。

任意仮設備と指定仮設備

仮設備は、重要な施設として本工事と同様に扱われる指定仮設備と、施工業者の自主性に委ねられる任意仮設備に区分される。

- 一般的に指定仮設備は、工事内容に変更があった場合、その変更に応じた設計変更の対象になる。
- 任意仮設備は、一般に契約上では一式計上されるので、特に条件が明示されず、本工事の条件変更があった場合を除き設計変更の対象にはならない。
- 任意仮設備は、施工業者の創意と工夫、技術力が大いに発揮できるところでもあるので、工事内容、規模に対して過大あるいは過小とならないように適切なものを十分に検討し、必要かつむだのない合理的な設備としなければならない。

仮設備の区分	設備の種類	
直接仮設備	工事に直接関係するもので足場、型枠、支保工、取付道路、各種プラントなどが該当する。	
	① 締切	鋼矢板・H 鋼親杭横矢板、鋼管矢板、締切。
	② 荷役	走行クレーン、クレーン、ホッパ、仮設さん橋。
	③ 運搬	工事用道路、軌道、ケーブルクレーン、タワー。
	④ プラント	コンクリート、アスファルト、骨材プラント。
	⑤ 給水	取水設備、給水管、加圧ポンプ。
	⑥ 排水	排水ポンプ設備、排水溝。
	⑦ 給気	コンプレッサ、給気管、圧気設備。
	⑧ 換気	換気扇、風管。
	⑨ 電気	受電設備、高圧・低圧幹線、照明、通信。
	⑩ 安全	安全対策用設備、公害防止用設備。
間接仮設備	工事を間接的に支援するもので、現場事務所、宿舎、作業場、材料置場、倉庫、試験室などが該当する。	
	① 仮設物	現場事務所、寄宿舎、倉庫。
	② 加工	修理工場、鉄筋加工所、材料置場。
	③ 調査・案内	調査試験室、現場案内所。

■ 仮設備計画

・合理的かつ経済的なものを基本として、設置すべき設備・設置方法と、期間中の維持・管理ならびに撤去、跡片付けも含めて検討する。

・周辺地域の環境保全、建設事業のイメージアップなど、多面的な視点からの検討を十分に行い、快適な職場環境の実現と工事施工の安全性、効率性が発揮できるように計画する。

4 施工体制台帳、施工体系図

建設業法において、特定建設業者の義務として施工体制台帳と施工体系図の作成が義務となっている。

■ 施工体制台帳の作成

- 公共工事：施工体制台帳と施工体系図を作成しなければならない。
- 民間工事：工事を施工するために締結した下請契約の請負代金の総額が 4,500 万円以上（建築一式工事にあっては、7,000 万円以上）になるときは、施工体制台帳と施工体系図を作成しなければならない。

・施工体制台帳は、すべての下請負業者の商号・名称、住所、建設業の種類、健康保険など加入状況、下請工事の内容・工期、主任技術者の氏名などを記載したもので、現場ごとに備え置かなければならない。

・施工体系図は、作施工体制台帳のいわば要約版として樹状図などにより作成し、工事現場の見やすいところに掲示しなければならない。公共工事では、工事関係者が見やすい場所および公衆が見やすい場所に掲示しなければならない。

一次
5
施工管理

《《問題１》》 施工計画作成に関する次の記述のうち、**適当でないもの**はどれか。
(1) 環境保全計画は、公害問題、交通問題、近隣環境への影響などに対し、十分な対策を立てることが主な内容である。
(2) 調達計画は、労務計画、資材計画、機械計画を立てることが主な内容である。
(3) 品質管理計画は、要求する品質を満足させるために設計図書に基づく規格値内に収まるよう計画することが主な内容である。
(4) 仮設備計画は、仮設備の設計や配置計画、安全衛生計画を立てることが主な内容である。

解説▶ (4) 仮設備計画は、仮設備の設計や配置計画が主な内容である。安全衛生計画は、安全管理計画の中で、労働災害防止などの観点で計画する。　　　　　　【解答（4）】

《《問題２》》 施工計画作成のための事前調査に関する次の記述のうち、**適当でないもの**はどれか。
(1) 近隣環境の把握のため、現場周辺の状況、近隣施設、交通量などの調査を行う。
(2) 工事内容の把握のため、現場事務所用地、設計図書及び仕様書の内容などの調査を行う。
(3) 現場の自然条件の把握のため、地質、地下水、湧水などの調査を行う。
(4) 労務、資機材の把握のため、労務の供給、資機材の調達先などの調査を行う。

解説▶ (2) 工事内容の把握のため、設計図書および仕様書の内容などの契約条件についての事前調査を行う。現場事務所用地は、現場条件に関する事前調査。　　　【解答（2）】

《《問題３》》 公共工事における施工体制台帳及び施工体系図に関する下記の①〜④の４つの記述のうち、建設業法上、**正しいものの数**は次のうちどれか。
① 公共工事を受注した建設業者が、下請契約を締結するときは、その金額にかかわらず、施工体制台帳を作成し、その写しを下請負人に提出するものとする。
② 施工体系図は、当該建設工事の目的物の引渡しをした時から20年間は保存しなければならない。
③ 作成された施工体系図は、工事関係者及び公衆が見やすい場所に掲げなければならない。
④ 下請負人は、請け負った工事を再下請に出すときは、発注者に施工体制台帳に記載する再下請負人の名称などを通知しなければならない。

(1) 1つ
(2) 2つ
(3) 3つ
(4) 4つ

解説▶ ①公共工事を受注した建設業者が、下請契約を締結するときは、施工体制台帳を作成し、その写しを発注者に提出するものとする。

②施工体系図は、当該建設工事の目的物の引渡しをした時から 10 年間は保存しなければならない。

③正しい記述である。

④下請負人は、請け負った工事を再下請に出すときは、元請負人に施工体制台帳に記載する再下請負人の名称などを通知しなければならない。　【解答（1）】

《《問題 4 》》 仮設工事に関する次の記述のうち、**適当でないもの**はどれか。

(1) 直接仮設工事と間接仮設工事のうち、現場事務所や労務宿舎などの設備は、直接仮設工事である。

(2) 仮設備は、使用目的や期間に応じて構造計算を行い、労働安全衛生規則の基準に合致するかそれ以上の計画とする。

(3) 指定仮設と任意仮設のうち、任意仮設では施工者独自の技術と工夫や改善の余地が多いので、より合理的な計画を立てることが重要である。

(4) 材料は、一般の市販品を使用し、可能な限り規格を統一し、他工事にも転用できるような計画にする。

解説▶ (1) 直接仮設工事と間接仮設工事のうち、現場事務所や労務宿舎などの設備は、間接仮設工事である。直接仮設工事は、支保工足場、安全施設、工事用道路、土留めや締切り（鋼矢板など）、電力設備、給排気設備など。　【解答（1）】

《《問題 5 》》 仮設備工事の直接仮設工事と間接仮設工事に関する下記の文章中の
　　　　　の（イ）〜（ニ）に当てはまる語句の組合せとして、**適当なもの**は次のうちどれか。

・ (イ) は直接仮設工事である。
・労務宿舎は (ロ) である。
・ (ハ) は間接仮設工事である。
・安全施設は (ニ) である。

	（イ）	（ロ）	（ハ）	（ニ）
(1)	支保工足場	間接仮設工事	現場事務所	直接仮設工事
(2)	監督員詰所	直接仮設工事	現場事務所	間接仮設工事
(3)	支保工足場	直接仮設工事	工事用道路	直接仮設工事
(4)	監督員詰所	間接仮設工事	工事用道路	間接仮設工事

解説▶ (1) の組合せが正しい。　【解答（1）】

2章　工程管理

2-1　工程管理と各種工程表

　工程管理は、計画工程図表によって工事の進捗状況とその後の予定を把握し、計画と実績のずれを早期に発見し、必要な是正処置を講じるものである。

　各種工程図表の特徴を理解しながら、必要に応じて活用する必要がある。

● 作業の進捗を管理する工程表の比較

表示方法		図の作成	作業手順	工期	必要日数	進捗状況	重点管理	相互関係	工期に影響する作業
横線式工程表	ガントチャート （出来高率〔%〕）	容易	不明	不明	不明	明確	不明	不明	不明
	バーチャート （工期〔日〕）	容易	漠然	明確	明確	漠然	不明	不明	不明
曲線式工程表	グラフ式工程表	やや難	不明	明確	不明	明確	不明	不明	不明
ネットワーク式工程表		複雑	明確	明確	明確	明確	明確	明確	明確

■ 横線式工程表

　作成に手間がかからず、なかでもバーチャートは工種ごとの手順および所要日数がひと目でわかり、全体の工程把握が容易であるためよく使われている。

■ 曲線式工程表

　計画工程と実施工程との比較を行い、工事全体の出来高をつかむのによいが、工種ごとの相互関係がわかりにくいことから、これのみでの工程管理は難しく、横線式工

程表と組み合わせて用いることが多い。

ネットワーク式工程表

　記入情報が最も多く、順序関係、着手完了日時の検討などの点で優れている。

　大規模で複雑な工事も管理できるものの、作成に時間がかかるため単純で短時間の工事にはあまり利用されない。

斜線式工程表

　これらの代表的な 3 種類以外に、斜線式（または、座標式）工程表と呼ばれるものがある。トンネルや道路工事のように、区間が一定の工事で用いられる。

　横軸には距離、縦軸に日数をとり、各作業の進行方向に対して上がる斜線が描かれる。斜線式工程表は、各作業の所要日数が明確であり、工期、進捗状況も把握しやすい。

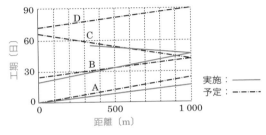

🔸 斜線式工程表

2-2　出来形管理

　曲線式工程表は、工事全体の出来高を管理するのに適している。

　代表的なものは出来高累計曲線、バナナ曲線である。工程管理曲線として用いられるバナナ曲線は、工程管理において許容限界を設定し、予定工程の妥当性の検討と実施工程の進捗状況の管理に利用される工程管理図表である。この許容限界線はバナナのような形になるので、バナナ曲線と呼ばれている。

出来高累計曲線

　横軸に工期、縦軸に累計出来高をとる。理想的な工程曲線は S 字型（S カーブ）を描く特徴がある。

バナナ曲線

　工程管理曲線とも呼ばれ、工程曲線の予定と実績の対比によって工程の進度を管理するものである。最も速く経済的に施工した場合の限界を上方許容限界、最も遅く施工したときの限界を下方許容限界として表す。管理の上限、下限が明確な出来高専用の管理図といえる。

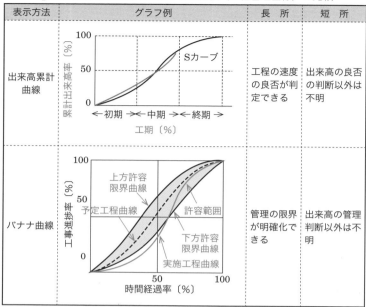

工事全体の出来高を管理する工程表（工程管理曲線）の比較

表示方法	グラフ例	長 所	短 所
出来高累計曲線	Sカーブ（累計出来高率〔%〕／工期〔%〕、初期・中期・終期）	工程の速度の良否が判定できる	出来高の良否の判断以外は不明
バナナ曲線	上方許容限界曲線、予定工程曲線、許容範囲、下方許容限界曲線、実施工程曲線（工事進捗率〔%〕／時間経過率〔%〕）	管理の限界が明確化できる	出来高の管理判断以外は不明

演習問題 で レベルアップ

《《問題1》》 工程管理に関する下記の文章中の ____ の（イ）から（ニ）に当てはまる語句の組合せとして、**適当なもの**は次のうちどれか。

・工程表は、工事の施工順序と ___(イ)___ をわかりやすく図表化したものである。

・工程計画と実施工程の間に差が生じた場合は、その ___(ロ)___ して改善する。

・工程管理では、 ___(ハ)___ を高めるため、常に工程の進行状況を全作業員に周知徹底する。

・工程管理では、実施工程が工程計画よりも ___(ニ)___ 程度に管理する。

	（イ）	（ロ）	（ハ）	（ニ）
(1)	所要日数	原因を追及	経済効果	やや下回る
(2)	所要日数	原因を追及	作業能率	やや上回る
(3)	実行予算	材料を変更	経済効果	やや下回る
(4)	実行予算	材料を変更	作業能率	やや上回る

解説▶ （2）の組合せが正しい。　　　　　　　　　　　　　　　【解答（2）】

《《問題2》》工程管理に用いられる工程表に関する下記の①〜④の4つの記述のうち、**適当なもののみをすべてあげている組合せ**は次のうちどれか。

① 曲線式工程表には、バーチャート、グラフ式工程表、出来高累計曲線とがある。
② バーチャートは、図1のように縦軸に日数をとり、横軸にその工事に必要な距離を棒線で表す。
③ グラフ式工程表は、図2のように出来高または工事作業量比率を縦軸にとり、日数を横軸にとって工種ごとの工程を斜線で表す。
④ 出来高累計曲線は、図3のように縦軸に出来高比率をとり横軸に工期をとって、工事全体の出来高比率の累計を曲線で表す。

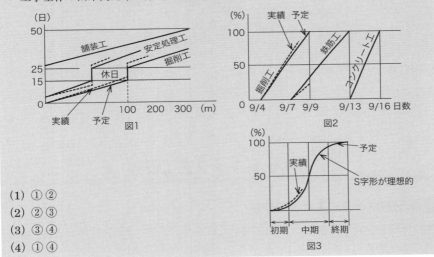

(1) ① ②
(2) ② ③
(3) ③ ④
(4) ① ④

解説▶ ①曲線式工程表は出来高累計曲線であり、バーチャートは横線式工程表である。
②斜線式工程表は、図1のように縦軸に日数をとり、横軸にその工事に必要な距離を棒線で表す。①②以外の、③④が適当である。　　　　　　　　　　【解答（3）】

《《問題3》》 工程管理に関する下記の①〜④の4つの記述のうち、**適当なもののみをすべてあげている組合せ**は次のうちどれか。

① 計画工程と実施工程に差が生じた場合には、その原因を追及して改善する。
② 工程管理では、計画工程が実施工程よりも、やや上回る程度に進行管理を実施する。
③ 常に工程の進捗状況を全作業員に周知徹底させ、作業能率を高めるように努力する。
④ 工程表は、工事の施工順序と所要の日数などをわかりやすく図表化したものである。

(1) ①②　　　(3) ①②③
(2) ②③　　　(4) ①③④

解説▶ ②工程管理では、実施工程が計画工程よりも、やや上回る程度に進行管理を実施する。②以外の、①③④が適当である。　　　　　　　　　　【解答（4）】

2-3 ネットワーク式工程表

1 ネットワーク式工程表の作成

ネットワーク式工程表は、工事全体を単位作業（アクティビティ）の集合体と考え、これらの作業の施工順序に従った順序を示す番号のついた丸印（○）と、これを結ぶ矢印（→）で表したものである。丸印は結合点（イベント）と呼ばれ、その中に記す番号（①、②、…）は結合点番号（イベントナンバー）である。

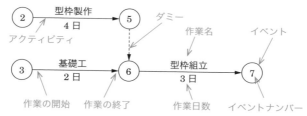

● ネットワーク工程表の記号（例）

● ネットワーク式工程表で用いる記号、用語

イベント	○で示し、作業の開始、終了など作業と作業の結節点を示す
イベントナンバー	イベントの○印の中に記入された整数。同じ番号を作らない
アクティビティ	矢印（アロー）で示すもので、作業内容を示す。長さは日数に関係ない
ダミー	点線の矢印で表す。所要時間はゼロで、先行作業から後続する作業を明確にするために用いる
クリティカルパス	作業開始から作業終了までの経路の中で、所要日数が最も長い経路。これ以上は早くできない、という意味

2 ネットワーク式工程表の計算

▓ クリティカルパスの計算方法　その1

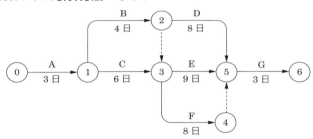

```
⓪から⑥までの全ルートについての日数を計算してみる。
その結果、最も日数の長い経路がクリティカルパスとなる。


⓪→①→②→⑤→⑥　　　　　＝3+4+8+3　　　　＝18日
⓪→①→②→③→⑤→⑥　　　＝3+4+0+9+3　　　＝19日
⓪→①→②→③→④→⑤→⑥＝3+4+0+8+0+3＝18日
⓪→①→③→⑤→⑥　　　　　＝3+6+9+3　　　　＝21日　　→クリティカルパス
⓪→①→③→④→⑤→⑥　　　＝3+6+8+0+3　　　＝20日
```

ひとこと アドバイス

　この計算方法は単純であるが、全経路についての日数計算を行う必要があり、また、途中での余裕日数は計算できない。そこで、効率よく回答できる次に示す方法をおすすめする。

▓ クリティカルパスの計算方法　その2

　効率よく、各イベント（結束点）での日数を計算する。

　順番通りに計算しつつ、複数の方向からアクティビティ（矢印）が伸びるイベント（結束点）では、それらの最も遅い（日数を要する）値を用いて計算を進めていく。

一次
5
施工管理

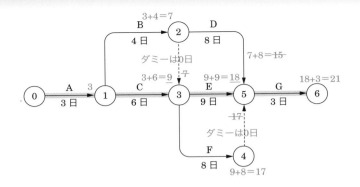

```
手順
1. ①では、⓪からの１方向からのみなので、３日。
2. ②では、①からＢの４日を加算して７日。
3. ③は２方向ある。
    ①からＣの６日を加算して９日、②からダミーを経由するので７日。
    よって、日数の最も長い９日となる。
4. ④は、③からＦの８日を加算して１７日
5. ⑤は３方向ある。
    ②からＤの８日を加算して１５日。③からＥの９日を加算して１８日。
    ④からダミーを経由するので１７日。

    よって、日数の最も長い１８日となる。
6. ⑥には、⑤からＧの３日を加算して２１日。工期は２１日となる。
    クリティカルパスの経路：⓪→①→③→⑤→⑥
7. クリティカルパスの検算　3+6+9+3＝21日
```

作業の余裕

③では、２つの経路が入ってくる。ここの部分に注目すると、

・Ｃの作業はクリティカルパス上なので日数の余裕は０日（余裕なし）。
・Ｂの作業は、9−7＝2 となり、２日の余裕があるとわかる。

《《問題１》》 下図のネットワーク式工程表について記載している下記の文章中の
　　　　　　の（イ）～（ニ）に当てはまる語句の組合せとして、**正しいもの**は次のうち
どれか。ただし、図中のイベント間のＡ～Ｇは作業内容、数字は作業日数を表す。

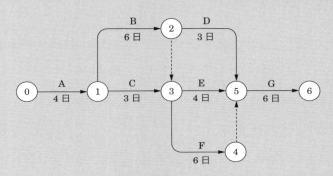

・（イ）及び（ロ）は、クリティカルパス上の作業である。
・作業Ｄが（ハ）遅延しても、全体の工期に影響はない。
・この工程全体の工期は、（ニ）である。

	（イ）	（ロ）	（ハ）	（ニ）
(1)	作業Ｂ	作業Ｆ	3日	22日間
(2)	作業Ｃ	作業Ｅ	4日	20日間
(3)	作業Ｃ	作業Ｅ	3日	20日間
(4)	作業Ｂ	作業Ｆ	4日	22日間

解説▶　⓪から⑥までの全ルートについての日数を計算してみる。
　その結果、最も日数の長い経路がクリティカルパスとなる。

⓪→①→②→⑤→⑥　　　　　　＝ 4+6+3+6　　　 ＝ 19 日
⓪→①→②→③→⑤→⑥　　　 ＝ 4+6+0+4+6　　＝ 20 日
⓪→①→②→③→④→⑤→⑥ ＝ 4+6+0+6+0+6 ＝ 22 日　→クリティカルパス
⓪→①→③→⑤→⑥　　　　　　＝ 4+3+4+6　　　 ＝ 17 日
⓪→①→③→④→⑤→⑥　　　 ＝ 4+3+6+0+6　　 ＝ 19 日。

よって、クリティカルパス上の作業は（イ）作業Ｂ、（ロ）作業Ｆ。工期全体は（ニ）22 日
間。

■ 最早完了時刻、最遅完了時刻、全余裕

作業Ｄの余裕を求める。
　作業Ｄの最早完了時刻：作業Ａ＋作業Ｂ＋作業Ｄ＝ 4 ＋ 6 ＋ 3 ＝ 13 日
　　　　↑早ければこの日数で終わって⑤

作業 D の最遅完了時刻：工期 22 日－作業 G＝22－6＝16 日

　　　↑⑤は遅くともこの日数で終わらせないとクリティカルパスを上回ってしまう。

　　全余裕（トータルフロート）：最遅完了時刻－最早完了時刻＝16－13＝3 日

　したがって、（イ）作業 B　（ロ）作業 F　（ハ）3 日　（ニ）22 日　となり、（1）の組合
せが正しい。

【解答（1）】

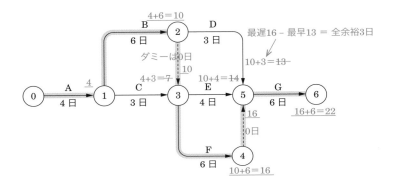

3章　安全管理

■ 足場の組立て、解体などの作業

・組立て、解体または変更の時期、範囲および順序を、この作業に従事する労働者に周知させ、この作業を行う区域内には、関係労働者以外の労働者の立入りを禁止する。

・強風、大雨、大雪などの悪天候のため、作業の実施について危険が予想されるときは、作業を中止する。

・足場材の緊結、取外し、受渡しなどの作業では、幅 20 cm 以上の足場板を設け、労働者に安全帯を使用させるなど、労働者の墜落による危険を防止するための措置を講じる。

・材料、器具、工具などを上げ、または下ろすときは、つり綱、つり袋などを労働者に使用させる。

■ 足場における作業床

　足場（一側足場、つり足場を除く）の高さが 2 m 以上の作業場所には、次の要件を満たす作業床を設けなければならない。

▮ 作業床の幅、床材間の隙間など（つり足場の場合を除く）

・幅は 40 cm 以上、床材間の隙間は 3 cm 以下。

・床材と建地との隙間は 12 cm 未満。

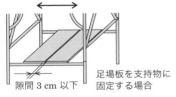

作業床の幅 40 cm 以上

隙間 3 cm 以下　足場板を支持物に固定する場合

● 作業床の幅、隙間

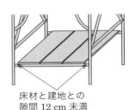

床材と建地との隙間 12 cm 未満

● 作業床の設置

▮ 墜落による危険のおそれのある箇所

・枠組足場では、交差筋かい＋さん（高さ 15 cm 以上 40 cm 以下の位置）、または交差筋かい＋高さ 15 cm 以上の幅木など、手すり枠、のいずれか。

・枠組足場以外の足場では、手すりなど（高さ 85 cm）＋中さんなど（高さ 35 cm 以上 50 cm 以下）。

一次
5
施工管理

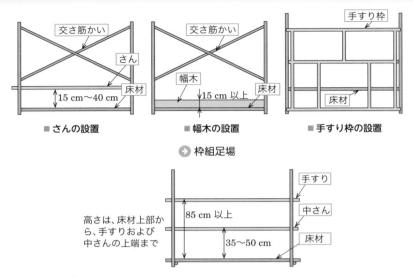

■ さんの設置　■ 幅木の設置　■ 手すり枠の設置

枠組足場

枠組足場以外の足場（単管足場、くさび緊結式足場など）

・つり足場の場合を除き、床材は、転位または脱落しないように 2 つ以上の支持
物に取り付ける。
・物体の落下防止措置として、高さ10 cm以上の幅木、メッシュシート、もしくは
防網などを設ける。

腕木、布、梁、脚立、その他作業床の支持物

これにかかる荷重によって破壊するおそれのないものを使用する。

足場の点検が必要な場面

・強風（10 分間の平均風速毎秒 10 m 以上）、大雨（1 回の降雨量が 50 mm 以上）、
大雪（1 回の降雪量が 25 cm 以上）の悪天候の後。
・中震（震度 4）以上の地震の後。
・足場の組立て、一部解体もしくは変更の後。

作業主任者の選任

次の作業については、足場の組立等作業主任者技能講習を修了した者のうちから、
足場の組立等作業主任者を選任しなければならない。

・つり足場（ゴンドラのつり足場を除く）の組立て、解体、変更の作業
・張出足場の組立て、解体、変更の作業
・高さが 5 m 以上の構造の足場の組立て、解体、変更の作業

架設通路

通路のうち、両端が支点で支持され、架け渡されているものを架設通路（一般的に
さん橋）という。架設通路は高所に架け渡される場合が多いので安全性確保のため丈

夫な構造で、両側に墜落防止のための丈夫な手すりなどを設ける必要がある。

架設通路については、次に定めるものに適合したものでなければ使用してはならない。

① 丈夫な構造とする。

② 勾配は **30°以下**とする（ただし、階段を設けたものや、高さ 2 m 未満で丈夫な手掛けを設けたものはこの限りでない）。

③ 勾配が **15°を超えるもの**には、踏さんその他の滑り止めを設ける。

④ 墜落の危険のある箇所には**高さ 85 cm 以上の丈夫な手すり**などを設ける（ただし、作業上やむを得ない場合は、必要な部分に限って臨時にこれを取り外すことができる）。

⑤ 建設工事に使用する高さ 8 m 以上の登りさん橋には、**7 m 以内ごとに踊り場**を設ける。

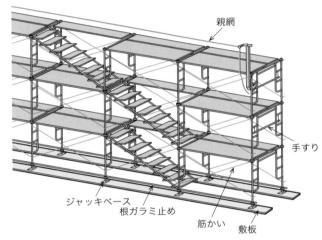

親綱

手すり

ジャッキベース
根ガラミ止め
筋かい
敷板

⊙ 階段を用いた枠組足場のイメージ

■ 作業床

高さ 2 m 以上の箇所での作業や、スレート、床板などの屋根の上での作業では、作業床を設けなければならない。このような高さ 2 m 以上の箇所（作業床の端、開口部などを除く）で作業を行う場合において、墜落の危険のあるときは、足場を組み立てるなどの方法で作業床を設ける。

・作業床を設けることが困難な場合は、**防網**を張り、労働者に**要求性能墜落制止用器具**を使用させるなど、労働者の墜落による危険を防止するための措置を講じる。

・高さが 2 m 以上の作業床の**床材の隙間は 3 cm 以下**とする。床材は十分な強度を有するものを使用する。

・高さが 2 m 以上の箇所で作業を行うときは、作業を安全に行うために必要な照度を保持すること。

《《問題1》》 高さ2m以上の足場（つり足場を除く）の安全に関する下記の文章中の □□□□□ の（イ）～（ニ）に当てはまる数値の組合せとして、労働安全衛生法上、**正しいもの**は次のうちどれか。

・足場の作業床の手すりの高さは、 (イ) cm以上とする。
・足場の作業床の幅は、 (ロ) cm以上とする。
・足場の床材間の隙間は、 (ハ) cm以下とする。
・足場の作業床より物体の落下を防ぐ幅木の高さは、 (ニ) cm以上とする。

	（イ）	（ロ）	（ハ）	（ニ）
(1)	75	30	5	10
(2)	75	40	5	5
(3)	85	30	3	5
(4)	85	40	3	10

解説▶ （4）の組合せが正しい。 【解答（4）】

《《問題2》》 足場の安全に関する下記の文章中の □□□□□ の（イ）～（ニ）に当てはまる語句の組合せとして、労働安全衛生法上、**正しいもの**は次のうちどれか。

・高さ2m以上の足場（一側足場及びわく組足場を除く）の作業床には、墜落や転落を防止するため、手すりと (イ) を設置する。
・高さ2m以上の足場（一側足場及びつり足場を除く）の作業床の幅は40cm以上とし、物体の落下を防ぐ (ロ) を設置する。
・高さ2m以上の足場（一側足場及びつり足場を除く）の作業床における床材間の (ハ) は、3cm以下とする。
・高さ5m以上の足場の組立て、解体などの作業を行う場合は、 (ニ) が指揮を行う。

	（イ）	（ロ）	（ハ）	（ニ）
(1)	中さん	幅木	隙間	足場の組立て等作業主任者
(2)	幅木	中さん	段差	監視人
(3)	中さん	幅木	段差	足場の組立て等作業主任者
(4)	幅木	中さん	隙間	監視人

解説▶ （1）の組合せが正しい。 【解答（1）】

〈〈問題3〉〉作業床の端、開口部における、墜落・落下防止に関する下記の文章中の ☐ の（イ）～（ニ）に当てはまる語句の組合せとして、**適当なもの**は次のうちどれか。

・作業床の端、開口部には、必要な強度の囲い、 （イ） 、 （ロ） を設置する。

・囲いなどの設置が困難な場合は、安全確保のため （ハ） を設置し、 （ニ） を使用させるなどの措置を講ずる。

	（イ）	（ロ）	（ハ）	（ニ）
(1)	手すり	覆い	安全ネット	要求性能墜落制止用器具
(2)	足場板	筋かい	作業台	昇降施設
(3)	手すり	覆い	安全ネット	昇降施設
(4)	足場板	筋かい	作業台	要求性能墜落制止用器具

解説▶ （1）の組合せが正しい。　　　　　　　　　　　　　　　　　　【解答（1）】

3-2 型枠支保工の安全管理

型枠支保工とは、コンクリート打設をするときに使用する型枠を支持するためのもので、コンクリートが所定の強度になるまでの間、型枠の位置を正確に支えるための仮設構造物である。型枠支保工は、根太・大引・支柱などで構成される。

型枠支保工の安全対策

・型枠支保工の材料は、著しい損傷、変形または腐食があるものを使用してはならない。

・型枠支保工は、型枠の形状、コンクリートの打設の方法などに応じた堅固な構造のものでなければ、使用してはならない。

・型枠支保工を組み立てるときは、組立図を作成し、この組立図により組み立てなければならない。組立図には、支柱、はり、つなぎ、筋かいなどの部材の配置、接合の方法および寸法を示す。

・敷角の使用、コンクリートの打設、杭の打込みなど支柱の沈下を防止するための措置を講じること。

・支柱の脚部の固定、根がらみの取付けなど支柱の脚部の滑動を防止するための措置を講じること。

・支柱の継手は、突合せ継手または差込み継手とすること。

・鋼材と鋼材との接続部および交差部は、ボルト、クランプなどの金具を用いて緊結すること。

型枠支保工の組立てまたは解体の作業については、作業主任者技能講習を修了した者のうちから、**型枠支保工組立て等作業主任者**を選任しなければならない。

 演習問題で **レベルアップ**

《《問題1》》型枠支保工に関する下記の①～④の4つの記述のうち、**適当なものの数**は次のうちどれか。

① 型枠支保工を組み立てるときは、組立図を作成し、かつ、この組立図により組み立てなければならない。

② 型枠支保工に使用する材料は、著しい損傷、変形または腐食があるものは、補修して使用しなければならない。

③ 型枠支保工は、型枠の形状、コンクリートの打設の方法などに応じた堅固な構造のものでなければならない。

④ 型枠支保工作業は、型枠支保工の組立て等作業主任者が、作業を直接指揮しなければならない。

(1) 1つ

(2) 2つ

(3) 3つ

(4) 4つ

解説▶　①③④は適当な記述である。

②型枠支保工に使用する材料は、著しい損傷、変形または腐食があるものは使用してはならない。　　　　　　　　　　　　　　　　　　　　　　　　　　【解答（3）】

3-3 掘削作業の安全管理

掘削作業の安全対策

地山の掘削では、地山の崩壊、埋設物などの損壊などにより労働者に危険を及ぼすおそれのあるときは、あらかじめ作業箇所とその周辺の地山について、次の事項をボーリングやその他の適当な方法により調査し、その結果に適応する掘削の時期、順序を定め、これに従って掘削作業を行う。

工事箇所などで調査すべきポイント

- 形状、地質および地層の状態
- き裂、含水、湧水および凍結の有無および状態
- 埋設物などの有無および状態
- 高温のガスおよび蒸気の有無および状態

　掘削作業は、トンネル・坑道などの掘削と、それ以外の地盤の掘削とに分けられる。後者は露天での作業となることから**明り掘削**と呼ばれている。

　明り掘削は、建築基礎のための根切り、構造物の床掘、道路工事の切土、ダムの基礎掘削、水道管の敷設のための布掘りなど、さまざまである。

点検

　地山の崩壊や土石の落下による労働者の危険を防止するため、**点検者**を指名して次の措置を講じなければならない。

- 作業箇所とその周辺の地山について、その日の作業を開始する前、大雨の後および中震以上の地震の後、浮石・き裂の有無と状態、含水・湧水と凍結の状態の変化を点検する。
- 発破を行った後、この発破を行った箇所とその周辺の浮石・き裂の有無と状態を点検する。

地山の崩壊などによる危険の防止

　地山の崩壊や土石の落下により労働者に危険を及ぼすおそれのあるときは、あらかじめ**土止め支保工**を設け、**防護網**を張り、労働者の立入りを禁止するなどの危険防止措置を講じなければならない。

運搬機械などの運行経路

　事業者は、明り掘削の作業を行うときは、あらかじめ、**運搬機械**などの経路や、これらの機械の土石の積下し場所への出入りの方法を定め、これを**関係労働者**に周知させなければならない。

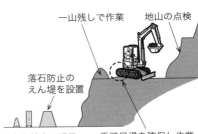

一山残しで作業　　地山の点検
落石防止のえん堤を設置
立入禁止の明示
重機足場を確保し作業
重機足場は平らに

🔵 **掘削作業のイメージ**

一次
5
施工管理

誘導者の配置

事業者は、明り掘削の作業を行う場合、運搬機械などが、労働者の作業箇所に後進して接近するときや、転落するおそれがあるときは、誘導者を配慮し、機械を誘導されなければならない。

保護帽の着用

事業者は、明り掘削の作業を行うときは、物体の飛来や落下による労働者の危険を防止するため、この作業に従事する労働者に保護帽を着用させなければならない。

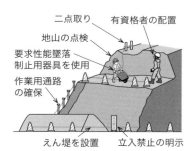

二点取り　有資格者の配置
地山の点検
要求性能墜落制止用器具を使用
作業用通路の確保
えん堤を設置　立入禁止の明示

◯ 掘削作業のイメージ

作業主任者

掘削面の高さが 2 m 以上となる地山の掘削については、地山の掘削作業主任者技能講習を修了した者のうちから、地山の掘削作業主任者を選任しなければならない。

地山の掘削作業主任者の職務

・作業の方法を決定し、作業を直接指揮すること。

・器具、工具を点検し、不良品を取り除くこと。

・要求性能墜落制止用器具（旧安全帯）などおよび保護帽の使用状況を監視すること。

演習問題でレベルアップ

《《問題1 》》地山の掘削作業の安全確保に関する次の記述のうち、労働安全衛生法上、事業者が行うべき事項として**誤っているもの**はどれか。

(1) 掘削面の高さが規定の高さ以上の場合は、地山の掘削及び土止め支保工作業主任者技能講習を修了した者のうちから、地山の掘削作業主任者を選任する。

(2) 地山の崩壊などにより労働者に危険を及ぼすおそれのあるときは、あらかじめ、土止め支保工を設け、防護網を張り、労働者の立入りを禁止するなどの措置を講じる。

(3) 運搬機械などが労働者の作業箇所に後進して接近するときは、点検者を配置し、その者にこれらの機械を誘導させる。

(4) 明り掘削の作業を行う場所は、当該作業を安全に行うため必要な照度を保持しなければならない。

解説▶ （3）運搬機械などが労働者の作業箇所に後進して接近するときは、誘導者を配置し、その者にこれらの機械を誘導させる。　　　　　　　　　　　　　　【解答（3）】

《〈問題2〉》地山の掘削作業の安全確保に関する次の記述のうち、労働安全衛生法上、事業者が行うべき事項として**誤っているもの**はどれか。

(1) 地山の崩壊、埋設物などの損壊などにより労働者に危険を及ぼすおそれのあるときは、あらかじめ、作業箇所及びその周辺の地山について調査を行う。

(2) 地山の崩壊または土石の落下による労働者の危険を防止するため、点検者を指名し、作業箇所などについて、前日までに点検させる。

(3) 掘削面の高さが規定の高さ以上の場合は、地山の掘削作業主任者に地山の作業方法を決定させ、作業を直接指揮させる。

(4) 明り掘削作業では、あらかじめ運搬機械などの運行の経路や土石の積卸し場所への出入りの方法を定めて、関係労働者に周知させる。

解説▶ (2) 地山の崩壊または土石の落下による労働者の危険を防止するため、点検者を指名し、作業箇所などについて、その日の作業を開始する前までに点検させる。【解答（2）】

 ## 3-4 コンクリート構造物解体作業の安全管理

高さ5m以上のコンクリート造の工作物を解体、または発破の作業時について、危険防止措置が規定されている。

調査及び作業計画

事業者は、工作物の倒壊、物体の飛来や落下などによる労働者の危険を防止するため、あらかじめ、工作物の形状、き裂の有無、周囲の状況などを調査し、この調査により知り得たところに適応する作業計画（作業の方法と順序、使用機械の種類と能力、控えの設置、立入禁止区域の設定、倒壊や落下による危険防止の方法）を定め、これにより作業を行わなければならない。

作業計画を定めたときは、作業の方法および順序、控えの設置、立入禁止区域の設定などの危険を防止するための方法について関係労働者に周知させる。

コンクリート造の工作物の解体などの作業

事業者は、次の措置を講じなければならない。

・作業を行う区域内には、関係労働者以外の労働者の立入りを禁止すること。

・強風、大雨、大雪などの悪天候のため、作業の実施について危険が予想されるときは、作業を中止すること。

・器具、工具などを上げ下ろしするときは、つり綱、つり袋などを労働者に使用させること。

引倒しなどの作業の合図

事業者は、外壁、柱などの引倒しなどの作業を行うときは、引倒しなどについて一定の合図を定め、関係労働者に周知させる。

引倒しなどの作業で、他の労働者に危険を生ずるおそれのあるときは、作業に従事する労働者に合図を行わせ、他の労働者が避難したことを確認させた後でなければ作業してはならない。

作業主任者

作業主任者は、コンクリート造の工作物の解体等作業主任者技能講習を修了した者のうちから選任する。

コンクリート造の工作物の解体等作業主任者の職務

・作業の方法及び労働者の配置を決定し、作業を直接指揮すること。

・器具、工具、要求性能墜落制止用器具や保護帽の機能を点検し、不良品を取り除くこと。

・要求性能墜落制止用器具（旧安全帯）や保護帽の使用状況を監視すること。

演習問題でレベルアップ

《《問題1》》 高さ5m以上のコンクリート造の工作物の解体作業にともなう危険を防止するために事業者が行うべき事項に関する次の記述のうち、労働安全衛生法上、**誤っているもの**はどれか。

(1) 強風、大雨、大雪などの悪天候のため、作業の実施について危険が予想されるときは、当該作業を中止しなければならない。

(2) 外壁、柱などの引倒しなどの作業を行うときは、引倒しなどについて一定の合図を定め、関係労働者に周知させなければならない。

(3) 器具、工具などを上げ、または下ろすときは、つり綱、つり袋などを労働者に使用させなければならない。

(4) 作業を行う区域内には、関係労働者以外の労働者の立入り許可区域を明示しなければならない。

解説▶ (4) 作業を行う区域内には、関係労働者以外の労働者の立入りを禁止する。

【解答 (4)】

《《問題2》》 地高さ5m以上のコンクリート造の工作物の解体作業にともなう危険を防止するために事業者が行うべき事項に関する次の記述のうち、労働安全衛生法上、**誤っているもの**はどれか。

(1) 外壁、柱などの引倒しなどの作業を行うときは、引倒しなどについて一定の合図を定め、関係労働者に周知させなければならない。

(2) 物体の飛来などにより労働者に危険が生ずるおそれのある箇所で解体用機械を用いて作業をうときは、作業主任者以外の労働者を立ち入らせてはならない。

(3) 強風、大雨、大雪などの悪天候のため、作業の実施について危険が予想されるときは、当該作業を中止しなければならない。

(4) 作業計画には、作業の方法及び順序、使用する機械などの種類及び能力などが示されていなければならない。

解説▶ （2）物体の飛来などにより労働者に危険が生ずるおそれのある箇所で解体用機械を用いて作業を行うときは、運転者以外の労働者を立ち入らせてはならない。　【解答（2）】

3-5　車両系建設機械を用いた作業の安全管理

構造

前照灯の設置

車両系建設機械には、前照灯を備えなければならない。

ただし、作業を安全に行うため必要な照度が保持されている場所において使用する車両系建設機械については、この限りでない。

ヘッドガードの設置

岩石の落下などにより労働者が危険になる場所で車両系建設機械（ブルドーザ、トラクタショベル、ずり積機、パワーショベル、ドラグショベルおよびブレーカに限る）を使用するときは、この車両系建設機械に堅固なヘッドガードを備えなければならない。

作業計画

車両系建設機械を用いて作業を行うときは、あらかじめ調査で把握した状況に適応する作業計画を定め、作業計画により作業を行わなければならない。また、作業計画を定めたときは関係労働者に周知しなければならない。作業計画には、次の事項を示す。

- 使用する車両系建設機械の種類および能力
- 車両系建設機械の運行経路
- 車両系建設機械による作業の方法

制限速度

車両系建設機械（最高速度が毎時 10 km 以下のものを除く）を用いて作業を行うときは、あらかじめ、当該作業に関わる場所の地形、地質の状態などに応じた車両系建設機械の適正な制限速度を定め、それにより作業を行わなければならない。

その際、車両系建設機械の運転者は、定められた制限速度を超えて車両系建設機械

一次
5
施工管理

を運転してはならない。

転落などの防止

車両系建設機械を用いて作業を行うときは、車両系建設機械の転倒または転落による労働者の危険を防止するため、この車両系建設機械の運行経路について路肩の崩壊を防止すること、地盤の不等沈下を防止すること、必要な幅員を保持することなど必要な措置を講じなければならない。

路肩、傾斜地などで車両系建設機械を用いて作業を行う場合には、この車両系建設機械の転倒または転落により労働者に危険が生じるおそれのあるときは、誘導者を配置して誘導させなければならない。

接触の防止

車両系建設機械を用いて作業を行うときは、運転中の車両系建設機械に接触することにより労働者に危険が生じるおそれのある箇所に、労働者を立ち入らせてはならない。ただし、誘導者を配置し、その者にこの車両系建設機械を誘導させるときはこの限りではない。

合図

事業者は、車両系建設機械の運転について誘導者を置くときは、一定の合図を定め、誘導者にその合図を行わせなければならない。

運転位置から離れる場合の措置

運転者は、車両系建設機械の運転位置から離れるときは、下記の措置を講じなければならない。

- バケット、ジッパーなどの作業装置を地上に下ろす。
- 原動機を止め、走行ブレーキをかけるなどして、逸走を防止する。

車両系建設機械の移送

事業者は、車両系建設機械を移送するため自走、またはけん引により貨物自動車などに積卸しを行う場合で、道板、盛土などを使用するときは、この車両系建設機械の転倒、転落などによる危険を防止するため、次のようにする。

- 積卸しは、平坦で堅固な場所において行う。
- 道板を使用するときは、十分な長さ、幅および強度を有する道板を用い、適当な勾配で確実に取り付ける。
- 盛土、仮設台などを使用するときは、十分な幅、強度および勾配を確保する。

搭乗の制限、使用の制限

搭乗の制限

車両系建設機械を用いて作業を行うときは、乗車席以外の箇所に労働者を乗せてはならない。

使用の制限

車両系建設機械を用いて作業を行うときは、転倒およびブーム、アームなどの作業

装置の破壊による労働者の危険を防止するため、構造上定められた安定度、最大使用荷重などを守らなければならない。

■ 主たる用途以外の使用の制限

パワーショベルによる荷のつり上げ、クラムシェルによる労働者の昇降など、車両系建設機械を主たる用途以外の用途に使用してはならない。ただし、荷のつり上げの作業を行う場合で、次のいずれかに該当する場合には適用しない（使用可）。

- 作業の性質上止むを得ないとき、または安全な作業の遂行上必要なとき
- アーム、バケットなどの作業装置に強度などの条件を満たすフック、シャックルなどの金具、その他のつり上げ用の器具を取り付けて使用するとき
- 荷のつり上げの作業以外の作業を行う場合であって、労働者に危険を及ぼすおそれのないとき

■ 定期自主点検など

車両系建設機械については、1年以内ごとに1回、定期に自主検査を行わなければならない。ただし、1年を超える期間使用しない車両系建設機械の使用しない期間においては、この限りでない（使用再開の際に、自主検査を行う）。この検査結果の記録は3年間保存しておく。

車両系建設機械を用いて作業を行うときは、その日の作業を開始する前に、ブレーキおよびクラッチの機能について点検しなければならない。

演習問題でレベルアップ

《《問題1》》車両系建設機械を用いた作業において、事業者が行うべき事項に関する下記の①～④の4つの記述のうち、労働安全衛生法上、**正しいものの数**は次のうちどれか。

① 岩石の落下などにより労働者に危険が生ずるおそれのある場所で作業を行う場合は、堅固なヘッドガードを装備した機械を使用させなければならない。

② 転倒や転落により運転者に危険が生ずるおそれのある場所では、転倒時保護構造を有し、かつ、シートベルトを備えたもの以外の車両系建設機械を使用しないように努めなければならない。

③ 機械の修理やアタッチメントの装着や取り外しを行う場合は、作業指揮者を定め、作業手順を決めさせるとともに、作業の指揮などを行わせなければならない。

④ ブームやアームを上げ、その下で修理などの作業を行う場合は、不意に降下することによる危険を防止するため、作業指揮者に安全支柱や安全ブロックなどを使用させなければならない。

(1) 1つ　　(3) 3つ
(2) 2つ　　(4) 4つ

解説▶ ①、②、③は正しい記述。

④ブームやアームを上げて、その下で修理などの作業を行う場合は、不意に降下することによる危険を防止するため、当該作業に従事する労働者に安全支柱や安全ブロックなどを使用させなければならない。　　　　　　　　　　　　　　　　　　　　　　　　【解答（3）】

〈〈問題2〉〉　車両系建設機械の災害防止に関する下記の文章中の　　　　　の（イ）〜（ニ）に当てはまる語句の組合せとして、労働安全衛生規則上、**正しいもの**は次のうちどれか。

・運転者は、運転位置を離れるときは、原動機を止め、　（イ）　走行ブレーキをかける。
・転倒や転落のおそれがある場所では、転倒時保護構造を有し、かつ、　（ロ）　を備えた機種の使用に努める。
・　（ハ）　以外の箇所に労働者を乗せてはならない。
・　（ニ）　にブレーキやクラッチの機能について点検する。

	（イ）	（ロ）	（ハ）	（ニ）
(1)	または	安全ブロック	助手席	作業の前日
(2)	または	シートベルト	乗車席	作業の前日
(3)	かつ	シートベルト	乗車席	その日の作業開始前
(4)	かつ	安全ブロック	助手席	その日の作業開始前

解説▶ （3）の組合せが正しい。　　　　　　　　　　　　　　　　　　　【解答（3）】

3-6 移動式クレーンを用いた作業の安全管理

■ 過負荷の制限、傾斜角の制限

■ 過負荷の制限

移動式クレーンにその定格荷重を超える荷重をかけて使用してはならない。

■ 傾斜角の制限

移動式クレーンについては、移動式クレーン明細書に記載されているジブの傾斜角の範囲を超えて使用してはならない。なお、つり上げ荷重が3t未満の移動式クレーンにあっては、これを製造した者が指定したジブの傾斜角とする。

■ 定格荷重の表示など

移動式クレーンを用いて作業を行うときは、移動式クレーンの運転者および玉掛けをする者がこの移動式クレーンの定格荷重を常時知ることができるよう、表示その他の措置を講じなければならない。

使用の禁止

　地盤が軟弱であること、埋設物その他地下に存する工作物が損壊するおそれがあることなどにより移動式クレーンが**転倒するおそれのある場所**においては、移動式クレーンを用いての作業を行ってはならない。

　ただし、この場所において、移動式クレーンの転倒を防止するため**必要な広さ**、および**強度を有する鉄板**などを**敷設**し、その上に移動式クレーンを設置しているときは、この限りでない。

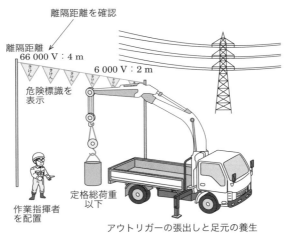

離隔距離を確認

離隔距離
66 000 V：4 m
6 000 V：2 m

危険標識を
表示

作業指揮者
を配置

定格総荷重
以下

アウトリガーの張出しと足元の養生

● 移動式クレーン作業準備のイメージ

アウトリガーなどの張出し

　アウトリガーのある移動式クレーンや拡幅式クローラのある移動式クレーンを用いての作業では、**アウトリガーまたはクローラを最大限に張り出さなければならない**。

　ただし、アウトリガーまたはクローラを最大限に張り出すことができない場合、移動式クレーンにかける荷重が張出幅に応じた定格荷重を下回ることが確実に見込まれるときは、この限りでない。

運転の合図

　移動式クレーンを用いて作業を行うときは、移動式クレーンの運転について一定の合図を定め、合図を行う者を指名して、その者に合図を行わせなければならない。ただし、移動式クレーンの運転者に単独で作業を行わせるときは、この限りでない。

　指名を受けた者がこの作業に従事するときは、定められた合図を行い、作業に従事する労働者は、この合図に従わなければならない。

一次
5
施工管理

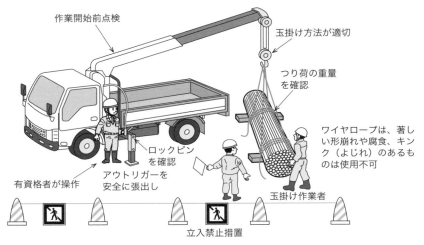

作業開始前点検

玉掛け方法が適切

つり荷の重量
を確認

ワイヤロープは、著し
い形崩れや腐食、キン
ク（よじれ）のあるも
のは使用不可

ロックピン
を確認

有資格者が操作

アウトリガーを
安全に張出し

玉掛け作業者

立入禁止措置

⮕ 移動式クレーン作業のイメージ

▪ 立入禁止

　移動式クレーンによる作業では、上部旋回体と接触することにより、労働者に危険が生じるおそれのある箇所に労働者を立ち入らせない。

▪ 搭乗の制限など

　移動式クレーンにより、労働者を運搬、あるいは労働者をつり上げて作業させない。

　ただし、搭乗制限の規定にかかわらず、作業の性質上止むを得ない場合または安全な作業の遂行上必要な場合は、移動式クレーンのつり具に専用の搭乗設備を設けて労働者を乗せることができる。

　この場合、事業者は搭乗設備については、墜落による労働者の危険を防止するため次の事項を行わなければならない。

- 搭乗設備の転位および脱落を防止する措置を講じる。
- 労働者に要求性能墜落制止用器具などを使用させる。
- 搭乗設備と搭乗者との総重量の 1.3 倍に相当する重量に 500 kg を加えた値が、当該移動式クレーンの定格荷重を超えない。
- 搭乗設備を下降させるときは、動力下降の方法による。

▪ 運転位置からの離脱の禁止

　移動式クレーンの運転者を、荷をつったままで、運転位置から離れさせてはならない。また、移動式クレーンの運転者は、荷をつったままで、運転位置を離れてはならない。

▪ 強風時の作業中止

　強風のため移動式クレーンによる実施に危険が予想されるときは、その作業を中止する。

この場合、移動式クレーンが転倒するおそれのあるときは、ジブの位置を固定させるなどにより、移動式クレーンの転倒による労働者の危険を防止するための措置を講じる。

定期自主点検など

- 移動式クレーンを設置した後、1年以内ごとに1回、定期に自主検査を行う。ただし、1年を超える期間使用しない移動式クレーンを使用しない期間においては、この限りでない（使用を再開の際に、自主検査を行う）。
- 移動式クレーンは、1か月以内ごとに1回、定期に巻過防止装置その他の安全装置、過負荷警報装置その他の警報装置、ブレーキおよびクラッチの異常の有無などについて自主検査を行う。ただし、1か月を超える期間使用しない場合はこの限りでない（使用を再開する際に、自主検査を行う）。
- 移動式クレーンを用いて作業を行うときは、その日の作業を開始する前に、巻過防止装置、過負荷警報装置その他の警報装置、ブレーキ、クラッチおよびコントローラの機能について点検を行う。
- 上記の自主検査の結果を記録し、3年間保存する。

演習問題で レベルアップ

《《問題1》》 移動式クレーンを用いた作業において、事業者が行うべき事項に関する下記の①～④の4つの記述のうち、クレーン等安全規則上、**正しいものの数**は次のうちどれか。
① 移動式クレーンにその定格荷重をこえる荷重をかけて使用してはならない。
② 軟弱地盤のような移動式クレーンが転倒するおそれのある場所では、原則として作業を行ってはならない。
③ アウトリガーを有する移動式クレーンを用いて作業を行うときは、原則としてアウトリガーを最大限に張り出さなければならない。
④ 移動式クレーンの運転者を、荷をつったままで旋回範囲から離れさせてはならない。

(1) 1つ
(2) 2つ
(3) 3つ
(4) 4つ

解説▶ ①、②、③は正しい記述である。
④移動式クレーンの運転者を、荷をつったままで運転位置から離れさせてはならない。

【解答（3）】

《〈問題2〉》 移動式クレーンを用いた作業に関する下記の文章中の _____ の（イ）〜（ニ）に当てはまる語句の組合せとして、クレーン等安全規則上、**正しいもの**は次のうちどれか。

・クレーンの定格荷重とは、フックなどのつり具の重量を　(イ)　最大つり上げ荷重である。
・事業者は、クレーンの運転者および　(ロ)　者が定格荷重を常時知ることができるよう、表示などの措置を講じなければならない。
・事業者は、原則として　(ハ)　を行う者を指名しなければならない。
・クレーンの運転者は、荷をつったままで、運転位置を　(ニ)　。

	(イ)	(ロ)	(ハ)	(ニ)
(1)	含まない	玉掛け	合図	離れてはならない
(2)	含む	合図	監視	離れて荷姿や人払いを確認するのがよい
(3)	含まない	玉掛け	合図	離れて荷姿や人払いを確認するのがよい
(4)	含む	合図	監視	離れてはならない

解説▶ （1）の組合せが正しい。　　　　　　　　　　　　　　　　　　【解答（1）】

アドバイス
労働安全衛生法に関するさまざまな出題パターンにも対応できるようにしておこう！

《〈問題3〉》 労働者の危険を防止するための措置に関する次の記述のうち、労働安全衛生法上、**誤っているもの**はどれか。
(1) 橋梁支間 20 m 以上の鋼橋の架設作業を行うときは、物体の飛来または落下による危険を防止するため、保護帽を着用する。
(2) 明り掘削の作業を行うときは、物体の飛来または落下による危険を防止するため、保護帽を着用する。
(3) 高さ 2 m 以上の箇所で墜落の危険がある作業で作業床を設けることが困難なときは、防網を張り、要求性能墜落制止用器具を使用する。
(4) つり足場、張出し足場の組立て、解体などの作業では、原則として要求性能墜落制止用器具を安全に取り付けるための設備などを設け、かつ、要求性能墜落制止用器具を使用する。

解説▶ （1）橋梁支間 30 m以上の鋼橋の架設作業を行うときは、物体の飛来または落下による危険を防止するため、保護帽を着用する。　　　　　　　　　　【解答（1）】

4章　品質管理

4-1　品質管理の方法

　品質管理とは、目的とする機能を得るために、設計や仕様の規格を満足し、さらに最も経済的に構造物を作るための工事のすべての段階における管理の活動である。

1 品質管理の手順

　品質管理の手順は、PDCAサイクルと呼ばれる生産管理や品質管理などの管理業務を継続的に改善していく手法が用いられている。

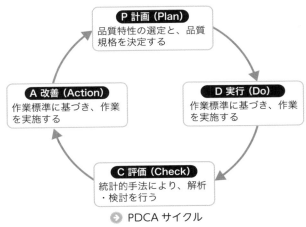

> ● PDCAサイクル

2 全数検査・抜取検査

全数検査

　すべての品物を全部検査する方法（100%検査）。全数検査を行うのは、次のようなケースが想定される。

- ・わずかな不良品の混入も許されない。
- ・ロット（検査のためにひとまとまりにしたグループ）の数が少なく、サンプリングや抜取検査の意味がない。
- ・検査が容易で抜取検査の意味がない。　　など

抜取検査

　検査対象から抜き取って調査を行う方法。検査対象をロットに分けて、そのロットから一部の試料を抜き取って検査するといったことが行われる。抜取検査を行うのは、次のようなケースが想定される。

一次
5
施工管理

・全数検査をすることが現実的に不可能または著しく不経済である。

・検査個数が大量または検査項目が多い。

・連続体や面的に広い範囲である。

・破壊検査を行う必要があるので、サンプルで行わざるを得ない。　など

3 統計量

　データを品質管理で使えるようにするには、統計量としての計算が必要になる。ここでは、簡単な統計量の計算方法にふれておく。

【計算例】
　　　　　測定値　3、6、4、7、10、4、8　の7つのデータがあったとする。
　　　　　$n = 7$　　　n：データの個数

■ 平均値

　測定値の算術平均。

　　$(3 + 6 + 4 + 7 + 10 + 4 + 8) \div 7 = 6$

■ メジアン（中央値）

　測定値を大きさ順に並べたときの、中央にくる値。偶数個のデータの場合は、中央の2つの値の平均となる。

　　3、4、4、6、7、8、10 ➡ ここでは、6となる。

■ モード（最多値）

　最も出現頻度の高い値である。➡ ここでは、4となる。

■ 範囲（レンジ、R）

　測定値の最大値と最小値との差を範囲（レンジ）という。

　ここでは、最大値10、最小値3なので、10 − 3 = 7　　$R = 7$

4-2 ヒストグラムと管理図

1 ヒストグラム

　ヒストグラムとは、横軸にデータの値をとり、データ全体の範囲をいくつかの区間に分け、各区間に入るデータの数を数えて、これを縦軸にとって作られた図のこと。品質特性が規格を満足しているか判定できる。

　ヒストグラムでは、個々のデータについての様子や、その時間的順序の変化はわからないが、現場把握や改善に役立ついろいろな情報が得られる。

ヒストグラムの読み方	判断の留意点
・全体の分布の形を調べる ・どんな値のまわりに分布しているか ・分布の拡がり具合はどうか ・規格に対してどうなっているか ・飛び離れたデータの有無	・規格値は満足であるかどうか ・分布の位置は適当か ・分布の幅はどうか ・離れ島のように飛び離れたデータはないか ・分布の右か左かが絶壁型となっていないか ・分布の山が2つ以上ないか

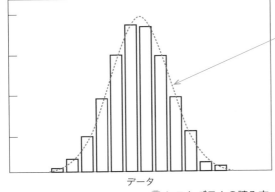

度数

データ

安定した工程で、正常に発生するばらつきがあるので、中央を山形にした左右対称の滑らかなカーブが標準となる。このカーブを正規分布の曲線という

● ヒストグラムの読み方

(1) 規格値に対するゆとりがあり、平均値も規格の中央にありよい状態。

(2) 規格値ぎりぎりのものもあり将来規格値をはずれるものが出る可能性がある。ばらつきに注意を要する。

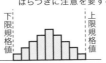

(3) 山が2つあり工程に異常がある。データ全体を再度調べる必要がある。

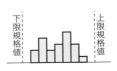

(4) 下限規格値を外れるものがあり、平均を大きい方にずらす処置が必要である。

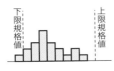

(5) 下限・上限規格値ともに外れており、何らかの処置が必要である。

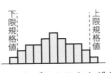

(6) 大部分が規格の幅にばらついているが、上限規格値外に飛び離れたデータがあり、検討を要する。

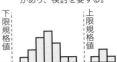

● ヒストグラムのさまざまな形

一次
5
施工管理

2 管理図

時間経過で品質が安定しているか、不安定であるかを判断する方法として管理図が用いられる。

　横軸：時間経過（時間経過でサンプリングされたもの）

　縦軸：特性値（判断するための測定結果）

図を作成する際に、上限規格値、下限規格値を示す横線を入れておくと判断が容易となる。

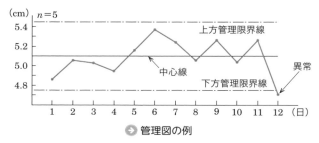

● 管理図の例

上記の例では、時間経過とともに1回につき1サンプルであるが、実際には1回ごとに複数のサンプル（サンプル群）を用いることがある。この際に用いられるのが、平均値 $\bar{x}$（エックスバー）と最大値と最小値の差 R を並べた $\bar{x} - R$ 管理図である。

これによりサンプル群としてのばらつき具合が判定できる。

複数のサンプルがあった場合　$\bar{x}$：平均値　　R：範囲（最大値－最小値）

品質特性

目的とする成果である構造物には、仕様書をはじめとする設計図書などにより品質や規格が示されている。こうしたことから、管理しようとする品質特性と、その特性値を定める。

■ 品質特性として用いられる項目

・工程や作業の状態を総合的に表せる項目。

・要求される品質に重要な影響を及ぼす項目。

・代用特性を有し、真の品質特性との関係が明確な項目。

・測定がしやすい項目や早期に結果が得られる項目。

・できるだけ工期の早い段階で測定できる項目や、処置のとりやすい項目。

● 品質特性と試験方法

工　種	品質特性	試験方法	適　用
土　工	最大乾燥密度・最適含水比 粒度 自然含水比 液性限界 塑性限界 透水係数 圧密係数	締固め試験 粒度試験（ふるい分け試験） 含水比試験 液性限界試験 塑性限界試験 透水試験 圧密試験	材　料
	施工含水比 締固め度 CBR 支持力値 貫入指数	含水比試験 密度試験（現場密度の測定） 現場 CBR 試験 平板載荷試験 貫入試験	施　工
路盤工	粒度 CBR	ふるい分け試験 CBR 試験	材　料
	締固め度 支持力	密度試験（現場密度の測定） 平板載荷試験、CBR 試験	施　工
コンクリート工	密度・吸水率 粒度 すりへり減量 表面水量 安定性	密度・吸水率試験 ふるい分け試験 すりへり試験 表面水率試験 安定性試験	骨　材
	単位体積重量 配合割合 スランプ 空気量 圧縮強度 曲げ強度	単位体積重量試験 洗い分析試験 スランプ試験 空気量試験 圧縮強度試験 曲げ強度試験	コンクリート
アスファルト 舗装工	骨材の比重・吸水率 粒度 すりへり減量 針入度 伸度 混合温度	比重・吸水率試験 ふるい分け試験 すりへり試験 針入度試験 伸度試験 温度測定	材　料
	敷均し温度 安定度 舗装厚 平坦性 配合割合 密度	温度測定 マーシャル安定度試験 コア採取による測定 平坦性試験 混合割合試験（コア採取） 密度試験	施　工

一次
5
施工管理

《《問題1》》 工事の品質管理活動における品質管理のPDCA（Plan、Do、Check、Action）に関する次の記述のうち、**適当でないもの**はどれか。

(1) 第1段階（計画 Plan）では、品質特性の選定と品質規格を決定する。

(2) 第2段階（実施 Do）では、作業日報に基づき、作業を実施する。

(3) 第3段階（検討 Check）では、統計的手法により、解析・検討を行う。

(4) 第4段階（処理 Action）では、異常原因を追究し、除去する処置をとる。

解説▶ (2) 第2段階（実施 Do）では、作業標準に基づき、作業を実施する。

【解答 (2)】

《《問題2》》 品質管理に関する次の記述のうち、**適当でないもの**はどれか。

(1) ロットとは、様々な条件下で生産された品物の集まりである。

(2) サンプルをある特性について測定した値をデータ値（測定値）という。

(3) ばらつきの状態が安定の状態にあるとき、測定値の分布は正規分布になる。

(4) 対象の母集団からその特性を調べるため一部取り出したものをサンプル（試料）という。

解説▶ (1) ロットとは、同じ条件下で生産された品物の集まりである。　【解答 (1)】

《《問題3》》 品質管理に用いられるヒストグラムに関する下記の文章中の　　　の(イ)～(ニ)に当てはまる語句の組合せとして、**適当なもの**は次のうちどれか。

・ヒストグラムは、測定値の　(イ)　を知るのに最も簡単で効率的な統計手法である。

・ヒストグラムは、データがどのような分布をしているかを見やすく表した　(ロ)　である。

・ヒストグラムでは、横軸に測定値、縦軸に　(ハ)　を示している。

・平均値が規格値の中央に見られ、左右対称なヒストグラムは　(ニ)　いる。

	(イ)	(ロ)	(ハ)	(ニ)
(1)	ばらつき	折れ線グラフ	平均値	作業に異常が起こって
(2)	異常値	柱状図	平均値	良好な品質管理が行われて
(3)	ばらつき	柱状図	度数	良好な品質管理が行われて
(4)	異常値	折れ線グラフ	度数	作業に異常が起こって

解説▶ (3)の組合せが正しい。

【解答 (3)】

《《問題４》》建設工事の品質管理における「工種・品質特性」とその「試験方法」との組合せとして、**適当でないもの**は次のうちどれか。

	［工種・品質特性］	［試験方法］
(1)	土工・盛土の締固め度	RI 計器による乾燥密度測定
(2)	アスファルト舗装工・安定度	平坦性試験
(3)	コンクリート工・コンクリート用骨材の粒度	ふるい分け試験
(4)	土工・最適含水比	突固めによる土の締固め試験

解説▶ (2) アスファルト舗装工・安定度…マーシャル安定度試験。　　【解答 (2)】

《《問題５》》アスファルト舗装の品質特性と試験方法に関する次の記述のうち、**適当でないもの**はどれか。
(1) 路床の強さを判定するためには、CBR 試験を行う。
(2) 加熱アスファルト混合物の安定度を確認するためには、マーシャル安定度試験を行う。
(3) アスファルト舗装の厚さを確認するためには、コア採取による測定を行う。
(4) アスファルト舗装の平坦性を確認するためには、プルーフローリング試験を行う。

解説▶ (4) アスファルト舗装の平坦性を確認するためには、3 m プロフィルメータや路面性状測定車などで測定する。プルーフローリングは路床や路盤の締固めが適正であるか、機械を走行させて表面のたわみ量や不良箇所を見つける試験のこと。　　【解答 (4)】

《《問題６》》管理図に関する下記の文章中の ☐ の (イ) ～ (ニ) に当てはまる語句または数値の組合せとして、**適当なもの**は次のうちどれか。
・管理図は、いくつかある品質管理の手法の中で、応用範囲が (イ) 便利で、最も多く活用されている。
・一般に、上下の管理限界の線は、統計量の標準偏差の (ロ) 倍の幅に記入している。
・不良品の個数や事故の回数など個数で数えられるデータは、 (ハ) と呼ばれている。
・管理限界内にあっても、測定値が (ニ) 上下するときは工程に異常があると考える。

	(イ)	(ロ)	(ハ)	(ニ)
(1)	広く	10	計数値	1 度でも
(2)	狭く	3	計量値	1 度でも
(3)	狭く	10	計量値	周期的に
(4)	広く	3	計数値	周期的に

解説▶ (4) の組合せが正しい。　　【解答 (4)】

《《問題7》》品質管理に用いられる $\bar{x}$-R 管理図に関する下記の文章中の ▢ の（イ）～（ニ）に当てはまる語句の組合せとして、**適当なもの**は次のうちどれか。

・データには、連続量として測定される （イ） がある。
・$\bar{x}$ 管理図は、工程平均を各組ごとのデータの （ロ） によって管理する。
・R 管理図は、工程のばらつきを各組ごとのデータの （ハ） によって管理する。
・$\bar{x}$-R 管理図の管理線として、 （ニ） 及び上方・下方管理限界がある。

	（イ）	（ロ）	（ハ）	（ニ）
(1)	計数値	平均値	最大・最小の差	バナナカーブ
(2)	計量値	平均値	最大・最小の差	中心線
(3)	計数値	最大・最小の差	平均値	中心線
(4)	計量値	最大・最小の差	平均値	バナナカーブ

解説▶ （2）の組合せが正しい。

【解答（2）】

《《問題8》》 $\bar{x}$-R 管理図に関する下記の①～④の 4 つの記述のうち、**適当なものの数**は次のうちどれか。

① $\bar{x}$-R 管理図は、統計的事実に基づき、ばらつきの範囲の目安となる限界の線を決めてつくった図表である。
② $\bar{x}$-R 管理図上に記入したデータが管理限界線の外に出た場合は、その工程に異常があることが疑われる。
③ $\bar{x}$-R 管理図は、通常連続した棒グラフで示される。
④ 建設工事では、$\bar{x}$-R 管理図を用いて、連続量として測定される計数値を扱うことが多い。

(1) 1つ
(2) 2つ
(3) 3つ
(4) 4つ

解説▶ ①、②は適当な記述である。
③ $\bar{x}$-R 管理図は、通常連続した折れ線グラフで示される。
④建設工事では、$\bar{x}$-R 管理図を用いて、連続量として測定される計量値を扱うことが多い。
　　　計量値：重さ、長さ、時間など　　　計数値：人数、個数、不良品数など。

【解答（2）】

土工の品質特性

土木の品質管理で重要な盛土は、**最適含水比**か、もしくはやや湿潤側で施工する。最適含水比よりも乾燥側で締め固めると、施工直後での変形抵抗は最大となるものの、降雨後に軟化しやすい。また、締固め後のばらつきが大きいときには、圧縮性の小さな砂質の材料を用いる。

土工の品質管理で用いられる品質特性と試験方法は、材料についての**物理的性質・力学的性質**と、**施工現場**における**支持力の判定**がある。

◉ 主な土工の品質管理【物理的性質・力学的性質】

品質特性	試験方法
粒度	ふるい分け試験
液性限界	液性限界試験
塑性限界	塑性限界試験
自然含水比	含水比試験
圧密係数	圧密試験
最大乾燥密度	締固め試験
最適含水比	突固め試験
締固め度	現場密度（砂置換法、RI法）

◉ 主な土工の品質管理【支持力の判定】

品質特性	試験方法
貫入試験	貫入試験
CBR値（支持力）	現場CBR試験
支持力値	平板載荷試験

盛土の品質管理

盛土を施工する際の品質管理には、工法規定方式と品質規定方式がある。

■ **工法規定方式**

盛土の締固めに使用する締固め機械、締固め回数などの工法で規定する。

■ **品質規定方式**

乾燥密度、含水比、土の強度などについて要求される品質で規定する。工法は施工者に任される。

一次 5 施工管理

《《問題１》》 盛土の締固めにおける品質管理に関する下記の①～④の４つの記述のうち、**適当なものの数**は次のうちどれか。

① 工法規定方式は、盛土の締固め度を規定する方法である。

② 盛土の締固めの効果や特性は、土の種類や含水比、施工方法によって大きく変化する。

③ 盛土が最もよく締まる含水比は、最大乾燥密度が得られる含水比で最適含水比である。

④ 現場での土の乾燥密度の測定方法には、砂置換法やRI計器による方法がある。

(1) １つ

(2) ２つ

(3) ３つ

(4) ４つ

解説▶ ①工法規定方式は、締固め機械の種類や締固め回数などで規定する方法である。盛土の締固め度を規定するのは品質規定方式となる。

②、③、④は適当な記述である。 【解答 (3)】

《《問題２》》 盛土の締固めにおける品質管理に関する下記の①～④の４つの記述のうち、**適当なもののみをすべてあげている組合せ**は次のうちどれか。

① 品質規定方式は、盛土の締固め度などを規定する方法である。

② 盛土の締固めの効果や特性は、土の種類や含水比、施工方法によって変化しない。

③ 盛土が最もよく締まる含水比は、最大乾燥密度が得られる含水比で最大含水比である。

④ 土の乾燥密度の測定方法には、砂置換法やRI計器による方法がある。

(1) ① ④

(2) ② ③

(3) ① ② ④

(4) ② ③ ④

解説▶ ①、④は適当な記述である。

②盛土の締固めの効果や特性は、土の種類や含水比、施工方法によって変化する。

③盛土が最もよく締まる含水比は、最大乾燥密度が得られる含水比で最適含水比である。 【解答 (1)】

4-5 コンクリート工の品質管理

コンクリートの品質特性

コンクリート工における品質管理で用いられる品質特性と試験方法は、材料・施工と、硬化後で区別される。

コンクリート工の主な品質管理【材料・施工】

品質特性	試験方法
骨材の粒度	骨材のふるい分け試験
細骨材表面水量	細骨材の表面水率試験
骨材のすり減り	骨材のすり減り試験
スランプ	スランプ試験
空気量	空気量測定

コンクリート工の主な品質管理【硬化後】

品質特性	試験方法
圧縮強度	コンクリートの圧縮強度試験
曲げ強度	コンクリートの曲げ強度試験
平坦性	平坦性試験
ひび割れ	ひび割れ調査（測定）

レディーミクストコンクリートの品質管理

レディーミクストコンクリートの品質管理項目は、強度、スランプまたはスランプフロー、空気量、塩化物含有量の4項目である。品質検査は、荷下ろし地点で行う。

■ 強度

材齢28日における圧縮強度試験が一般的。

1回の試験結果は、呼び強度の85％以上で、かつ3回の試験結果の平均値が呼び強度以上であること。

■ スランプ

スランプが8〜18cmの場合、許容差は±2.5cm以内とする。

■ 空気量

普通コンクリートなどでは、空気量4.5％、許容差は±1.5cm以内とする。

■ 塩化物含有量

塩化イオン量として、0.30kg/m³以下とする。

《《問題1》》 レディーミクストコンクリート（JIS A 5308）の品質管理に関する次の記述のうち、**適当でないもの**はどれか。

(1) 1回の圧縮強度試験結果は、購入者の指定した呼び強度の強度値の75%以上である。

(2) 3回の圧縮強度試験結果の平均値は、購入者の指定した呼び強度の強度値以上である。

(3) 品質管理の項目は、強度、スランプまたはスランプフロー、塩化物含有量、空気量の4つである。

(4) 圧縮強度試験は、一般に材齢28日で行う。

解説▶ (1) 1回の圧縮強度試験結果は、購入者の指定した呼び強度の強度値の85%以上である。　　　　　　　　　　　　　　　　　　　　　　　　　　　　　【解答（1）】

《《問題2》》 レディーミクストコンクリート（JIS A 5308）の受入れ検査と合格判定に関する次の記述のうち、**適当でないもの**はどれか。

(1) 圧縮強度の1回の試験結果は、購入者の指定した呼び強度の強度値の85%以上である。

(2) 空気量4.5%のコンクリートの空気量の許容差は、±2.0%である。

(3) スランプ12 cmのコンクリートのスランプの許容差は、±2.5 cmである。

(4) 塩化物含有量は、塩化物イオン量として原則0.3 kg/m³以下である。

解説▶ (2) 空気量4.5%のコンクリートの空気量の許容誤差は、±1.5%である。　　　　　　　　　　　　　　　　　　　　　　　　　　　　　　　　　【解答（2）】

《《問題3》》 呼び強度24、スランプ12 cm、空気量5.0%と指定したJIS A 5308レディーミクストコンクリートの試験結果について、各項目の判定基準を**満足しないもの**は次のうちどれか。

(1) 1回の圧縮強度試験の結果は、21.0 N/mm²であった。

(2) 3回の圧縮強度試験結果の平均値は、24.0 N/mm²であった。

(3) スランプ試験の結果は、10.0 cmであった。

(4) 空気量試験の結果は、3.0%であった。

解説▶ (1) 1回の圧縮強度試験の結果は、呼び強度24の85%（=20.4）以上なので満足する。

(2) 3回の圧縮強度試験の結果は、呼び強度24以上なので満足する。

(3) スランプ試験の結果は、12 cmのときは±2.5 cm（9.5～14.5 cm）なので満足する。

(4) 空気量の結果である3.0%は、±1.5%（3.5～6.5）を満足していない。【解答（4）】

5章　環境保全

5-1　環境保全計画

　土木工事に伴なって、自然環境や生活環境に何らかの影響を発生することが多い。その影響により、地域社会とのトラブルに発展してしまうケースも少なくはなく、トラブル解決のために工事の工程や工事費などにも影響を及ぼしかねない。

　そのため、現場やその周辺を事前に調査して、関係法令の遵守、地域住民との合意形成などを行いながら、環境保全管理に努める必要がある。

■ 環境保全計画の検討内容

自然環境の保全	植生の保護、生物の保護、土砂崩壊などの防止対策。
公害などの防止	騒音、振動、ばい煙、粉じん、水質汚濁などの防止対策。
近隣環境の保全	工事車両による沿道障害の防止対策。 掘削などによる近隣建物などへの影響防止対策。 土砂や排水の流出、井戸枯れ、電波障害、耕作地の踏み荒らしなどの事業損失の防止対策。
現場作業環境の保全	騒音、振動、排気ガス、ばい煙、粉じんなどの防止対策。

5-2　騒音・振動対策

■ 騒音・振動対策の基本的な方法

発生源対策	騒音、振動の発生が少ない建設機械を用いるなどの発生源に対する対策。
伝播経路対策	騒音、振動の発生地点から、受音点・受振点までの距離を確保したり、途中に騒音・振動を遮断するために遮音壁・防振溝などの構造物を設ける方法。
受音点・受振点対策	受音点・受振点において、家屋などを防音構造や防振構造にするなどの対策。

■ 計画段階における騒音・振動対策

- ・周辺の生活環境に配慮し、できるだけ昼間に行い、発生期間（日数、時間）の短縮を検討する。
- ・使用機械や施工方法によって騒音・振動が変化するので、できるだけ低騒音・低振動の機械、施工方法を検討する。
- ・周辺の居住地などから、発生源が離れるようにし、距離による減衰を検討する。

また、工事現場の内外を問わず、運搬経路を検討する。

施工段階における騒音・振動対策

- ブルドーザによる掘削押土作業では、**無理な負荷をかけないように**し、後進時の高速走行を避けて、ていねいに運転する。
- 建設機械には、履帯（クローラ）式と車輪（ホイール）式があるが、移動するときの騒音・振動が小さめである車輪（ホイール）式を用いるとよい。
- アスファルトフィニッシャでは、敷均し、締固め機構であるスクリードが、バイブレータ式のほうがタンパ式より騒音が小さい。
- コンクリート運搬で用いるトラックミキサは、工事現場内や付近における待機場所について配慮し、**不必要な空ぶかしをしないように**留意する。

5-3 沿道障害の防止

工事用車両による沿道障害防止の留意事項（資材などの運搬計画）

- 通勤や通学、買い物などの歩行者が多く、歩車道が分離されていない道路を避ける。
- 必要に応じて往路と復路を別経路にする。
- できるだけ舗装道路、広い幅員の道路を選ぶ。
- 急カーブ、急な縦断勾配の多い道路を避ける。
- 道路とその付近の状況に応じ、運搬車の走行速度に必要な制限を加える。
- 運搬路は十分に点検し、必要に応じ維持補修計画を検討する。
- 運搬物の量や投入台数、走行速度などを十分検討し、運搬車を選定する。
- 工事現場の出入口に、必要に応じて誘導員を配置する。

工事用車両による騒音、振動、粉じん発生防止の留意事項。

- 待機場所の確保と、その待機場所では車両のエンジンを停止させる。
- 運搬路の維持修繕や補修は、あらかじめ計画に取り込んでおく。
- 過積載の禁止やシート掛けを徹底し、荷こぼれなどの防止に努める。
- タイヤの洗浄、泥落とし、路面の清掃を励行する。

各種事業損失の要因

- 地盤の掘削などに伴う周辺地盤の変状による建物や構造物への損傷被害。
- 工事関係車両などによる耕地の踏み荒らし被害。
- 建設現場からの土砂流出、排水による周辺の田畑や水路などへの被害。
- 地下水の水位低下、水質悪化による井戸、農作物や植木などへの被害。
- 鉄骨、クレーン、足場材などの設置に伴う電波障害。

〈〈問題1〉〉建設工事における環境保全対策に関する次の記述のうち、**適当なもの**はどれか。

(1) 騒音や振動の防止対策では、騒音や振動の絶対値を下げること及び発生期間の延伸を検討する。

(2) 造成工事などの土工事にともなう土ぼこりの防止対策には、アスファルトによる被覆養生が一般的である。

(3) 騒音の防止方法には、発生源での対策、伝搬経路での対策、受音点での対策があるが、建設工事では受音点での対策が広く行われる。

(4) 運搬車両の騒音や振動の防止のためには、道路及び付近の状況によって、必要に応じ走行速度に制限を加える。

解説▶ (1) 騒音や振動の防止対策では、騒音や振動の絶対値を下げること、及び発生期間の短縮を検討する。

(2) 造成工事などの土工事にともなう土ぼこりの防止対策には、散水養生が一般的である。

(3) 騒音の防止方法には、発生源での対策、伝搬経路での対策、受音点での対策があるが、建設工事では発生源での対策が広く行われる。　　　　　　　　　　【解答 (4)】

〈〈問題2〉〉建設工事における騒音や振動に関する次の記述のうち、**適当でないもの**はどれか。

(1) 掘削、積込み作業にあたっては、低騒音型建設機械の使用を原則とする。

(2) アスファルトフィニッシャでの舗装工事で、特に静かな工事施工が要求される場合、バイブレータ式よりタンパ式の採用が望ましい。

(3) 建設機械の土工板やバケットなどは、できるだけ土のふるい落としの操作を避ける。

(4) 履帯式の土工機械では、走行速度が速くなると騒音振動も大きくなるので、不必要な高速走行は避ける。

解説▶ (2) アスファルトフィニッシャでの舗装工事で、特に静かな工事施工が要求される場合、タンパ式よりもバイブレータ式の採用が望ましい。　　　　　　　　　　【解答 (2)】

一次
5
施工管理

《《問題3》》 建設工事における、騒音・振動対策に関する次の記述のうち、**適当な
もの**はどれか。
(1) 舗装版の取壊し作業では、大型ブレーカの使用を原則とする。
(2) 掘削土をバックホゥなどでダンプトラックに積み込む場合、落下高を高くして
　　掘削土の放出をスムーズに行う。
(3) 車輪式（ホイール式）の建設機械は、履帯式（クローラ式）の建設機械に比べて、
　　一般に騒音振動レベルが小さい。
(4) 作業待ち時は、建設機械などのエンジンをアイドリング状態にしておく。

解説▶ （1）舗装版の取壊し作業では、低騒音型のバックホゥ、油圧ジャッキ式舗装版破砕
機（バックホゥアタッチメント）といった騒音、振動の小さい機種にする。
　　（2）掘削土をバックホゥなどでダンプトラックに積み込む場合、落下高を低くして掘削土
の放出を丁寧に行う。
　　（4）作業待ち時は、建設機械などのエンジンはできるだけ停止しておく。　【解答（3）】

 5-4
資源有効利用

　建設リサイクル法（正式名称：建設工事に係る資材の再資源化等に関する法律）で
は、特定建設資材を用いた一定規模以上の工事について、受注者に対して分別解体や
再資源化などを行うことを義務付けている。

建設リサイクル法の用語

建設資材廃棄物	建設資材が廃棄物になったもの。
特定建設資材廃棄物	特定建設資材が廃棄物になったもの。
特定建設資材	建設資材廃棄物になった場合に、その再資源化が、資源の有効な利用・廃棄物の減量を図るうえで、特に必要であり、再資源化が経済性の面において著しい制約がないものとして、建設資材のうち以下の4品目が定められている。 ・コンクリート　　・コンクリートおよび鉄からなる建設資材 ・木材　　　　　　・アスファルト・コンクリート

特定建設資材と特定建設資材廃棄物

特定建設資材	特定建設資材廃棄物
コンクリート	コンクリート塊（コンクリートが廃棄物となったもの）。
コンクリートおよび鉄からなる建設資材	コンクリート塊（コンクリート、および鉄からなる建設資材に含まれるコンクリートが廃棄物となったもの）。
木　材	建設発生木材（木材が廃棄物となったもの）。
アスファルト・コンクリート	アスファルト・コンクリート塊（アスファルト・コンクリートが廃棄物となったもの）。

コンクリート塊	分別されたコンクリート塊を破砕することなどにより、再生骨材、路盤材などとして再資源化をしなければならない。
アスファルト・コンクリート塊	分別されたアスファルト・コンクリート塊を、破砕などによる再生骨材、路盤材などとして、または破砕、加熱混合などによる再生加熱アスファルト混合物などとして再資源化をしなければならない。
建設発生木材	分別された建設発生木材のチップ化などにより、木質ボード、堆肥などの原材料として再資源化をしなければならない。また、原材料として再資源化を行うことが困難な場合などにおいては、熱回収をしなければならない。

演習問題でレベルアップ

《《問題1》》「建設工事に係る資材の再資源化等に関する法律」(建設リサイクル法)に定められている特定建設資材に**該当するもの**は、次のうちどれか。
(1) ガラス類
(2) 廃プラスチック
(3) アスファルト・コンクリート
(4) 土砂

解説▶ 270 ページで確認しよう。 【解答 (3)】

《《問題2》》「建設工事に係る資材の再資源化等に関する法律」(建設リサイクル法)に定められている特定建設資材に**該当するもの**は、次のうちどれか。
(1) 建設発生土
(2) 廃プラスチック
(3) コンクリート
(4) ガラス類

解説▶ 270 ページで確認しよう。 【解答 (3)】

アドバイス
パターンを変えての出題が多いので、建設リサイクル法に定められている特定建設資材4つをしっかり覚えておこう。
①コンクリート ②コンクリートおよび鉄からなる建設資材 ③木材
④アスファルト・コンクリート

第二次検定

第1時限目

施工経験記述

　第二次検定の必須問題として、問題1に必ず出題されるのが、経験記述問題。

　これは、解答者である「あなた自身が経験した土木工事の現場」について答える、あらかじめ準備しておくことが可能な唯一の問題だ。

　自由記述でも、不安にならなくても大丈夫。本書ではどういった経験を選ぶかのキーワード集や記述テンプレートを使って手軽に答案を作ることができる。その上で、文例を参考に答案を作り込もう。

　それでは、まずは問題パターンから見てみよう。

　「令和6年度以降の試験問題の見直し」（国土交通省）によると、「第二次検定は、受検者の経験に基づく解答を求める設問に関し、自身の経験に基づかない解答を防ぐ観点から、設問の見直しを行う。」と発表されているので、試験問題、解答方法などがこれまでと異なる場合がありえます。当日の出題をしっかり読んで、これまでの準備を活かしながら落ち着いて解答しましょう。

1. 問題1の出題パターン

例年の出題パターンはほとんど同じである。まずは出題例を見てみよう。

必須問題

> 【問題1】あなたが経験した土木工事の現場において、工夫した安全管理または工夫した工程管理のうちから1つ選び、次の〔設問1〕、〔設問2〕に答えなさい。
>
> （注意）あなたが経験した工事でないことが判明した場合は失格となります。

〔設問1〕あなたが**経験した土木工事**に関し、次の事項について解答欄に明確に記述しなさい。

　　　　（注意）「経験した土木工事」は、あなたが工事請負者の技術者の場合は、あなたの所属会社が受注した工事内容について記述してください。
　　　　　　従って、あなたの所属会社が二次下請業者の場合は、発注者名は一次下請業者名となります。
　　　　　　なお、あなたの所属が発注機関の場合の発注者名は、所属機関名となります。

　（1）**工　事　名**
　（2）**工事の内容**
　　　① **発注者名**
　　　② **工事場所**
　　　③ **工　　期**
　　　④ **主な工種**
　　　⑤ **施　工　量**
　（3）**工事現場における施工管理上のあなたの立場**

〔設問2〕上記工事で実施した「**現場で工夫した安全管理**」または「**現場で工夫した工程管理**」のいずれかを選び、次の事項について解答欄に具体的に記述しなさい。

　　　　ただし、安全管理については、交通誘導員の配置のみに関する記述は除く。

　（1）特に留意した**技術的課題**
　（2）技術的課題を解決するために**検討した項目と検討理由及び検討内容**
　（3）上記検討の結果、**現場で実施した対応処置とその評価**

経験記述問題は、指定された解答用紙に筆記で、何も見ずに書き込まなければならない。そのため、工事名や工事の内容（発注者名、工事場所、工期、主な工種、施工量など）は正確に覚えておこう。また、肝心なところで漢字を忘れて、誤字を生むことも避けたい。

1 設問 1

（1）工事名

　「○○整備工事」、「○○新設工事」、「○○改修工事」など具体的に記述する。

（2）工事の内容

　①〜⑤について、指定に従って簡潔明瞭にまとめよう。これらは試験前にしっかり調べてまとめておき、暗記しておく必要がある。

➡ 土木以外の種別について

　第二次検定でも、種別は、土木、鋼構造物塗装、薬液注入の3つに分かれています。前ページの問題文は、種別：土木の出題例です。設問1は、次の表のように種別ごとに指定されています。

種別	土木	鋼構造物塗装	薬液注入
(1)	工事名	塗装を行った対象物とその形式	薬液注入の目的
(2)	工事の内容 ①発注者名 ②工事場所 ③工期 ④主な工種 ⑤施工量	工事の内容 ①工事名 ②発注者名 ③工期 ④塗料の種類 ⑤塗装面積	工事の内容 ①工事名 ②発注者名 ③工期 ④注入方式 ⑤注入量

（3）工事現場における施工管理上のあなたの立場

　自分自身が従事した立場を記入する。実務経験と認められる立場は下記の通り決められているため注意しよう。

実務経験として認められる従事した立場（例）
■ 施工管理（請負者の立場での現場管理業務）
　工事係、工事主任、主任技術者、現場代理人、施工監督、施工管理係、現場施工係
■ 施工監督（発注者の立場での工事監理業務）
　発注者側監督員
■ 設計監理（設計者の立場での工事監理業務）
　工事監理など（設計監理業務では、工事監理業務期間のみ）

二次 1 経験記述

2 設問2

上記工事で実施した「現場で工夫した安全管理」または、「現場で工夫した工程管理」のいずれかを選び、次の事項について解答欄に具体的に記述しなさい。
ただし、安全管理については、交通誘導員の配置のみに関する記述は除く。

　例年、出題パターンはほとんど変わらず、選択させる2つの管理項目（上記設問では安全管理と工程管理）のみ変化する。

　とはいえ、代表的な管理項目（品質管理、安全管理、工程管理など）から2つが指定されることがほとんどのため、**事前に品質管理、安全管理、工程管理の3パターンを準備しておくと万全だろう。**

（1）特に留意した技術的課題
（2）技術的課題を解決するために検討した項目と検討理由および検討内容
（3）上記検討の結果、現場で実施した対応処置とその評価

　取り上げた業務についての課題を明記し、その解決のために検討した項目と検討理由及び検討内容を整理する。その結果として現場で実施した対応処置とその評価でまとめる問題文となっている。

　基本的に、取り上げた課題がしっかりと解決されている処置、対策であることが必要である。

2章 準備編 現場選び

　どの現場を選べばいいのかわからない。現場を選べてもどんな風に書けば点につながるのかわからない。経験が少ないので不安……。それでも大丈夫だ。現場選択の道しるべや、ヒントになるキーワード集に従って一緒に準備していこう。

1. 現場選択の道しるべ

以下をチェックして経験記述に向いている現場かどうかを判断しよう。

① その工事は自分自身の実務経験ですか？

② その工事での「あなたの立場」は 275 ページのいずれかですか？
　・会社の役職と異なっていてもかまわないが、現場での施工管理上の立場を記述する必要がある。

③ その工事は完了していますか？
　・まだ完了していない工事は書かないようにしよう。
　　完了検査・竣工検査に合格した工事を選ぶべきだ。
　　長期間の工事で継続中のものは、中間検査の終了した時点を工期末として、「第○期工事」として取り上げることは可能。
　・できれば、記憶に新しい5年以内程度の工事が望ましい。

④ 得点につながる課題が書けそうですか？
　・問題文にあるように「工夫した○○管理」が問われる。
　・ある課題のために工夫した経験を書くことが大切だ。
　　品質管理、安全管理、工程管理に関して、取り上げることの多いキーワードを以下から探してみよう。

■ 品質管理で課題になることが多いキーワード

・雨天時の盛土作業	・締固め管理	・軟弱地盤対策
・盛土材の品質低下防止	・沈下防止	・寒中コンクリート
・暑中コンクリート	・舗装材料の品質確保	・凍結防止
・品質確認のための試験	・出来形計測	

　　　　　　　　　　　　　　　　　　　　　　　　　　　　　　　　　など

■ 安全管理になることが多いキーワード

・急傾斜地の安全確保	・湧水処理	・接触事故防止
・車両の事故防止（交通規制や視認性確保など）		

・つり荷の落下やクレーン転倒事故防止　　　・事故防止の事前対策

・狭い道路での安全確保　・利用者や周辺住民の安全確保

・土砂災害・落石防止　　　　　　　　　　　　　　　　　など

■ 工程管理で課題になることが多いキーワード

・工程遅延の回復　　　・並行工事の競合　・悪天候に備えた対策

・運搬路の確保　　　　・トラフィカビリティの確保

・ロスタイムの防止　　・材料や機材の選択

・積雪や増水などによる工期の制約　　　　　　　　　　　など

アドバイス

検討したいキーワードに続けて「…の工夫」と続けて読んでみると、よりイメージが湧いてきます。

2. 練習シート

現場が選べたら、一旦工事の概要を整理して〔設問1〕の解答を作ってみよう。

シートをコピーして、管理項目ごとに準備しよう。

鋼構造物塗装、薬液注入では、(1)、(2) を設問に合わせて変えよう。くわしくはWebでサポートします（目次の次ページを参照してください）。

〔設問1〕

■ 管理項目　　　□ 安全管理　　　□ 品質管理　　　□ 工程管理　← いずれかを選ぶ

(1) 工事名

工 事 名	

(2) 工事の内容

①	発注者名	
②	工事場所	
③	工　　期	
④	主な工種	
⑤	施 工 量	

(3) 工事現場における施工管理上のあなたの立場

立　場	

3章　準備編　記述内容の整理

1. テンプレートでカンタン整理

　解答の進め方の大きな型を外れなければ、誰でも得点につながる記述は可能である。次ページからのテンプレートに添って内容を整理してみよう。メモ感覚で経験を整理するだけで、経験記述の答案が出来上がるので、気負わずに取り組もう。

　問題文を理解してみると、技術的な課題、検討項目と検討理由・検討内容、現場で実施した対応処置とその評価が、もれなく解答用紙に書き込まれていなければ、高得点には結びつかないことがわかる。

　実際の現場では複雑な問題をさまざまな方法を組み合わせて解決する場合が多いが、答案ではその点をできるだけシンプルにまとめなければ、決まった行数には収まらないので何度も読み返しながら完成させよう。

　得点の高い答案では、

　　①技術的な課題は何か？　➡②課題をどう検討したのか？　➡③どんな処置で対応したのか？

という関連性が明確だ。

　課題がはっきりしていない答案は論外であり、課題が書かれていたとしても有効な検討や対処を行っていなければ減点対象になってしまうため、気を付けたい。

テンプレートの使い方

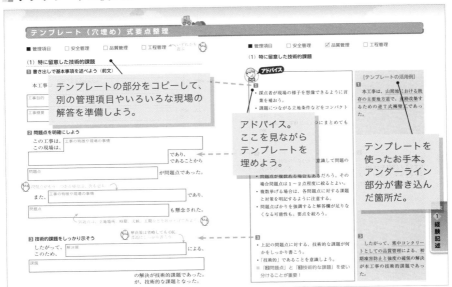

二次　1　経験記述

テンプレート（穴埋め）式要点整理

■ 管理項目　　□ 安全管理　　□ 品質管理　　□ 工程管理 ← いずれかを選ぶ

（1）特に留意した技術的課題

1 書き出しで基本事項を述べよう（前文）

本工事は、| 立地・現場の環境など | に←

で・を

| 工事目的 | するための
して

| 工事概要 | であった。
だった。

2 問題点を明確にしよう

この工事は、| 工事の特徴や現場の事情 |
この現場は、

であり、←
であることから

| 問題点 | が問題点であった。

問題点がもう一つある場合は、次も記入。

また、| 工事の特徴や現場の事情 | であり、

| 問題点 | も懸念された。

問題点は、立地場所、時期、天候、工期などを取り上げてみよう。

3 技術的課題をしっかり示そう　　解決策は省略しても OK。
課題はしっかり書こう。 ←

したがって、| 解決策 | による、
このため、

| 課題 |

の解決が技術的課題であった。
が、技術的な課題となった。

（1）特に留意した技術的課題

アドバイス

1

- 採点者が現場の様子を想像できるように言葉を補おう。
- 課題につながる立地条件などをコンパクトに伝えよう。
- 工事目的と工事概要は1つにまとめてもOK！

2

- 技術的課題とのつながりを意識して問題の内容を述べよう。
- 問題点が複数ある場合もあるだろう。その場合問題点は1～2点程度に絞るとよい。
- 複数挙げる場合は、各問題点に対する課題と対策を明記するように注意する。
- 問題点ばかりを強調すると解答欄が足りなくなる可能性も。要点を絞ろう。

3

- 上記の問題点に対する、技術的な課題が何かをしっかり書こう。
- 「技術的」であることを意識しよう。
- ※ 「**2**問題点」と「**3**技術的な課題」を使い分けることが重要！

［テンプレートの活用例］

1

　本工事は、山間地における既存の主要地方道で、道路改築するための逆T式擁壁工であった。

2

　この工事は、擁壁コンクリートの打設が冬期間となる予定であり、4℃以下の気温となることが問題点であった。

3

　したがって、寒中コンクリートとしての品質管理による、初期凍害防止と強度の確保の解決が本工事の技術的課題であった。

二次
① 経験記述

（2）技術的課題を解決するために検討した項目と検討理由及び検討内容

4 書き出しで課題を示そう

課題

のための検討事項は以下のとおりである。

を理由に、次の検討を行った。

5 分かりやすく検討理由と検討内容を伝えよう

① 目的・検討理由①

のため、

検討内容①

を検討した。

検討内容が複数ある場合は、次も記入。

② 目的・検討理由②

のため、

検討内容②

を検討した。

③ 目的・検討理由③

のため、

検討内容③

を検討した。

（2）技術的課題を解決するために検討した項目と検討理由及び検討内容

 **アドバイス**

4

書き出しに、課題を簡潔に書くとまとめやすい。

5

- 検討内容が複数の場合は、番号（①、②）を打つとわかりやすくまとまる。
- テンプレートの活用例では
  ①セメントについて
  ②混和剤について
  ③養生について　とまとめている。

- ①1つめの検討について示そう。
- 検討理由、目的は「…のため」と締める。
- 「…を検討した。」でまとめると、検討内容が明確に伝わるぞ。
- 目標となる数値（締固め度や日数など）を明記するのもよい。
  ➡ 292 ページ文例 04 の（2）をチェック！

- 手順など、並列したい情報がある時は、箇条書きを用いるとわかりやすいぞ。
  ➡ 294 ページ文例 06 の（2）をチェック！

- ②2つめの検討も同じように続けよう。

- ③3つ以上の場合は、解答欄が不足することが予想されるので、簡潔にまとめよう。

[テンプレートの活用例]

4

　冬季の気象条件における所要のコンクリート品質確保のための検討事項は以下のとおりである。

①所要の養生温度や初期強度確保のため、セメントの種類を検討した。

②長期的な耐凍害性を高めるため、適切な混和剤の選定を検討した。

③コンクリート養生では、保温養生のみではコンクリート凍結の危険があるため、保温性の高い型枠材を使用する給熱養生を検討した。

二次 1 経験記述

（3）上記検討の結果、現場で実施した対応処置とその評価

6 現場で実施した対応処置と評価をまとめよう

上記の検討に基づいた対応処置を実施した。 ← どちらを選んでも OK
本工事では、次の対応処置を実施した。

(2)の検討内容①に対して実施したことが対応処置①です。

① 実施した対応処置①

した。
を行った。

検討内容②がある場合はその対応処置②を記入。③も同様。

② 実施した対応処置②

した。
を行った。

③ 実施した対応処置③

した。
を行った。

③がある場合解答欄の不足に注意

7 対応の結果を受け評価しよう ◀ ━ ━ ━ ━ ━ ━ ━ ━

こうした対応処置により、 評価
その結果、

と評価できる。
と大いに評価できる。

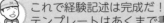

これで経験記述は完成だ！
テンプレートはあくまで書き方の一例なので、一字一句を無理に真似る必要は
なく、説得力のある構成の解答であれば問題ない。次ページ以降の「内容のレ
ベルアップ」や「文例」を参考に、さらに解答を磨いていこう。

（3）上記検討の結果、現場で実施した対応処置とその評価

アドバイス

6

- 書き出しは形式的で OK。テンプレートの 2 文のどちらかを真似しよう。
- 対応処置も番号（①、②）を打つとわかりやすいが、内容に注意。単に番号を打つのではなく（2）の解答の番号と内容をリンクさせよう。
- テンプレートの活用例でも 282 ページの（2）とリンクさせ、①セメントについて、②混和材について、③養生について、とまとめている。
- 対応処置①には検討内容①について、実施した対応処置を簡潔にまとめる。
- 日数、回数、時間など、対応の効果がわかる具体的な数字が挙げられるならぜひ挙げよう。
- 対応処置②には①と同じく内容をリンクさせながら、検討内容②について実施した対応処置を簡潔にまとめる。
- ③がある場合はより簡潔にしよう。

7

- 最後に、「評価」の言葉で締めくくる。
- 謙遜せずに、自己評価をしっかり書こう。

[テンプレートの活用例]

6

本工事では次の対応処置を実施した。

①寒中コンクリートとするため、使用するセメントは普通ポルトランドセメントとした。

②混和剤については、高性能 AE 減水剤を用いて空気量を 6% とした。

③冬季養生とするため、鋼製型枠に比べ熱伝導率が小さくて保温効果が大きい木製型枠を使用した。

7

こうした対応処置により、寒中コンクリートの品質確保により検査に合格できたと評価できる。

この活用例の解答は 289 ページで文例 01 として紹介している。

二次 ❶ 経験記述

【Web 特典でレベルアップ！】
実際の解答用紙を模した「練習シート」をダウンロードして実際に書いてみよう！
くわしくは目次の次ページをご覧ください。

2. 内容のレベルアップ

　ありがちなNG例を見ながら、「こう考えてみよう！」で見直しのポイントを理解して、ベストな修正「これで OK ！」を導いてみよう。

よくある NG 例 ① 安全管理

(添削前)

問題点：現場出入口の歩行者横断が危険そうだったので

　➡**対応**：誘導員をつけた

■**アドバイス**

　この例のような表現は曖昧で、まだ「技術的課題」と言えるレベルの問題点ではない。なぜ歩行者の横断が危険だったのだろう？技術的な根拠に基づいて記述しよう。また、誘導員の配置のみの対応処置では、十分な技術的な解決策とはいえず、得点につながらない。技術面をアピールできるような他の対応も追加したい。

　こう考えてみよう！

≪問題点を見直して対応を分析する≫

　例えば……

　　　　　　　・工事関係車両の通行ルート、時間帯の影響はあったか？

　　　　　　　・歩道の迂回やカラーコーンなどによる誘導の必要性は？

　　　　　　　・標識や看板などによる注意喚起が必要では？

　　　　　　　・夜間照明や電光表示など、視認性の向上は十分か？

　　　　　　　・作業員や誘導員らへの安全教育は行ったか？

これで OK !

問題点：現場出入口は、通学路でもある通行量の多い歩道のため危険が予測された。

➡対応： ・出入口の照明灯や点滅灯を設置した。

・誘導員の配置と、光と音声で知らせる警報機（セフティボイス）を設置した。

・自発光式カラーコーンとバリケードにより誘導動線を明示し横断部の路面標示をした。

よくある NG 例 ② 工程管理

[添削前]

問題点：工期に遅れが出てきたので

➡対応：作業員を増やした

■アドバイス

「作業員の増員」だけではシンプルすぎる。工期の遅れへの対応は、作業員の増員以外にもあったはず。対応は複数あってもかまわない。

こう考えてみよう！

≪技術的な対応措置は何だろう≫

例えば……

・工区の細分化や統合ができないか？

・施工機械の機種、規格、台数の最適化は十分か？

・ネットワーク式工程表などによる工種の見直しは？

・並行可能作業の検討は可能か？

・作業員や必要資材調達の最適化を再検討できたか？

これで OK !

問題点：長雨が続いたことで土工やコンクリート打設に遅延が発生し、工期に影響が発生しはじめた。

➡対応： ・天候回復の際に工程回復ができるよう、作業チームを複数班に再編成し、それぞれに応じた。

・施工機械や資材などの配分計画を見直した。

・ネットワーク式工程表を見直し、工期が回復できる見込みをつけた。

・複数班が並行作業できるように施工担当区域を分割した他、施工動線を確保した。

二次 ① 経験記述

4章 施工経験記述 文例

　具体的な現場を取り上げた文例を用意した。中には、本書のテンプレートを発展させたものもあるが、論の進め方や構成は踏襲している。

　文例の多様な書き方を参考にして、自分自身の解答案をより工夫してみよう。

▌文例リスト

➡ 品質管理

文例番号	工事種別	主な技術的課題
01	道路工事	寒中コンクリートとしての初期凍害防止と強度の確保
02	橋梁工事	暑中コンクリートの品質確保
03	橋梁塗装工事	低温下での塗装の品質確保（土木工事として）
04	下水道工事	埋戻し時の締固め管理による完成後の路面沈下
05	道路工事	土工時で雪や凍結土が混ざることによる供用後の沈下防止

➡ 安全管理

文例番号	工事種別	主な技術的課題
06	道路工事	急傾斜地での仮設工の工夫による作業員の安全確保
07	河川工事	湧水処理による施工上の安全確保
08	トンネル工事	工事車両による第三者への接触事故防止
09	砂防工事	地すべり状況の継続的な把握による安全確保
10	下水道工事	通行車両や作業車両の事故防止の安全管理

➡ 工程管理

文例番号	工事種別	主な技術的課題
11	公園工事	同時進行する各社の施工と作業エリア区分の合理化
12	砂防工事	穿孔作業の工夫による工期短縮
13	橋梁工事	作業用通路の確保による増水時での作業継続
14	道路工事	発生土の運搬・処分日数の短縮
15	河川工事	鋼矢板の施工日数の短縮

　なお、文例 05 と 06、14 は同じ現場であるが、別々の管理項目・課題とした記述例である。

本書には、15 例を掲載しましたが、Web 特典で追加の文例をダウンロードできます。
くわしくは目次の次ページをご覧下さい。

文例 01　品質管理 ／ 道路工事

工 事 名：
　主要地方道○○道路改良工事

発注者名：
　○○県○○建設事務所

工事場所：
　○県○○市○○地先

工　期：
　令和○○年 10 月○日
　～令和○○年 4 月○日

主な工種：
　擁壁工

施 工 量：
　擁壁延長 L＝38.5 m
　コンクリート V＝355 m³

工事現場における施工管理上のあなたの立場：
　工事主任

(1) 特に留意した技術的課題

　本工事は、山間地における既存の主要地方道で、道路改築するための逆 T 式擁壁工であった。

　この工事は、擁壁コンクリートの打設が冬期間となる予定であり、4℃以下の気温となることが問題点であった。したがって、寒中コンクリートとしての品質管理による初期凍害防止と強度の確保の解決が本工事の技術的課題であった。

(2) 技術的課題を解決するために検討した項目と検討理由及び検討内容

　冬季の気象条件における所要のコンクリート品質確保のための検討事項は以下のとおりである。

①所要の養生温度や初期強度確保のため、セメントの種類を検討した。

②長期的な耐凍害性を高めるため、適切な混和剤の選定を検討した。

③コンクリート養生では、保温養生のみではコンクリート凍結の危険があるため、保温性の高い型枠材を使用する給熱養生を検討した。

(3) 上記検討の結果、現場で実施した対応処置とその評価

　本工事では次の対応処置を実施した。

①寒中コンクリートとするため、使用するセメントは普通ポルトランドセメントとした。

②混和剤については、高性能 AE 減水剤を用いて空気量を 6％ とした。

③冬季養生とするため、鋼製型枠に比べ熱伝導率が小さくて保温効果が大きい木製型枠を使用した。

　こうした対応処置により、寒中コンクリートの品質確保により検査に合格できたと評価できる。

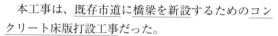

工 事 名：
　市道○○線○○橋梁新設工事

発注者名：
　○○市役所

工事場所：
　○○県○○市○○地先

工　期：
　令和○○年5月○日
　　～令和○○年3月○日

主な工種：
　橋梁床版工

施 工 量：
　鉄筋コンクリート床版
　コンクリートV = 110 m³

工事現場における施工管理上のあなたの立場：
　主任技術者

（1）特に留意した技術的課題

　本工事は、既存市道に橋梁を新設するためのコンクリート床版打設工事だった。

　この工事は、コンクリート打設を夏季施工する計画であり、日平均気温が25℃以上になる環境での施工が問題点であった。このため、暑中コンクリートの施工による、初期ひび割れの防止と所要の強度確保などの品質管理が技術的課題であった。

（2）技術的課題を解決するために検討した項目と検討理由及び検討内容

　初期ひび割れの防止と所要の強度確保による適切な品質管理を理由に、次の検討を行った。

① 気温が高い場合、型枠、鉄筋が日光を受け、打ち込まれたコンクリートの急激な凝結のおそれがあるため、型枠の温度を低下させる措置を検討。
② 所要のワーカビリティーを得るため、単位水量や単位セメント量を適切にする対策を検討。
③ 表面積が大きいため、打込み後のコンクリート表面の急激な乾燥を避ける対策を検討。

（3）上記検討の結果、現場で実施した対応処置とその評価

　検討に基づいて次の対応処置を行った。

① 型枠の温度を低下させるため、打設前に型枠に散水後、シート覆いをして温度上昇を避けた。
② 混和剤に遅延系の高性能AE減水剤を用いて単位水量、単位セメント量の低減を図った。
③ 打込み後の表面が、直射日光や風により急激に乾燥すること防ぐために膜養生剤による養生を行った。

　以上により、初期ひび割れが発生せず、良質なコンクリートを構築することができたと評価できる。

工 事 名：
　主要地方道○○線橋梁
塗装工事（養生工）

発注者名：
　○○県○○建設事務所

工事場所：
　○○県○○市○○地先

工　　期：
　令和○○年 10 月○日
　～令和○○年 3 月○日

主な工種：
　鋼橋塗装養生工

施 工 量：
　橋長 L＝36.0 m
　非合成鋼プレートガー
　ダー橋
　塗装面積 A ＝ 1 050 m²

工事現場における施工管理上のあなたの立場：
　現場施工係

この工事は Web 特典で鋼構造物塗装の文例としても扱っています。

（1）特に留意した技術的課題
　本工事は、主要地方道の非合成鋼プレートガーダー橋を塗替えるための塗装工事だった。
　この現場は山間地であったため強風の影響を受けやすく、さらに 11 月から 3 月までの冬期間の塗替え工事であることが問題点だった。このため、適切な保護・養生対策による、低温下での塗装の品質確保の解決が技術的課題であった。

（2）技術的課題を解決するために検討した項目と検討理由及び検討内容
　このような強風の影響と、冬期間の低温下での塗装塗替え作業にあたり、外気を遮断し、塗装可能温度（5℃以上）を確保しなければならないという理由から、次の方法を検討した。
①低温下での作業性確保と養生のため、防護工を検討した。
②暖房中とそれ以外の時間における温度や湿度の変動に起因して結露が発生しやすいため、結露防止について検討した。

（3）上記検討の結果、現場で実施した対応処置とその評価
　上記の検討により以下の対応処置を実施した。
①つり足場での朝顔部分を張出し、床版部に立ち上げ、三面のシート張り防護工を設けた。隙間なく張ることで外気を遮断し、5℃以上を保った。
②最高温度 20℃程度のダクト式ジェットヒーターによる送風で養生することによって、結露を防止することができた。
　こうした対応処置により、塗装品質を確保できたことは有効な解決策と評価できる。

二次
1
経験記述

工 事 名：

　令和○○年度（国補）特定環境保全公共下水道事業管渠工事

発注者名：

　○○市上下水道局

工事場所：

　○○県○○市○○地先

工　　期：

　令和○○年 4 月○日
　〜令和○○年 9 月○日

主な工種：

　管路（下水管・マンホール）敷設工

施 工 量：

　・管布設 VU φ 200 mm
　　L = 550 m
　・1 号マンホール設置
　　16 基
　・取付管　5 か所

工事現場における施工管理上のあなたの立場：

　現場代理人

---

(1) 特に留意した技術的課題

　本工事は、主要幹線道路であり交通量が多い県道○○線に、土被り 2.5 〜 4 m の深さで下水管を埋設するための開削工事だった。

　交通量の多い道路での開削工法による下水管埋設施工であることから、下水管布設後の路面の沈下が問題点であった。このため、埋戻し時の締固め管理による完成後の路面沈下の解決が技術的課題であった。

(2) 技術的課題を解決するために検討した項目と検討理由及び検討内容

　埋戻し時の締固め管理のため、以下を検討した。

①敷均し厚が締固め品質に大きく影響を与えるため、1 工程の敷均し厚 30 cm を見直すとともに、敷均し厚の管理を確実にする方法を検討した。

②締固め方法を改善するため、当初計画でタンパのみとしていた締固め機械を見直した。また、締固め作業方法の工夫と標準化を検討した。締固め品質は、現場密度試験における締固め度 95％以上を確保することを目標とした。

(3) 上記検討の結果、現場で実施した対応処置とその評価

　上記の検討に基づいた対応処置を実施した。

①1 回の敷均し厚さを 20 cm へ変更するとともに、敷均し厚さ管理のため、20 cm 毎に色分けした標尺を 5 m 間隔で設置した。

②締固め機械はバイブロコンパクタを追加し、散水を行いつつ、適度な湿潤状態で締固めを行った。

　その結果、現場密度試験による締固め度 95％以上を確保し、路面沈下を防ぐことができ、きめ細かな品質管理を実施できたと評価できる。

工事名：

　令和○年度　公共土木
　施設災害復旧工事

発注者名：

　○○県○○土木事務所

工事場所：

　○○県○○市○○地先

工　　期：

　令和○○年 11 月○日
　～令和○○年 3 月○日

主な工種：

　補強土壁工、盛土工

施 工 量：

・ジオテキスタイル
　855 m²
・盛土　1 960 m³

工事現場における施工管理上のあなたの立場：

　施工監督

文例 05 と同じ現場を、安全管理の観点でまとめた例が **06**、工程管理の観点でまとめた例が **14** です。課題が多岐に渡る場合は、一つの現場で複数の管理項目の解答を準備できます。

（1）特に留意した技術的課題

　本工事は、地すべりで崩落した県道で、崩落土砂を除去してから補強土壁を建設して、道路を復旧するための災害復旧工事であった。

　この工事は、着手直後に新たに地すべりが発生し大幅に設計が変更され、補強土壁の施工が冬季になった。このため、土工事で雪や凍結土が混ざることが懸念され、供用後の沈下防止が技術的課題であった。

（2）技術的課題を解決するために検討した項目と検討理由及び検討内容

　供用後の沈下防止のため、次の検討を行った。

①施工現場は積雪量が 1 m を超す多雪地域にあり、補強土壁内部へ雪が混ざった場合や、中詰土の表面が凍ったまま施工された場合には工事完了後の沈下が起きやすいため、その防止策を検討した。

②雪混入防止対策や人力除雪、凍結対策として凍結部の掻き起こしおよび再転圧といった対策を、作業員間で確実に実施するための周知・徹底方法を検討した。

（3）上記検討の結果、現場で実施した対応処置とその評価

　上記の検討に基づいて以下の対応処置とした。

①施工部分への雪混入は工事完了後の沈下に影響が大きいことから混入防止のためにシート養生を行うこととした。

②作業員間に対応処置の周知・徹底をするため、作業マニュアルを作成し、毎日確認、運用した。

　その結果、供用後の融雪時期における沈下は発生せず、品質のよい補強土壁を構築でき、有効な対応処置だったと評価できる。

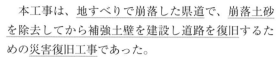

工事名：

令和○年度　公共土木施設災害復旧工事

発注者名：

○○県○○土木事務所

工事場所：

○○県○○市○○地先

工　期：

令和○○年 11 月○日
～令和○○年 3 月○日

主な工種：

補強土壁工、盛土工

施工量：

・ジオテキスタイル
　855 m²

・盛土　1 960 m³

工事現場における施工管理上のあなたの立場：

施工監督

 文例 06 と同じ現場を、品質管理の観点でまとめた例が **05**、工程管理の観点でまとめた例が **14** です。課題が多岐に渡る場合は、一つの現場で複数の管理項目の解答を準備できます。

（1）特に留意した技術的課題

　本工事は、地すべりで崩落した県道で、崩落土砂を除去してから補強土壁を建設し道路を復旧するための災害復旧工事であった。

　この工事は、急傾斜地において補強土壁を施工するものであり、安全かつ短期間で施工することが問題点であった。このため仮設工の工夫による作業員の安全確保の解決が技術的課題であった。

（2）技術的課題を解決するために検討した項目と検討理由及び検討内容

　作業員の安全確保のため次の検討をした。

①安全に効率よく設置・解体作業ができるようにするため、以下のような転落防止柵の構造と施工手順を検討した。

・補強土壁内側に支柱固定用埋込みアンカーを設置

・アンカーフック付柵支柱のフックを埋込アンカーの前面突出し部分に取付ける

・単管を使用して支柱に手すりを取付ける

・その後は随時上段へ設置替える

②上記構造の安全確認のため、試験施工を検討した。

（3）上記検討の結果、現場で実施した対応処置とその評価

　上記の検討に基づいた対応処置を実施した。

①高所・急斜面での作業員の安全確保のため、転落防止柵とその施工方法を考案した。

②現場で試験施工した結果、取付け、盛替えとも迅速で容易であり、かつ安全性が確保できることがわかり、発注者と協議の上で採用された。

　こうした対応処置により、無事故で工期内に工事を完了できたことは適切な工夫だったと評価できる。

工 事 名:

　一級河川○○川治水対策工事

発注者名:

　○○県○○土木事務所

工事場所:

　○○県○○市○○地先

工　　期:

　令和○○年 9 月○日
　～令和○○年 2 月○日

主な工種:

　護岸工

施 工 量:

　ブロック張り護岸:
　法長 2.5 m、延長 150 m
　仮締切工:延長 222 m

工事現場における施工管理上のあなたの立場:

　施工管理係

(1) 特に留意した技術的課題

　本工事は、一級河川○○川でコンクリート護岸の補強をするための河川工事だった。工事期間は、非出水期であったが、河川堤外地への仮締切工を実施したところ、予想より多くの湧水量があり、その処理が問題点であった。このため工事全体の施工が困難になった中で、浸食や崩壊を防ぐ施工上の安全性確保が技術的な課題となった。

(2) 技術的課題を解決するために検討した項目と検討理由及び検討内容

　仮締切工での湧水による課題を解決することを理由に、次の検討を行った。

① 施工場所が砂・礫質分の多い条件であることがわかり、より効果的な排水対策が必要であるため、水中ポンプと送水管の数や配置について検討した。

② 仮締切の設置位置や護岸法尻などの地盤安定性を確保するため、土のうなどの設置を検討した。

③ 確実な安全確保のため、定期的な安全点検方法を検討した。

(3) 上記検討の結果、現場で実施した対応処置とその評価

　本工事では、次の対応処置を実施した。

① 水中ポンプ 4 台と φ 200 mm のサクションホースを用い、効率的な排水処理を継続して行った。

② 大型土のう 3 段積みによる対策を実施し、浸食や崩壊を防止した。

③ 始業時・終業時および作業時間帯における巡回による目視で安全確認を実施した。

　その結果、浸食や崩壊の発生がなく、安全に工事を完成させることができ、大いに評価できる。

文例 08　安全管理 ／ トンネル工事

工事名:

　広域農道整備事業（道交付金）

　第○期地区○工区

発注者名:

　○○県○○部○○支庁

工事場所:

　○○県○○郡○○町

工　期:

　令和○○年 6 月○日

　　〜令和○○年 3 月○日

主な工種:

　山岳トンネル工

施 工 量:

　トンネル本体工

　（NATM 工法）

　トンネル延長 L = 840 m

工事現場における施工管理上のあなたの立場:

　工事係

(1) 特に留意した技術的課題

　本工事は、山間地の圃場整備地で農道を開設するための延長 840 m のトンネルを新設する工事だった。このトンネルの施工箇所は○○町と○○村を結ぶ基幹道路であることから、ずり出しの運搬ルートで一般車両の通行量が多いことが問題点であった。このため、工事車両による第三者への接触事故防止が技術的課題となった。

(2) 技術的課題を解決するために検討した項目と検討理由及び検討内容

接触事故防止のため、次の検討を行った。

①工事期間中は、ずり出し用ダンプトラックの往来が多くなるため、一般車両との接触事故防止対策を検討した。

②トンネル出入り口付近は道路の幅員が狭く、特に工事用車両と一般車両との接触事故の可能性が高いと判断した。そこで、夜間の工事時間帯にドライバーの視認性を確保することで接触事故を防止する対策を検討した。

(3) 上記検討の結果、現場で実施した対応処置とその評価

検討の結果、次の対策処置を実施した。

①交通量が多い時間帯である 7 時から 8 時半、17 時から 18 時のずり出し運搬を避ける計画とした。

②ダンプトラック全車に無線を配備し、車両待避所で交差させ、狭い道路交差点部での交錯を避けた。また、トンネル出入り口付近には水銀ランプを設置し、夜間でも水平面照度で20ルクスを確保した。

　この結果、クレームもなく、無事故で工事を完成することができ、効果的な対応処置と評価できる。

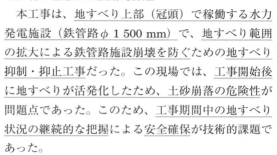

文例 09　安全管理／砂防工事

工 事 名：
　〇〇川〇〇保安林保全緊急対策

発注者名：
　〇〇森林管理局〇〇森林管理署

工事場所：
　〇〇県〇〇郡〇〇村
　〇〇国有林

工　　期：
　平成〇〇年 5 月〇日
　　〜令和〇〇年 3 月〇日

主な工種：
　地すべり対策工

施 工 量：
　施工面積 2.5 ha
　・集水井 φ 3.5 m
　　3 基　L = 9.5 〜 20 m
　・集水ボーリング
　　VP φ40、L = 2 900 m
　・排水ボーリング
　　SGP90A、L = 290 m
　・アンカー　245 本、
　　他

工事現場における施工管理上のあなたの立場：
　主任技術者

(1) 特に留意した技術的課題

　本工事は、地すべり上部（冠頭）で稼働する水力発電施設（鉄管路 φ 1 500 mm）で、地すべり範囲の拡大による鉄管路施設崩壊を防ぐための地すべり抑制・抑止工事だった。この現場では、工事開始後に地すべりが活発化したため、土砂崩落の危険性が問題点であった。このため、工事期間中の地すべり状況の継続的な把握による安全確保が技術的課題であった。

(2) 技術的課題を解決するために検討した項目と検討理由及び検討内容

　安全確保のため、以下の検討を行った。
① 伸縮計を地すべり上部に 1 か所設置して実施する計画だったが、大きな想定地すべりブロックの内部で小規模の地すべりが発生する危険性も把握するため、観測システムの改善を検討した。
② 地すべり状況をより精密かつ継続的に把握するため、観測方法を検討した。
③ 異常発生時に迅速に対応できるよう、観測方法を検討し準備した。

(3) 上記検討の結果、現場で実施した対応処置とその評価

　本工事では、次の対策処置を実施した。
① 伸縮計を、地すべりブロック上部、ブロック内に合計 5 か所設置し観測した。
② GPS 常時観測（鉄管路付近 2 か所に設置）と光波測距儀による定点観測（2 回／週程度）を実施した。
③ 地割れ発見時に速やかに木杭・ぬき板による簡易測定装置を設置し、観測する体制を準備した。
　これらにより、専門家にも精密な判断材料を提供でき、安全施工の有効な工夫だったと評価できる。

二次 ① 経験記述

文例 10　安全管理 ／ 下水道工事

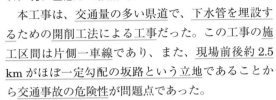

工 事 名：

平成○○年度（国補）
特定環境保全公共下水
道事業管渠工事

発注者名：

○○市上下水道局

工事場所：

○○県○○市○○地先

工　期：

平成○○年 9 月○日
　〜令和○○年 3 月○日

主な工種：

管路（下水管・マンホー
ル）敷設工

施 工 量：

・管布設 VU
　 φ 200 mm、L = 426 m
・1 号マンホール設置
　工 13 基

**工事現場における施工管
理上のあなたの立場：**

施工管理係

(1) 特に留意した技術的課題

　本工事は、交通量の多い県道で、下水管を埋設するための開削工法による工事だった。この工事の施工区間は片側一車線であり、また、現場前後約 2.5 km がほぼ一定勾配の坂路という立地であることから交通事故の危険性が問題点であった。

　このため、通行車両や作業車両の事故防止のための安全管理が技術的課題であった。

(2) 技術的課題を解決するために検討した項目と検討理由及び検討内容

　通行車両の安全を確保し第三者災害を防止するための検討事項は以下のとおりである。

①2.5 km の区間での縦断線形が一定勾配の坂路という道路状況のため、通行車両の速度超過防止および事故防止の観点から、交通規制情報や速度超過への注意喚起の方法を検討した。

②夜間や悪天候時など視距のよくない状況下での危険防止と安全確保のため、表示などの方法を検討した。

(3) 上記検討の結果、現場で実施した対応処置とその評価

　本工事では、次の対策処置を実施した。

①減速注意喚起看板（2.5 km 手前）、片側通行規制看板（1 km 手前）を設置した。また、1 km 手前と直前などに、誘導員と案内標識を配置した。

②看板の視認性向上のため、電光表示を取り入れた他、文字や配色などを工夫した。また、大型の工事用信号、照明灯なども設置した。

　その結果、円滑な誘導ができ無事故で完了できたと評価できる。

工 事 名:
　○○市駅前公園整備工事

発注者名:
　○○市○○課

工事場所:
　○○県○○市○○地先

工　期:
　令和○○年 6 月○日
　　～令和○○年 3 月○日

主な工種:
　広場造成工

施 工 量:
　敷地造成 V = 4 800 m³
　駐車場舗装 A = 6 100 m²

工事現場における施工管理上のあなたの立場:
　発注者側監督員

(1) 特に留意した技術的課題

本工事は、○○市の○○鉄道駅前に都市公園を新設するための敷地造成工事だった。

この工事は、車道園路工事、排水路工事、遊具設置工事、植栽工事、管理棟建築工事などが同時分離発注であることから、各社間での工事の輻輳が問題点だった。このため、受注各社との綿密な工程調整による、同時進行の施工を工期内に完了することと作業エリア区分の合理化が技術的課題だった。

(2) 技術的課題を解決するために検討した項目と検討理由及び検討内容

受注各社との綿密な工程調整のための検討事項は以下のとおりである。

① 多数の関係者が存在し、複雑なため、組織化を検討した。

② 工事関係者間における工程や施工範囲の情報共有のための工程表や計画図を検討した。

③ 現場に接続する道路は、隣接する大型商業施設への一般車両が通行するため、安全確保と渋滞抑制対策について検討した。

(3) 上記検討の結果、現場で実施した対応処置とその評価

検討の結果、以下の対応処置を実施した。

① 施工関係各社をはじめ、道路管理者、地元自治会、商業施設関係者を含めた協議会を組織化した。

② 各工事の全体工程により、施工区域、施工手順、同時進行可能な作業を明確化し、効率化を図った。

③ 渋滞が予想される週末、祝祭日の工事車両の出入りを避けた。また駅利用者の多い時間帯を避けた。

こうした結果、工期内に全工事が安全に完了することができ、効果的な工程管理だったと評価できる。

二次　1　経験記述

文例 12 **工程管理 ／ 砂防工事**

工 事 名：
　平成○○年度交付
　第○○号○○地区
　地すべり対策工事

発注者名：
　○○県○○土木事務所

工事場所：
　○○県○○市○○地先

工　　期：
　令和○○年 5 月○日
　～令和○○年 3 月○日

主な工種：
　集水・排水ボーリング工

施 工 量：
　集水ボーリング工　φ90
　L＝100 m/本　n＝20 本
　排水ボーリング工　φ135
　L＝72 m　n＝1

工事現場における施工管理上のあなたの立場：
　現場施工係

（1）特に留意した技術的課題

　本工事は、地すべりブロック内において、地下水を排除するため、既設の集水井（φ3500、深さ 55 m）から横ボーリングにより 20 本の集水管を放射状に挿入する工事だった。この工事では、悪天候による休止が続いたことで、2 本削孔の時点で 10 日の遅れが生じたことが問題点だった。このため、穿孔作業の工夫による工期短縮が技術的な課題となった。

（2）技術的課題を解決するために検討した項目と検討理由及び検討内容

　この工事では、集水ボーリングの 1 本当たりの削孔長が 100 m と長く、ボーリングマシンにかかる負荷が大きかった。これを踏まえ、穿孔作業の工期短縮のため、次の検討を行った。
①削孔地質が破砕帯であるためボーリングマシンの一部であるケーシングにかかる摩擦抵抗を低減させる方法を検討した。
②ボーリングマシン故障時に待機時間のロスがあるため、時間短縮の方策を検討した。

（3）上記検討の結果、現場で実施した対応処置とその評価

　検討の結果、以下の対応処置を実施した。
①ボーリングマシン内に滑剤を注入することにより、エマルジョン効果を得て、ケーシングの摩擦抵抗を低減させることで、削孔速度を上げた。
②作業前のボーリングマシンの点検整備を徹底し、さらに予備のボーリングマシンを準備した。
　こうした対応処置により、円滑でロスなく作業が進んだ。結果、工期を予定より 7 日短縮させられ、効果的な措置であったと評価できる。

工事名：
一級河川○○川○○橋架替工事

発注者名：
○○県○○建設事務所

工事場所：
○○県○○市　○○橋

工　期：
令和○○年 4 月○日
〜令和○○年 6 月○日

主な工種：
・橋脚工
・ニューマチックケーソン基礎工

施工量：
・橋脚コンクリート
　$V = 831 \text{ m}^3$
・基礎コンクリート
　$V = 2,095 \text{ m}^3$

工事現場における施工管理上のあなたの立場：
施工監督

検討内容が一つの場合は、箇条書きにしなくてもよい。

(1) 特に留意した技術的課題

　本工事は、一級河川に架かる○○橋の架替のため行う河川内の流水範囲での橋梁下部工だった。

　この工事は、河川区域内で行う作業であり、11 月から 3 月までの渇水期に橋脚工事を終えるよう指示されたが、この期間内の大雨による工事遅延が問題点であった。このため、作業用通路の確保による増水時の作業継続が技術的な課題となった。

(2) 技術的課題を解決するために検討した項目と検討理由及び検討内容

　出水時の作業を可能とする作業用通路を確保するための検討を行った。

　河川内での橋脚施工であり、流水部を横切って作業用通路を確保する必要があった。当初計画ではコルゲートパイプと大型土のうによる築堤構造だったが、異常出水などの場合には作業ができず工程が遅れる他、通路が流失する可能性もあったため、河川の増水に影響されることなく安全に作業可能な通路として、鋼製の仮桟橋の設置を検討した。

(3) 上記検討の結果、現場で実施した対応処置とその評価

　上記の検討に基づき、次の対応処置を実施した。
・作業用通路は、油圧式バイブロハンマで支持杭を打設し、鋼製の仮桟橋とした。
・仮桟橋にしたことにより、河川増水に影響されることなく施工ができた。また、土砂の搬入・搬出量を大幅に減少でき、河川の汚濁を少なくできた。
　これらにより、渇水期間の 3 月末までに橋脚工事を終了でき、工程管理上有効だったと評価できる。

二次
1
経験記述

工 事 名：

令和○年度　公共土木施設災害復旧工事

発注者名：

○○県○○土木事務所

工事場所：

○○県○○市○○地先

工　期：

令和○○年 11 月○日
～令和○○年 3 月○日

主な工種：

補強土壁工、盛土工

施 工 量：

・ジオテキスタイル
　855 m²

・盛土　1 960 m³

工事現場における施工管理上のあなたの立場：

施工監督

 文例 **14** と同じ現場を、品質管理の観点でまとめた例が **05**、安全管理の観点でまとめた例が **06** です。課題が多岐に渡る場合は、一つの現場で複数の管理項目の解答を準備できます。

(1) 特に留意した技術的課題

　本工事は、地すべりで崩落した県道で、崩落土砂を除去してから補強土壁を建設するための災害復旧工事であった。工事着手直後の新たな地すべり発生に伴い、大幅な設計変更となった。工事着工も遅れ、搬出する土砂が増大したことが問題点であった。施工計画の見直しによる発生土の運搬・処分日数の短縮が技術的課題だった。

(2) 技術的課題を解決するために検討した項目と検討理由及び検討内容

　効率的な土砂運搬処分のため、以下を検討した。

① 当初計画の残土処分場は現場から 14 km 離れており、運搬処分に必要な日数は 60 日と計画していた。この日数の短縮のため、運搬処分方法を検討した。

② より効率的に運搬処分が可能となる処分場と運搬ルート確保のため、道路の早期復旧を望む地元住民と連携して処分地の変更も含めた協議を行い、適地を検討した。

(3) 上記検討の結果、現場で実施した対応処置とその評価

　検討の結果、以下の対応処置を実施した。

① 当初計画では 1 か所であった処分地を、小規模でもよいので複数確保し、掘削・運搬も複数班で行うことで、処分日数を 32 日に短縮した。

② 現場から 0.5 ～ 2 km の近距離にある 3 か所の処分場を確保でき、経路沿い住民との協議を綿密に行ったうえで、土砂の運搬処分を実施した。

　こうした対応処置により、工期内に完成することができ、効果的な課題解決だったと評価できる。

工 事 名：
　○○水路改築工事

発注者名：
　○○土木事務所

工事場所：
　○○県○○市○○地内

工　期：
　令和○○年 10 月○日
　　～令和○○年 6 月○日

主な工種：
　仮締切工

施 工 量：
　鋼矢板 H = 10.5 m、
　施工延長 L = 155 m

工事現場における施工管理上のあなたの立場：
　工事監理

(1) 特に留意した技術的課題

　この工事は、既設水路中央部に鋼矢板を打込み片側通水とし、もう片側の水路を構築する半川締切り工法による水路工事の監理業務であった。

　この工事は、水路構築の工事期間が 12 ～ 5 月末までと制限され、鋼矢板の施工期間の長さが全体工程に影響すると懸念された。このため鋼矢板の施工方法の工夫による日数短縮が技術的課題だった。

(2) 技術的課題を解決するために検討した項目と検討理由及び検討内容

　工期短縮のための検討事項は以下のとおりである。

・鋼矢板Ⅳ型の施工枚数が 375 枚と多かったため、鋼矢板の枚数が減る構造を検討した。

・従来の鋼矢板と比較して 1.5 倍の幅をもつ幅広鋼矢板（1 枚の幅が 60 cm）を使用し、打ち込み枚数を低減させる検討をした。

・複数台の鋼矢板打ち込み機械を使用することで工期短縮の可能性があるため、施工体制を検討した。

(3) 上記検討の結果、現場で実施した対応処置とその評価

　現場での対応処置として、当初設計を変更し、工期短縮のために幅広鋼矢板を採用することとした。

　これにより、従来の鋼矢板を用いた施工と比べ、施工枚数を 250 枚と 2/3 に減少できた。さらに、鋼矢板打ち込み機械を 2 台使用の 2 班体制とする施工体制を構築した。

　これらにより制限内で工事を完了することができ、有効な対処であったと評価できる。

二次　1　経験記述

第2時限目

時限目

基礎・応用記述

1章 土工

アドバイス

【第一次検定対応編　第1時限目　1章土工】で第二次検定に対応できる知識は習得しているので、ふりかえりながら演習問題でレベルアップしよう。

演習問題でレベルアップ

《〈問題1〉》盛土の締固め作業及び締固め機械に関する次の文章の　□□□　の（イ）～（ホ）に当てはまる**適切な語句を、次の語句から選び**解答欄に記入しなさい。

(1) 盛土全体を　(イ)　に締め固めることが原則であるが、盛土　(ロ)　や隅部（特に法面近く）などは締固めが不十分になりがちであるから注意する。

(2) 締固め機械の選定においては、土質条件が重要なポイントである。すなわち、盛土材料は、破砕された岩から高　(ハ)　の粘性土にいたるまで多種にわたり、同じ土質であっても　(ハ)　の状態などで締固めに対する適応性が著しく異なることが多い。

(3) 締固め機械としての　(ニ)　は、機動性に優れ、比較的種々の土質に適用できるなどの点から締固め機械として最も多く使用されている。

(4) 振動ローラは、振動によって土の粒子を密な配列に移行させ、小さな重量で大きな効果を得ようとするもので、一般に　(ホ)　に乏しい砂利や砂質土の締固めに効果がある。

［語句］

水セメント比、	改良、	粘性、	端部、	生物的、
トラクタショベル、	耐圧、	均等、	仮設的、	塩分濃度、
ディーゼルハンマ、	含水比、	伸縮部、	中央部、	タイヤローラ

解答記入欄

（イ）	（ロ）	（ハ）	（ニ）	（ホ）

解答▶

（イ）	（ロ）	（ハ）	（ニ）	（ホ）
均等	端部	含水比	タイヤローラ	粘性

《〈問題2〉》盛土の施工に関する次の文章の　　の（イ）〜（ホ）に当てはまる**適切な語句を、次の語句から選び**解答欄に記入しなさい。

(1) 敷均しは、盛土を均一に締め固めるために最も重要な作業であり（イ）でていねいに敷均しを行えば均一でよく締まった盛土を築造することができる。

(2) 盛土材料の含水量の調節は、材料の（ロ）含水比が締固め時に規定される施工含水比の範囲内にない場合にその範囲に入るよう調節するもので、曝気乾燥、トレンチ掘削による含水比の低下、散水などの方法がとられる。

(3) 締固めの目的として、盛土法面の安定や土の（ハ）の増加など、土の構造物として必要な（ニ）が得られるようにすることがあげられる。

(4) 最適含水比、最大（ホ）に締め固められた土は、その締固めの条件のもとでは土の間隙が最小である。

［語句］

塑性限界、	収縮性、	乾燥密度、	薄層、	最小、
湿潤密度、	支持力、	高まき出し、	最大、	砕石、
強度特性、	飽和度、	流動性、	透水性、	自然

解答記入欄

（イ）	（ロ）	（ハ）	（ニ）	（ホ）

解答▶

（イ）	（ロ）	（ハ）	（ニ）	（ホ）
薄層	自然	支持力	強度特性	乾燥密度

《〈問題3〉》盛土の安定性や施工性を確保し、良好な品質を保持するため、**盛土材料として望ましい条件を2つ**解答欄に記述しなさい。

解答記入欄

①	
②	

解答例▶　類似しないように気を付けて2つだけを記入する。

①	締固めやすい。
②	施工機械のトラフィカビリティを確保しやすい。

その他の記述例

・草木などの有機物が含まれない。

・締固め後のせん断強度が高く、圧縮性が小さい。

・吸水による膨潤性が低い。

・重金属などの有害物質を溶出することがない。　　など

《《問題4》》切土法面の施工に関する次の文章の　　　　の（イ）～（ホ）に当てはまる**適切な語句を、下記の語句から選び**解答欄に記入しなさい。

(1) 切土の施工に当たっては　(イ)　の変化に注意を払い、当初予想された（イ）以外が現れた場合、ひとまず施工を中止する。

(2) 切土法面の施工中は、雨水などによる法面浸食や　(ロ)　・落石などが発生しないように、一時的な法面の排水、法面保護、落石防止を行うのがよい。

(3) 施工中の一時的な切土法面の排水は、仮排水路を　(ハ)　の上や小段に設け、できるだけ切土部への水の浸透を防止するとともに法面を雨水などが流れないようにすることが望ましい。

(4) 施工中の一時的な法面保護は、法面全体をビニールシートで被覆したり、　(ニ)　により法面を保護することもある。

(5) 施工中の一時的な落石防止としては、亀裂の多い岩盤法面や礫などの浮石の多い法面では、仮設の落石防護網や落石防護　(ホ)　を施すこともある。

[語句]

土地利用、	看板、	平坦部、	地質、	柵、
監視、	転倒、	法肩、	客土、	N値、
モルタル吹付、	尾根、	飛散、	管、	崩壊

解答記入欄

（イ）	（ロ）	（ハ）	（ニ）	（ホ）

解答▶

（イ）	（ロ）	（ハ）	（ニ）	（ホ）
地質	崩壊	法肩	モルタル吹付	柵

《〈問題5〉》植生による法面保護工と構造物による法面保護について、**それぞれ1つずつ工法名とその目的または特徴について**解答欄に記述しなさい。

ただし、解答欄の（例）と同一内容は不可とする。※

※過去問題出題文のまま。実際の解答用紙には例が提示されている。

(1) 植生による法面保護工
(2) 構造物による法面保護工

解答記入欄

(1) 植生による法面保護工

工法名	目的または特徴

(2) 構造物による法面保護工

工法名	目的または特徴

解答例▶ 類似しないように気を付けて2つだけを記入する。

(1) 植生による法面保護工

工法名	目的または特徴
種子散布工	浸食防止、凍上崩落抑制、植生による全面緑化で被覆する。
植生筋工	盛土法面で用いる工法。浸食防止、植物の浸入・定着促進する。
植生土のう工	不良土、硬質法面の浸食防止する。
植生マット工 植生シート工	浸食防止、凍上崩落抑制、植生による全面緑化で被覆する。 マット、シートにより芝の生育する間も浸食防止が図れる。

(2) 構造物による法面保護工

工法名	目的または特徴
網柵工	法面表層部の浸食や湧水による土砂流出の抑制する。
じゃかご工	法面表層部の浸食や湧水による土砂流出の抑制する。
プレキャスト枠工	中詰が土砂やぐり石の空詰めの場合は浸食防止する。
石張工 ブロック張工	風化、浸食、表面水の浸透防止する。
コンクリート張工 吹付枠工	法面表層部の崩落防止、多少の土圧を受けるおそれのある個所での土留め、岩盤の剥落防止する。
石積 ブロック積擁壁工	ある程度の土圧に抵抗する。
補強土 グランドアンカー工 杭工	すべり土塊の滑動力に抵抗する。

《〈問題6〉》 軟弱地盤対策工法に関する次の工法から**2つ選び、工法名とその工法の特徴**についてそれぞれ解答欄に記述しなさい。

・サンドドレーン工法
・サンドマット工法
・深層混合処理工法（機械かくはん方式）
・表層混合処理工法
・押え盛土工法

解答記入欄

工法名	工法の特徴

解答例▶ 2つを記入すること。

工法名	工法の特徴
サンドドレーン工法	地盤中に鉛直方向の砂柱を打設し、間隙水の圧密排水距離を短くし、土層中の圧密沈下を促進や地盤の強度増加を図る工法。
サンドマット工法	地盤の表面に、透水性のよい砂、または砂礫を 0.5 〜 1.2 m 程度の厚さで敷均し、上部排水の促進と施工機械のトラフィカビリティの確保を図る工法。
深層混合処理工法（機械かくはん方式）	地表面から深層までの間を、セメントなどの固化材と原地盤の土をかくはん翼で混合し、柱状などに固結させ、地盤の安定性増大、変形抑止、沈下量の低減などを図る工法。
表層混合処理工法	セメント系や石灰系などの安定材を、軟弱な表層地盤と混合し、地盤の安定性増大、変形抑止、トラフィカビリティの確保を図る工法。
押え盛土工法	盛土本体の側方に本体よりも小規模な盛土で押さえて、盛土の安定性の確保を図る工法。

　軟弱地盤対策工については、しばしば類似した出題があるので、これら以外の工法についても特徴を覚えておこう。

工法名	工法の特徴
盛土載荷重工法	構造物を構築する前に、軟弱地盤にあらかじめ載荷することにより、圧密沈下を促進させて、残留沈下量の低減や地盤の強度増加を図る工法。
発泡スチロールブロック工法	発泡スチロールなどの軽量物を盛土材料として使用することで、地盤中の応力増加を軽減し、沈下量やすべり滑動力の低減を図る工法。

《《問題7》》 土の原位置試験とその結果の利用に関する次の文章の 　　　　 の（イ）
～（ホ）に当てはまる**適切な語句を、下記の語句から選び**解答欄に記入しなさい。

(1) 標準貫入試験は、原位置における地盤の硬軟、締まり具合または土層の構成を
判定するための (イ) を求めるために行い、土質柱状図や地質 (ロ) を作成
することにより、支持層の分布状況や各地層の連続性などを総合的に判断でき
る。

(2) スウェーデン式サウンディング試験は、荷重による貫入と、回転による貫入を
併用した原位置試験で、土の静的貫入抵抗を求め、土の硬軟または締まり具合
を判定するとともに (ハ) の厚さや分布を把握するのに用いられる。

(3) 地盤の平板載荷試験は、原地盤に剛な載荷板を設置して垂直荷重を与え、この
荷重の大きさと載荷板の (ニ) との関係から、 (ホ) 係数や極限支持力など
の地盤の変形及び支持力特性を調べるための試験である。

[語句]

含水比、	盛土、	水温、	地盤反力、	管理図、
軟弱層、	N 値、	P 値、	断面図、	経路図、
降水量、	透水、	掘削、	圧密、	沈下量

解答記入欄

（イ）	（ロ）	（ハ）	（ニ）	（ホ）

解答▶

（イ）	（ロ）	（ハ）	（ニ）	（ホ）
N 値	断面図	軟弱層	沈下量	地盤反力

⊃ **土の性質で使われる用語**

用　語	意味・解説
間隙比	・間隙と土粒子の体積の比。 ■**間隙比の大きな土**：大きな荷重を受けたときに体積を減少させる傾向がある。
飽和度	・空隙の体積における空隙水の体積の比。 ・土の間隙がどの程度水で満たされているかを表す。 ・土を締め固めると間隙比が減少し、飽和度は大きくなる。
土の乾燥密度	・自然状態の土から、間隙中のすべての水を追い出した状態の密度。 ■**乾燥密度が大きい土**：間隙が少なく、土粒子が密に詰まっているよく締まった土。
含水比	・土粒子の質量と、間隙水の質量の比率。 ・土の含水比は、土の強度や土の締固め効果、建設機械の施工能率などに大きな影響を与える。 ■**自然含水比**：地山における含水比。 ■**最適含水比**：締固め試験において、乾燥密度が最大となるときの含水比。
土の強度	・何らかの外力で土粒子が滑動してしまう場合などにおける、土粒子相互の滑動に抵抗する力の強さ。土粒子相互の粘着力と摩擦力によって生じる。 ■**粘土のような土**：もっぱら粘着力による。摩擦力はゼロに近い。 ■**砂のような土**　：土粒子の間に働く摩擦力による。粘着力はほとんどない。
こね返し （鋭敏比）	・粘性土（特に粘土）は、長い年月の堆積によって強度が増大する。しかし、掘り起こされたり、こね返すような力が加えられると、土の強度は減少する。このような現象を土のこね返しという。 ・こね返し前と後での土の強度の比を鋭敏比という。
透水	・土の中の空隙を、水が自由に通って移動する現象。 ・河川堤防の築堤材料は、透水性の小さな土が選定される。 ・一般的には、土粒子の粒径が小さな粘土のような土は透水性が小さく、粒径が均一な砂では透水性が大きくなる。 ・土の透水性は、透水係数で表される。
圧密	・土の間隙のほとんどに水があるような自然状態で表面に荷重が加わった場合、間隙水が押し出され、その分の間隙が押しつぶされることによって土は収縮する。この現象を土の圧密という。 ■**砂など透水係数の大きな土**：間隙水が容易に押し出され、土の圧密は短時間で終わる。 ■**粘土など透水係数の小さな土**：間隙水の移動が遅く、土の圧密は長時間かかる。

《《問題8》》下図のような構造物の裏込め及び埋戻しに関する次の文章の □ の
(イ) ～ (ホ) に当てはまる**適切な語句または数値**を、次の語句または数値から選び
解答欄に記入しなさい。

(1) 裏込め材料は、 (イ) で透水性があり、締固めが容易で、かつ水の浸入による
  強度の低下が (ロ) 安定した材料を用いる。
(2) 裏込め、埋戻しの施工においては、小型ブルドーザ、人力などにより平坦に敷
  均し、仕上り厚は (ハ) cm 以下とする。
(3) 締固めにおいては、できるだけ大型の締固め機械を使用し、構造物縁部などに
  ついてはソイルコンパクタや (ニ) などの小型締固め機械により入念に締め
  固めなければならない。
(4) 裏込め部においては、雨水が流入したり、たまりやすいので、工事中は雨水の
  流入をできるだけ防止するとともに、浸透水に対しては、 (ホ) を設けて処理
  をすることが望ましい。

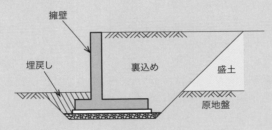

[語句または数値]

弾性体、	40、	振動ローラ、	少ない、	地表面排水溝、
乾燥施設、	可撓性、	高い、	ランマ、	20、
大きい、	地下排水溝、	非圧縮性、	60、	タイヤローラ

解答記入欄

(イ)	(ロ)	(ハ)	(ニ)	(ホ)

解答▶

(イ)	(ロ)	(ハ)	(ニ)	(ホ)
非圧縮性	少ない	20	ランマ	地下排水溝

二次
2
基礎・応用記述

アドバイス

【第一次検定対応編　第1時限目　2章コンクリート工】で第二次検定に対応できる知識は習得しているので、ふりかえりながら演習問題でレベルアップしよう。

演習問題でレベルアップ

《《問題1》》　コンクリート構造物の鉄筋の組立及び型枠に関する次の文章の
の（イ）～（ホ）に当てはまる**適切な語句を、下記の語句から選び**解答欄に記入しなさい。

(1) 鉄筋どうしの交点の要所は直径 0.8 mm 以上の　(イ)　などで緊結する。

(2) 鉄筋のかぶりを正しく保つために、モルタルあるいはコンクリート製の　(ロ)　を用いる。

(3) 鉄筋の継手箇所は構造上の弱点となりやすいため、できるだけ大きな荷重がかかる位置を避け、　(ハ)　の断面に集めないようにする。

(4) 型枠の締め付けにはボルトまたは鋼棒を用いる。型枠相互の間隔を正しく保つためには、　(ニ)　やフォームタイを用いる。

(5) 型枠内面には、　(ホ)　を塗っておくことが原則である。

[語句]

結束バンド、	スペーサ、	千鳥、	剥離剤、	交互、
潤滑油、	混和剤、	クランプ、	焼なまし鉄線、	パイプ、
セパレータ、	平板、	供試体、	電線、	同一

解答記入欄

(イ)	(ロ)	(ハ)	(ニ)	(ホ)

解答▶

(イ)	(ロ)	(ハ)	(ニ)	(ホ)
焼なまし鉄線	スペーサ	同一	セパレータ	剥離剤

〈〈問題2〉〉コンクリートの打込み、締固め、養生に関する次の文章の ▢ の（イ）〜（ホ）にあてはまる**適切な語句を、次の語句から選び解答欄に記入しなさい。**

(1) コンクリートの打込み中、表面に集まった （イ） 水は、適当な方法で取り除いてからコンクリートを打ち込まなければならない。

(2) コンクリート締固め時に使用する棒状バイブレータは、材料分離の原因となる （ロ） 移動を目的に使用してはならない。

(3) 打込み後のコンクリートは、その部位に応じた適切な養生方法により一定期間は十分な （ハ） 状態に保たなければならない。

(4) （ニ） セメントを使用するコンクリートの （ハ） 養生期間は、日平均気温15℃以上の場合、5日を標準とする。

(5) コンクリートは、十分に （ホ） が進むまで、（ホ） に必要な温度条件に保ち、低温、高温、急激な温度変化などによる有害な影響を受けないように管理しなければならない。

［語句］

硬化、	ブリーディング、	水中、	混合、	レイタンス、
乾燥、	普通ポルトランド、	落下、	中和化、	垂直、
軟化、	コールドジョイント、	湿潤、	横、	早強ポルトランド

解答記入欄

（イ）	（ロ）	（ハ）	（ニ）	（ホ）

解答▶

（イ）	（ロ）	（ハ）	（ニ）	（ホ）
ブリーディング	横	湿潤	普通ポルトランド	硬化

〈〈問題3〉〉コンクリート養生の役割及び具体的な方法に関する次の文章の ▢ の（イ）〜（ホ）に当てはまる**適切な語句を、下記の語句から選び解答欄に記入しなさい。**

(1) 養生とは、仕上げを終えたコンクリートを十分に硬化させるために、適当な （イ） と湿度を与え、有害な （ロ） などから保護する作業のことである。

(2) 養生では、散水、湛水、 （ハ） で覆うなどして、コンクリートを湿潤状態に保つことが重要である。

(3) 日平均気温が （ニ） ほど、湿潤養生に必要な期間は長くなる。

(4) （ホ） セメントを使用したコンクリートの湿潤養生期間は、普通ポルトランドセメントの場合よりも長くする必要がある。

早強ポルトランド、	高い、	混合、	合成、	安全、
計画、	沸騰、	温度、	暑い、	低い、
湿布、	養分、	外力、	手順、	配合

解答記入欄

（イ）	（ロ）	（ハ）	（ニ）	（ホ）

解答▶

（イ）	（ロ）	（ハ）	（ニ）	（ホ）
温度	外力	湿布	低い	混合

《《問題4》》フレッシュコンクリートの仕上げ、養生、打継目に関する次の文章の
　　　　　の（イ）～（ホ）に当てはまる**適切な語句または数値を、次の語句または数値から選び**解答欄に記入しなさい。

(1) 仕上げ後、コンクリートが固まり始めるまでに、 （イ） ひび割れが発生することがあるので、タンピング再仕上げを行い修復する。

(2) 養生では、散水、湛水、湿布で覆うなどして、コンクリートを （ロ） 状態に保つことが必要である。

(3) 養生期間の標準は、使用するセメントの種類や養生期間中の環境温度などに応じて適切に定めなければならない。そのため、普通ポルトランドセメントでは日平均気温15℃以上で、 （ハ） 日以上必要である。

(4) 打継目は、構造上の弱点になりやすく、 （ニ） やひび割れの原因にもなりやすいため、その配置や処理に注意しなければならない。

(5) 旧コンクリートを打ち継ぐ際には、打継面の （ホ） や緩んだ骨材粒を完全に取り除き、十分に吸水させなければならない。

[語句又は数値]

漏水、	1、	出来形不足、		絶乾、	疲労、
飽和、	2、	ブリーディング、		沈下、	色むら、
湿潤、	5、	エントラップトエアー、		膨張、	レイタンス

解答記入欄

（イ）	（ロ）	（ハ）	（ニ）	（ホ）

解答▶

（イ）	（ロ）	（ハ）	（ニ）	（ホ）
沈下	湿潤	5	漏水	レイタンス

《《 問題 5 》》コンクリート構造物の施工において、コンクリートの**打込み時、また**
は締固め時に留意すべき事項を 2 つ、解答欄に記述しなさい。

解答記入欄
・コンクリート打込み時
・コンクリート締固め時

①	
②	

解答例▶　類似しないように気を付けて、どちらか一方について 2 つ記入すること。

・コンクリート打込み時の留意すべき事項

①	打ち込んだコンクリートは、型枠内で横移動させない。
②	型枠や鉄筋が所定の位置からずれないように注意して打ち込む。

■ その他の記述例

・打込みの 1 層の高さは、40 〜 50 cm を標準とする。
・計画した打継目以外では、コンクリートを連続して打ち込む。
・材料分離に気をつける。著しい材料分離があった場合は対策を講じる。
・コンクリート打込みの際、表面に集まったブリーディング水は適切な方法で取り除い
　てからコンクリートを打ち込む。　など

・コンクリート締固め時

①	棒状バイブレータを使うことを原則とする。
②	棒状バイブレータはゆっくりと引き抜き、後に穴が残らないようにする。

■ その他の記述例

・棒状バイブレータは、できるだけ鉛直に、一様な間隔で差し込む。一般的に挿入間隔
　は 50 cm 以下とする。
・コンクリートを打ち重ねる場合では、下層と上層が一体となるように、棒状バイブレー
　タを下層のコンクリートの中に 10 cm 程度挿入する。　など

《〈問題6〉》 コンクリートに関する下記の用語①~④から **2つ選び、その番号、その用語の説明**について解答欄に記述しなさい。

① アルカリシリカ反応
② コールドジョイント
③ スランプ
④ ワーカビリティー

解答記入欄

番号・用語	その用語の説明

解答例▶ 2つを記入すること。

番号・用語	その用語の説明
①アルカリシリカ反応	コンクリート中のアルカリ成分と反応性骨材とが反応することで骨材の異常膨張が発生し、これによりひび割れが起き耐久性を低下させる。
②コールドジョイント	先に打ち込んだコンクリートが硬化し、後から打ち込んだコンクリートとの間に生じる、完全に一体化できない不連続な面のこと。
③スランプ	フレッシュコンクリートの軟らかさの程度を示す指標のこと。高さ30 cmのスランプコーンにコンクリートを詰めて上部を均し、スランプコーンを静かに引き上げた後、コンクリートの中央部の下がり量で測定される。
④ワーカビリティー	フレッシュコンクリートの運搬や打込み、締固め、仕上げなどといった一連の作業を、材料分離を生じさせることなく施工できる容易さの程度を表す。

 アドバイス

レイタンス、かぶりなど、代表的な用語も説明できるように覚えておこう。

《〈問題7〉》 次の各種コンクリートの中から **2つ選び、それぞれについて打込み時または養生時に留意する事項**を解答欄に記述しなさい。

・寒中コンクリート
・暑中コンクリート
・マスコンクリート

解答記入欄

	コンクリート名	打込み時または養生時に留意する事項
①		
②		

打込み時で解答する場合

コンクリート名	打込み時または養生時に留意する事項
寒中コンクリート	・打込み時に、鉄筋、型枠などに氷雪が付着していないこと。 ・打込み時のコンクリートの温度を 5 〜 20℃の範囲内に保つ。 ・練混ぜから打込みまでの時間をできるだけ短時間にする。
暑中コンクリート	・コンクリートから給水するおそれのある場所（地盤、型枠など）を湿潤状態に保つ。 ・打込み時のコンクリート温度の上限は 35℃以下にする。 ・直射日光を受けて高温になりそうな場所は、散水、覆いなどの 適切な処置を施しておく。 ・練混ぜ開始から打込み終了までは 1.5 時間以内とする。
マスコンクリート	・強度の発現やワーカビリティーに悪影響のない程度で、打込み温度ができるだけ低くなるようにする。

養生時で解答する場合

コンクリート名	打込み時または養生時に留意する事項
寒中コンクリート	・必要な圧縮強度が得られるまでは 5℃以上に保つ。 ・打込み後の初期には凍結しないように十分な保護をして、風などを防ぐこと。 ・給熱養生では、急激な乾燥や局部的な加熱を防ぐこと。 ・保温養生や給熱養生が終わる際に、コンクリートの急激な温度低下を避ける。
暑中コンクリート	・打込み後には、コンクリート表面が乾燥しないように、速やかに養生を行うこと。 ・打込み直後の急激な乾燥でひび割れが生じないように、直射日光や風などを防ぐ処置を行うこと。 ・型枠も湿潤状態を保つようにする。型枠取外し後も養生期間中は、露出面を湿潤状態に保つようにする。
マスコンクリート	・コンクリート表面を、発泡スチロールなどの遮熱性のある材料で覆うなど、必要に応じて保温、保護の対策を行う。 ・コンクリート内部温度を下げるため、パイプクーリングを行う。 ・コンクリートの内外での温度差が大きくなりすぎないように配慮し、緩やかな速度で外気温に近づけるように留意する。

3章　工程管理

アドバイス

【第一次検定対応編　第5時限目　1章施工計画、2章工程管理】で第二次検定に対応できる知識は習得している！ふりかえりながら演習問題でレベルアップしよう。

演習問題でレベルアップ

《《問題1》》土木工事の施工計画を作成するにあたって実施する、事前の調査について、**下記の項目①～③から2つ選び、その番号、実施内容**について、解答欄の（例）を参考にして、解答欄に記述しなさい。

　ただし、解答欄の（例）と同一の内容は不可とする。※

　※過去問題出題文のまま。実際の解答用紙には例が提示されている。

①　契約書類の確認
②　自然条件の調査
③　近隣環境の調査

解答記入欄

番　　号	実施内容

解答例▶　①～③のうち、2つを記入すること。

番　　号	実施内容
①契約書類の確認	■ 以下の契約内容の確認 ・工事代金の支払い条件。 ・数量の増減にともなう変更の取扱い方法。 ・賃金または物価の変動による請負代金額の変更の取扱い方法。 ・工事中止や事業損失、不可抗力による損害に対する取扱い方法。 ■ 以下の設計図書の確認 ・図面、仕様書、施工管理基準など規格値や基準値。 ・図面と現場との相違点や数量の違いの有無。 ・現場説明事項の内容。 ・工事で使用する材料の品質や検査方法。

番　号	実施内容
②自然条件の調査	■ 自然条件の調査 ・地形：地表の勾配や高低差、表面水や湧水、地下水など。 ・地質、土質：トラフィカビリティ、支持力、岩質など。 ■ 気象条件の調査 ・気象データ：降水量、降雨日数、積雪量、降雪期間、気温、日照など。 ・水文、海象：低水位〜平水位〜高水位、潮位、波浪、干満差など。 ■ その他 ・ハザードマップなどの資料収集や地元でのヒアリング。 ・地震、地すべり、洪水、噴火など過去の災害履歴の調査。
③近隣環境の調査	・配慮を要する近隣施設、病院、学校、水道水源など。 ・交通量、公共交通ルート、通学路。 ・電力、通信、ガス、上下水道と地下埋設物の状況。 ・用地の確保、用地買収の進行状況。 ・近隣工事の状況。 ・騒音、振動など、環境保全に関する指定や基準。 ・作業時間、作業日の制限。 ・埋蔵文化財やその他工事に支障を生じる近隣環境の有無。

《《問題2》》 道建設工事に用いる工程表に関する次の文章の 　　 の（イ）〜（ホ）に当てはまる**適切な語句を**、下記の語句から選び解答欄に記入しなさい。

(1) 横線式工程表には、バーチャートとガントチャートがあり、バーチャートは縦軸に部分工事をとり、横軸に必要な （イ） を棒線で記入した図表で、各工事の工期がわかりやすい。ガントチャートは縦軸に部分工事をとり、横軸に各工事の （ロ） を棒線で記入した図表で、各工事の進捗状況がわかる。

(2) ネットワーク式工程表は、工事内容を系統的に明確にし、作業相互の関連や順序、 （ハ） を的確に判断でき、 （ニ） 工事と部分工事の関連が明確に表現できる。また、 （ホ） を求めることにより重点管理作業や工事完成日の予測ができる。

[語句]

アクティビティ、	経済性、	機械、	人力、	施工時期、
クリティカルパス、	安全性、	全体、	費用、	掘削、
出来高比率、	降雨日、	休憩、	日数、	アロー

解答記入欄

（イ）	（ロ）	（ハ）	（ニ）	（ホ）

解答▶

（イ）	（ロ）	（ハ）	（ニ）	（ホ）
日数	出来高比率	施工時期	全体	クリティカルパス

《《 問題3 》》 下図のような管渠を構築する場合、施工手順に基づき**工種名を記述し、横線式工程表（バーチャート）を作成し、全所要日数**を求め解答欄に記述しなさい。

各工種の作業日数は次のとおりとする。

・床掘工7日　・基礎砕石工5日　・養生工7日　・埋戻し工3日

・型枠組立工3日　・型枠取外し工1日　・コンクリート打込み工1日

・管渠敷設工4日

　ただし、基礎砕石工については床掘工と3日の重複作業で行うものとする。

また、解答用紙に記載されている工種は施工手順として決められたものとする。

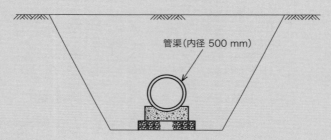

管渠（内径500 mm）

解答記入欄

工種名	作業日程（日）																											
	0					5					10					15					20					25		
管渠敷設工																												
コンクリート打込み工																												
埋戻し工																												

注）工種名の黒字部分は、予め解答用紙に記載され施工手順として決められたものである。

全所要日数：□

解答▶　各工種の施工手順　①床掘工－7日→②基礎砕石工－5日（①と重複作業3日）→③管渠敷設工－4日→④型枠組立工－3日→⑤コンクリート打込み工－1日→⑥養生工－7日→⑦型枠取外し工－1日→⑧埋戻し工－3日

以上から合計28日＝全所要日数

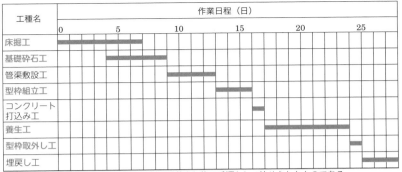

工種名	作業日程（日）

注）工種名の黒字部分は、予め解答用紙に記載され施工手順として決められたものである。

全所要日数： 28日

〈〈問題4〉〉 建設工事において用いる次の**工程表の特徴について、それぞれ1つず
つ**解答欄に記述しなさい。

ただし、解答欄の（例）と同一の内容は不可とする。※
※過去問題出題文のまま。実際の解答用紙には例が提示されている。

(1) ネットワーク式工程表 　　　(2) 横線式工程表

解答記入欄

(1) ネットワーク式工程表	
(2) 横線式工程表	

解答例▶

(1) ネットワーク式工程表	・各作業の開始点と終点を矢印で結ぶため、順序関係が明確で、作業の進捗状況や他作業への影響、全体工期への影響が把握できる。
(2) 横線式工程表	・バーチャートとガントチャートがあり、縦軸に工種、横軸に日数または達成率とした棒グラフで、工種の少ない作業に適する。

その他の記述例

(1) ネットワーク式工程表
・工程表の作成は複雑だが、長期間や大規模工事の工程管理に適する。

(2) 横線式工程表
・バーチャートは、縦軸に作業（工種）、横軸に日数（工期）で表示するので、進捗状況が直視的にわかりやすい。作業間の関連は漠然とわかるが、工期に影響する作業は不明確である。
・ガントチャートは、縦軸に作業（工種）、横軸に各作業の達成度を％で表示する。各作業の進捗率は一目でわかるが、各作業の必要日数はわからず、工期に影響する作業は不明である。

二次
2
基礎・応用記述

4章 安全管理

アドバイス

【第一次検定対応編 第5時限目 3章安全管理】で第二次検定に対応できる
知識は習得しているので、ふりかえりながら演習問題でレベルアップしよう。

演習問題で レベルアップ

《《問題1》》 地山の明り掘削の作業時に事業者が行わなければならない安全管理に
関し、労働安全衛生法上、次の文章の ☐ の（イ）～（ホ）に当てはまる**適切な
語句を、下記の語句から選び**解答欄に記入しなさい。

(1) 地山の崩壊、埋設物などの損壊などにより労働者に危険を及ぼすおそれのある
ときは、作業箇所及びその周辺の地山について、ボーリングその他適当な方法
により調査し、調査結果に適応する掘削の時期及び （イ） を定めて、作業を行
わなければならない。

(2) 地山の崩壊または土石の落下により労働者に危険を及ぼすおそれのあるときは、
あらかじめ （ロ） を設け、 （ハ） を張り、労働者の立入りを禁止するなどの
措置を講じなければならない。

(3) 掘削機械、積込機械及び運搬機械の使用によるガス導管、地中電線路その他地
下に存在する工作物の （ニ） により労働者に危険を及ぼすおそれのあるとき
は、これらの機械を使用してはならない。

(4) 点検者を指名して、その日の作業を （ホ） する前、大雨の後及び中震（震度4）
以上の地震の後、浮石及び亀裂の有無及び状態並びに含水、湧水及び凍結の状
態の変化を点検させなければならない。

[語句]

土止め支保工、	遮水シート、	休憩、	飛散、	作業員、
型枠支保工、	順序、	開始、	防護網、	段差、
つり足場、	合図、	損壊、	終了、	養生シート

解答記入欄

（イ）	（ロ）	（ハ）	（ニ）	（ホ）

解答▶

（イ）	（ロ）	（ハ）	（ニ）	（ホ）
順序	土止め支保工	防護網	損壊	開始

《《問題2》》 下図に示す土止め支保工の組立て作業にあたり、**安全管理上必要な労働災害防止対策に関して労働安全衛生規則に定められている内容について2つ解答**欄に記述しなさい。

　ただし、解答欄の（例）と同一内容は不可とする。※

※過去問題出題文のまま。実際の解答用紙には例が提示されている。

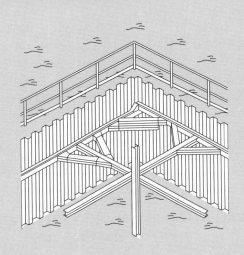

解答記入欄

①	
②	

解答例▶ 　類似しないように気を付けて2つだけを記入すること。

①	土止め支保工の材料には、著しい損傷、変形、腐食があるものを使用しない。
②	組立ては、あらかじめ組立図を作成し、その組立図により組み立てる。

その他の記述例

　労働安全衛生規則第368〜375条の規定から組立てに関するものを選んで書くとよい。

・土止め支保工の構造は、その箇所の地山の形状、地質、地層、き裂、含水、湧水、凍結、埋設物などの状態に応じた堅固なものとしなければならない。

・切りばりおよび腹おこしは、脱落を防止するため、矢板、くいなどに確実に取り付ける。

・材料、器具又は工具を上げ、また下ろすときは、つり綱、つり袋などを労働者に使用させる。　など

《《問題3》》建設工事における高所作業を行う場合の安全管理に関して、労働安全衛生法上、次の文章の □ の（イ）～（ホ）に当てはまる**適切な語句または数値を、次の語句または数値から選び解答欄に記入しなさい。**

(1) 高さが （イ） m 以上の箇所で作業を行う場合で、墜落により労働者に危険を及ぼすおそれのあるときは、足場を組立てるなどの方法により （ロ） を設けなければならない。

(2) 高さが （イ） m 以上の （ロ） の端や開口部などで、墜落により労働者に危険を及ぼすおそれのある箇所には、 （ハ） 、手すり、覆いなどを設けなければならない。

(3) 架設通路で墜落の危険のある箇所には、高さ （ニ） cm 以上の手すりまたはこれと同等以上の機能を有する設備を設けなくてはならない。

(4) つり足場または高さが 5m 以上の構造の足場などの組立てなどの作業については、足場の組立て等作業主任者 （ホ） を修了した者のうちから、足場の組立て等作業主任者を選任しなければならない。

［語句］

特別教育、	囲い、	85、	作業床、	3、
待避所、	幅木、	2、	技能講習、	95、
1、	アンカー、	技術研修、	休憩所、	75

解答記入欄

（イ）	（ロ）	（ハ）	（ニ）	（ホ）

解答▶

（イ）	（ロ）	（ハ）	（ニ）	（ホ）
2	作業床	囲い	85	技能講習

《《問題4》》建設工事における高さ2 m 以上の高所作業を行う場合において、労働安全衛生法で定められている事業者が実施すべき**墜落などによる危険の防止対策を、2つ**解答欄に記述しなさい。

解答記入欄

①	
②	

解答例▶ 類似しないように気を付けて 2 つだけを記入すること。

①	墜落により労働者に危険を及ぼすおそれのあるときは、足場を組み立てるなどの方法により作業床を設ける。
②	作業を安全に行うため必要な照度を保持する。

その他の記述例

労働安全衛生規則第 518 〜 523 条の規定から組立てに関するものを選んで書くとよい。

・強風、大雨、大雪などの悪天候のため、危険が予想されるときは、当該作業に労働者を従事させない。

・作業床を設けることが困難なときは、防網を張り、労働者に要求性能墜落制止用器具を使用させるなど、墜落による労働者の危険を防止する。　など

《《問題 5 》》 移動式クレーンを使用する荷下ろし作業において、労働安全衛生規則及びクレーン等安全規則に定められている**安全管理上必要な労働災害防止対策に関し、次の（1）、（2）の作業段階について、具体的な措置を解答欄に記述しなさい。**

ただし、同一内容の解答は不可とする。

(1) 作業着手前
(2) 作業中

解答記入欄

(1) 作業着手前	
(2) 作業中	

解答例▶ 記述する欄に応じて文字量を調整して書くこと。

(1) 作業着手前	地盤が軟弱で転倒するおそれや埋設物などの地下工作物が損壊するおそれがないことを確認したり、転倒を防止するために必要な鉄板の敷設、アウトリガーやクローラの最大限の張り出しを準備する。
(2) 作業中	定格荷重を超える荷重をかけての使用や、移動式クレーン明細書に記載されているジブの傾斜角を超えることを避けるようにし、作業中の上部旋回体に労働者が接触しないよう立入禁止とする。

その他の記述例

クレーン等安全規則　第 3 章移動式クレーンの規定から関連するものを選んで書くとよい。

・強風のため危険が予想されるときは、作業を行わない。　　など

〈〈 問題6 〉〉 建設工事における移動式クレーン作業及び玉掛け作業に係る安全管理のうち、**事業者が実施すべき安全対策**について、下記の①、②の作業ごとに、それぞれ1つずつ解答欄に記述しなさい。

　ただし、同一の解答は不可とする。
① 　移動式クレーン作業
② 　玉掛け作業

解答記入欄

①移動式クレーン作業	
②玉掛け作業	

解答例▶

①移動式クレーン作業	定格荷重を超える荷重をかけての使用や、移動式クレーン明細書に記載されているジブの傾斜角を超えることを避けるようにし、作業中の上部旋回体に労働者が接触しないよう立入禁止とする。
②玉掛け作業	キンクなど著しい形くずれや腐食があるなど不適格なワイヤーロープを使用しないよう、その日の作業開始前に点検してから作業する。

その他の記述例

①移動式クレーン作業

　クレーン等安全規則　第3章移動式クレーンの規定から関連するものを選んで書くとよい。
・強風のため危険が予想されるときは、作業を行わない。　など

②玉掛け作業

　クレーン等安全規則　第8章玉掛けの規定から関連するものを選んで書くとよい。
・玉掛用具であるフックまたはシャックルの安全係数が5以上であること。　など

〈〈問題7〉〉 下図のような道路上で工事用掘削機械を使用してガス管更新工事を行う場合、架空線損傷事故を防止するために**配慮すべき具体的な安全対策について2つ**、解答欄に記述しなさい。

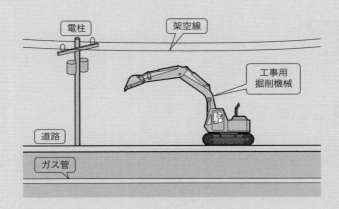

解答記入欄

①	
②	

解答例▶ 類似しないように気を付けて2つだけを記入すること。

①	架空線への保護カバーの設置や架空線の位置を明示する看板の設置
②	架空線と、掘削機械、工具や材料などとの安全な離隔の確保

⚑ その他の記述例

・掘削機械のブームの旋回などの作業時の安全確保。　など

5章　品質管理

ひとこと

【第一次検定対応編　第5時限目　4章品質管理】で第二次検定に対応できる
知識は習得しているので、ふりかえりながら演習問題でレベルアップしよう。

演習問題でレベルアップ

《《問題1》》盛土の締固め管理方法に関する次の文章の　　　　　の（イ）～（ホ）に
当てはまる**適切な語句または数値を、下記の語句または数値から選び**解答欄に記入
しなさい。

(1) 盛土工事の締固め管理方法には、 (イ) 規定方式と (ロ) 規定方式があり、
どちらの方法を適用するかは、工事の性格・規模・土質条件など、現場の状況
をよく考えた上で判断することが大切である。

(2) (イ) 規定方式のうち、最も一般的な管理方法は、現場における土の締固めの
程度を締固め度で規定する方法である。

(3) 締固め度の規定値は、一般に JIS A 1210（突固めによる土の締固め試験方法）
の A 法で道路土工に規定された室内試験から得られる土の最大 (ハ) の
(ニ) ％以上とされている。

(4) (ロ) 規定方式は、使用する締固め機械の機種や締固め回数、盛土材料の敷均
し厚さなど、 (ロ) そのものを (ホ) に規定する方法である。

[語句または数値]

施工、	80、	協議書、	90、	乾燥密度、
安全、	品質、	収縮密度、	工程、	指示書、
膨張率、	70、	工法、	現場、	仕様書

解答記入欄

（イ）	（ロ）	（ハ）	（ニ）	（ホ）

解答▶

（イ）	（ロ）	（ハ）	（ニ）	（ホ）
品質	工法	乾燥密度	90	仕様書

《〈問題2〉》 盛土の締固め管理に関する次の文章の ▢ の（イ）～（ホ）に当てはまる**適切な語句を、次の語句から選び解答欄に記入しなさい。**

(1) 盛土工事の締固めの管理方法には、 (イ) 規定方式と (ロ) 規定方式があり、どちらの方法を適用するかは、工事の性格・規模・土質条件などをよく考えたうえで判断することが大切である。

(2) (イ) 規定のうち、最も一般的な管理方法は、締固め度で規定する方法である。

(3) 締固め度 ＝ $\dfrac{\boxed{\text{(ハ)}} \text{で測定された土の} \boxed{\text{(ニ)}}}{\text{室内試験から得られる土の最大} \boxed{\text{(ニ)}}} \times 100$ （％）

(4) (ロ) 規定方式は、使用する締固め機械の種類や締固め回数、盛土材料の (ホ) 厚さなどを、仕様書に規定する方法である。

［語句または数値］

積算、	安全、	品質、	工場、	土かぶり、
敷均し、	余盛、	現場、	総合、	環境基準、
現場配合、	工法、	コスト、	設計、	乾燥密度

解答記入欄

（イ）	（ロ）	（ハ）	（ニ）	（ホ）

解答▶

（イ）	（ロ）	（ハ）	（ニ）	（ホ）
品質	工法	現場	乾燥密度	敷均し

《〈問題3〉》 鉄筋の組立・型枠及び型枠支保工の品質管理に関する次の文章の ▢ の（イ）～（ホ）に当てはまる**適切な語句を、次の語句から選び解答欄に記入しなさい。**

(1) 鉄筋の継手箇所は、構造上弱点になりやすいため、できるだけ、大きな荷重がかかる位置を避け、 (イ) の断面に集めないようにする。

(2) 鉄筋の (ロ) を確保するためのスペーサは、版（スラブ）及び梁部ではコンクリート製やモルタル製を用いる。

(3) 型枠は、外部からかかる荷重やコンクリートの (ハ) に対し、十分な強度と剛性を有しなければならない。

(4) 版（スラブ）の型枠支保工は、施工時及び完成後のコンクリートの自重による沈下や変形を想定して、適切な (ニ) をしておかなければならない。

(5) 型枠及び型枠支保工を取り外す順序は、比較的荷重を受けにくい部分をまず取り外し、その後残りの重要な部分を取り外すので、梁部では (ホ) が最後となる。

負圧、	相互、	妻面、	千鳥、	側面、
底面、	側圧、	同一、	水圧、	上げ越し、
口径、	下げ止め、	応力、	下げ越し、	かぶり

解答記入欄

（イ）	（ロ）	（ハ）	（ニ）	（ホ）

解答▶

（イ）	（ロ）	（ハ）	（ニ）	（ホ）
同一	かぶり	側圧	上げ越し	底面

《《問題4》》 レディーミクストコンクリート（JIS A 5308）の受入れ検査に関する次の文章の □ の（イ）～（ホ）に当てはまる**適切な語句または数値を、下記の語句または数値から選び解答欄に記入しなさい**。

(1) スランプの規定値が 12 cm の場合、許容差は ± （イ） cm である。

(2) 普通コンクリートの （ロ） は 4.5％ であり、許容差は ± 1.5％ である。

(3) コンクリート中の （ハ） 含有量は 0.30 kg/m³ 以下と規定されている。

(4) 圧縮強度の1回の試験結果は、購入者が指定した （ニ） 強度の強度値の （ホ） ％以上であり、3回の試験結果の平均値は、購入者が指定した （ニ） 強度の強度値以上である。

[語句または数値]

単位水量、	空気量、	85、	塩化物、	75、
せん断、	95、	引張、	2.5、	不純物、
7.0、	呼び、	5.0、	骨材表面水率、	アルカリ

解答記入欄

（イ）	（ロ）	（ハ）	（ニ）	（ホ）

解答▶

（イ）	（ロ）	（ハ）	（ニ）	（ホ）
2.5	空気量	塩化物	呼び	85

6章　環境保全対策

アドバイス

【第一次検定対応編　第5時限目　5章環境保全対策】で第二次検定に対応できる知識は習得しているので、ふりかえりながら演習問題でレベルアップしよう。

演習問題でレベルアップ

《〈問題1〉》「建設工事に係る資材の再資源化等に関する法律」（建設リサイクル法）により定められている、下記の特定建設資材①～④から **2つ選び、その番号、再資源化後の材料名または主な利用用途**を、解答欄に記述しなさい。

　ただし、同一の解答は不可とする。

① コンクリート
② コンクリート及び鉄から成る建設資材
③ 木材
④ アスファルト・コンクリート

解答記入欄

番号	再資源化後の材料名または主な利用用途

解答例▶　解答例では、▼を再資源化後の材料名、▽を主な利用用途として示しているが、いずれかを解答すればよい。

番号	再資源化後の材料名または主な利用用途
① コンクリート	▼コンクリート用再生骨材、再生砕石、再生粒度調整砕石など。 ▽コンクリート用骨材、路盤材、埋戻し材、建築物の基礎材など。
② コンクリート及び鉄から成る建設資材	▼コンクリート用再生骨材、再生砕石、再生粒度調整砕石など。 ▽コンクリート用骨材、路盤材、埋戻し材、建築物の基礎材など。
③ 木材	▼木質ボード、木質チップ、堆肥など。 ▽コンクリート型枠、法面緑化材、製紙材料、発電用燃料など。
④ アスファルト・コンクリート	▼再生加熱アスファルト安定処理混合物、表層基層用再生可能アスファルト混合物、再生骨材など。 ▽表層・基層用材料、路盤材、埋戻し材、建築物の基礎材など。

二次 ❷ 基礎・応用記述

《《問題2》》 ブルドーザまたはバックホゥを用いて行う建設工事における**具体的な騒音防止対策**を、**2**つ解答欄に記述しなさい。

解答記入欄

①	
②	

解答例▶ 類似しないように気をつけて記入すること。

①	低騒音型建設機械を使用する。
②	作業の待ち時間はエンジンを止めるなど騒音を発生させない。

その他の記述例

・ブルドーザの掘削押土の際には、無理な負荷をかけないようていねいに運転する。

・ブルドーザを高速で後進しないようにして足回りの騒音を抑える。

・バックホゥでのダンプトラック積込みの際は、掘削土の落下高をできるだけ低くし、静かに放出する。

・バックホゥでの掘削は、できるだけ衝撃力による作業をしないようにする。　　など

索　引

ナ 行

〈著者略歴〉

宮入賢一郎 （みやいり　けんいちろう）

技術士（総合技術監理部門：建設・都市及び地方計画）
技術士（建設部門：都市及び地方計画，建設環境）
技術士（環境部門：自然環境保全）
RCCM（河川砂防及び海岸，道路），測量士，1級土木施工管理技士
登録ランドスケープアーキテクト（RLA）
国立長野工業高等専門学校　環境都市工学科　非常勤講師
長野県林業大学校（造園学）非常勤講師
特定非営利活動（NPO）法人ＣＯ２バンク推進機構　理事長
一般社団法人社会活働機構（OASIS）　理事長

○主な著書（編著書含む）
『ミヤケン先生の合格講義　2級造園施工管理試験』
『ミヤケン先生の合格講義　1級土木施工管理　第一次検定』、『同　第二次検定』
『ミヤケン先生の合格講義　コンクリート技士試験』
『技術士ハンドブック（第2版）』（以上，オーム社）
『トコトンやさしい建設機械の本』
『はじめての技術士チャレンジ！（第2版）』
『トコトンやさしいユニバーサルデザインの本（第3版）』（以上，日刊工業新聞社）
『図解　NPO法人の設立と運営のしかた』（日本実業出版社）

○最新情報
書籍や資格試験の情報，活動のご紹介
著者専用サイトにアクセスしてください。
https://miken.org/

イラスト：原山みりん（せいちんデザイン）

読者限定
Web 特典のご案内

土　　木

● 第一次検定
　土質工学、構造力学、水理学を含む最新出題範囲をサポート！
● 第二次検定
　追加の文例、書き込みシート

鋼構造物塗装　　**薬　液　注　入**

● 第一次検定
　出題範囲の対策をサポート！
● 第二次検定
　文例、書き込みシート

詳しくは本書を参照してください。

みやけんホームページ　サポートセンター
https://miken.org/support-2dob/

ミヤケン先生の合格講義
2級土木施工管理技士　第一次・第二次検定

2024 年 6 月 25 日　　第 1 版第 1 刷発行

著　　者　宮入賢一郎
発 行 者　村上和夫
発 行 所　株式会社 オーム社
　　　　　郵便番号　101-8460
　　　　　東京都千代田区神田錦町 3-1
　　　　　電話　03(3233)0641(代表)
　　　　　URL　https://www.ohmsha.co.jp/

© 宮入賢一郎 2024

組版　ホリエテクニカル　　印刷・製本　壮光舎印刷
ISBN978-4-274-23210-7　Printed in Japan

本書の感想募集　https://www.ohmsha.co.jp/kansou/
本書をお読みになった感想を上記サイトまでお寄せください．
お寄せいただいた方には，抽選でプレゼントを差し上げます．